普通高等教育精品教材

CFD
基础及应用

主　编　/刘　方　翁庙成　龙天渝
主　审　/何　川

重庆大学出版社

内容提要

本书以矢量场论和二阶张量为基础知识,系统介绍了流体力学的基本原理、控制方程、湍流数学模型以及计算流体动力学(CFD)基础理论等内容,并结合 FLUENT 软件介绍了 CFD 的应用。全书共分为 7 章,第 1 章介绍矢量场论的基本理论概念及二阶张量;第 2 章介绍流体基本方程以及典型的数学解;第 3 章介绍湍流及其数学模型;第 4 ~6 章介绍 CFD 的基础理论;第 7 章结合 ICEM 与 FLUENT 软件介绍 CFD 的应用和实例。

本书适合计算流体力学的初学者,可作为供热供燃气通风及空调工程、市政工程、环境科学与工程、土木工程、热能动力工程、流体工程专业领域研究生和高年级本科生教材,也可供相关领域科研、工程技术人员与从事 CFD 应用的人员参考。

图书在版编目(CIP)数据

CFD 基础及应用/刘方,翁庙成,龙天渝主编.—
重庆:重庆大学出版社,2015.11(2023.8 重印)
普通高等教育精品教材
ISBN 978-7-5624-9495-9

Ⅰ.①C… Ⅱ.①刘…②翁…③龙… Ⅲ.①计算流体力学—高等学校—教材 Ⅳ.①O35

中国版本图书馆 CIP 数据核字(2015)第 240170 号

CFD 基础及应用
主 编 刘 方 翁庙成 龙天渝
策划编辑:张 婷
责任编辑:陈 力 版式设计:张 婷
责任校对:谢 芳 责任印制:赵 晟
*
重庆大学出版社出版发行
出版人:陈晓阳
社址:重庆市沙坪坝区大学城西路 21 号
邮编:401331
电话:(023) 88617190 88617185(中小学)
传真:(023) 88617186 88617166
网址:http://www.cqup.com.cn
邮箱:fxk@cqup.com.cn (营销中心)
全国新华书店经销
POD:重庆新生代彩印技术有限公司
*
开本:787mm×1092mm 1/16 印张:12.5 字数:304 千
2015 年 11 月第 1 版 2023 年 8 月第 2 次印刷
ISBN 978-7-5624-9495-9 定价:35.00 元

前 言

自流体力学成为独立学科以来,经过近三个世纪的发展与充实,已形成了较为完整的理论体系,包括实验流体力学、理论流体力学与计算流体动力学。计算流体动力学(Computational Fluid Dynamics,简称 CFD)是建立在经典流体动力学与数值计算基础上的一门边缘科学,CFD 软件已成为解决各种流体流动与传热问题的强有力工具,且成功应用于建筑相关领域。然而,CFD 学习依赖于流体流动基础知识与较强的数理基础,对初学者有一定的难度。本书力求用通俗的语言解释 CFD 理论与应用中基础、本质的内容。采用直角坐标参考系,以矢量场论和二阶张量为基础知识,系统介绍了流体力学的基本原理、控制方程、湍流数学模型以及 CFD 涉及的数值分析基础理论等内容,并结合建模软件 ICEM 与计算软件 FLUENT 介绍了 CFD 的应用。

编者在近几年为研究生讲授"高等流体力学"课程的基础上,精心收集和整理、筛选了 CFD 的核心内容以及 CFD 软件的基本用法,经过补充提炼而完成了本书。全书力求体现实用性,内容组织循序渐进、语言表达通俗易懂,可指导初学者掌握流体力学数值计算的基础理论,正确理解和应用 CFD 软件中的数值计算方法,借助 CFD 软件解决相关专业领域流体的流动与传热问题。本书保留了重庆大学研究生课程"高等流体力学"的基础理论部分。

全书共分 7 章。第 1 章张量,介绍矢量场论和二阶张量的基础知识;第 2 章流体流动的基本概念与基本方程,从物理学定律导出流体流动与传热的基本方程,简要介绍采用直接积分方法的层流流动解析解;第 3 章湍流及其数学模型,介绍了湍流的特征及常用的湍流模型,引入了大涡模拟的亚格子尺度模型;第 4 章导热问题的数值解,着重介绍了基于有限容积法的偏微分方程的离散及求解;第 5 章对流-扩散方程的离散,介绍常用的对流项的离散格式;第 6 章流场的计算,介绍流场的 SIMPLE 算法;第 7 章 CFD 应用分析,介绍 ICEM 和 FLUENT 软件及其应用实例。

第 1、2 章由重庆大学龙天渝、何川编写,第 4 ~ 6 章由重庆大学刘方编写,第 3 ~ 7 章由重庆大学翁庙成编写。全书由刘方统稿,何川主审。

在本书的撰写过程中,得到了重庆大学城市建设与环境工程学院供热、供燃气、通风及空调工程专业研究生赵胜中、卢欣玲、黄仁武、杜城显、林昊宇、龚达、王萌、刘腾飞、刘永强、闫晓俊、余龙星、文灵红等的帮助,在此向他们表示感谢。

本书的出版得益于重庆大学研究生重点课程"高等流体力学"(2010 年)和重庆市研究生优质课程"高等流体力学"(2011 年)。本书在出版过程中得到了重庆大学出版社的支持和帮助。

参考文献只列出主要参考书目,尚有一些未能一一列出,在此一并致谢。

书中存在的疏漏与不当之处,敬请广大读者批评指正。

编 者

2015 年 7 月

目　录

1

张　量

1.1　矢量场论的若干概念

物理及力学中需要用到许多物理量,这些量依照其不同的性质可以分为标量、矢量和张量。

1.1.1　标量

具有大小而没有方向、只用一个分量就能完整表述且与坐标选取无关的物理量,称为标量。如流体的温度、密度等属于标量。

假若标量与坐标系的选择无关,则称为绝对标量或不变量。例如,任何实数、质量、密度、长度、时间、温度和力做的功、能量等。

在以后的学习中,涉及诸如张量一类的标量,都指绝对标量。在研究张量的解析性质时,还将遇到与坐标系选择有关的标量。

1.1.2　矢量

既有大小又有确定的方向,在任意选取的正交坐标系中最多需要用3个分量才能完整表述的物理量,称为矢量。矢量用黑体小写英文字母 $\boldsymbol{a},\boldsymbol{b},\cdots,\boldsymbol{u},\boldsymbol{v},\cdots$表示。作图时用有向线段$\overrightarrow{AB}$表示,如图1.1所示。有向线段的长度表示矢量大小或模。矢量的大小(模)记为:

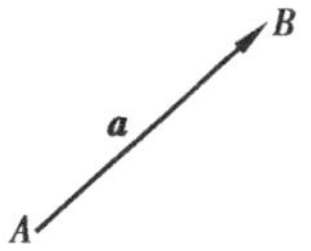

$$|\boldsymbol{a}| = a \tag{1.1}$$

图1.1

固结于空间某一点(作用点)的矢量称为固定矢量;沿着某一直线但没有一定作用点的矢量称为滑动矢量;既无一定作用线又无一定作用点的矢量称为自由矢量。

应当指出的是,不是具有数值与方向的物理量都能作为矢量,矢量还应具有由矢量代数运算规则(见1.2节)所确定的特性。

当代表两矢量的线段是平行的,则称两矢量为平行矢量或共线矢量。当两矢量 $\boldsymbol{a}$ 与 $\boldsymbol{b}$ 具有相等的模,共线且同向时,则称两矢量相等,如图1.2所示,记为:

$$\boldsymbol{a} = \boldsymbol{b} \tag{1.2}$$

当两矢量 $\boldsymbol{a}$ 与 $\boldsymbol{b}$ 模相等,共线、方向相反时,如图1.3所示,记为:

$$\boldsymbol{a} = -\boldsymbol{b} \tag{1.3}$$

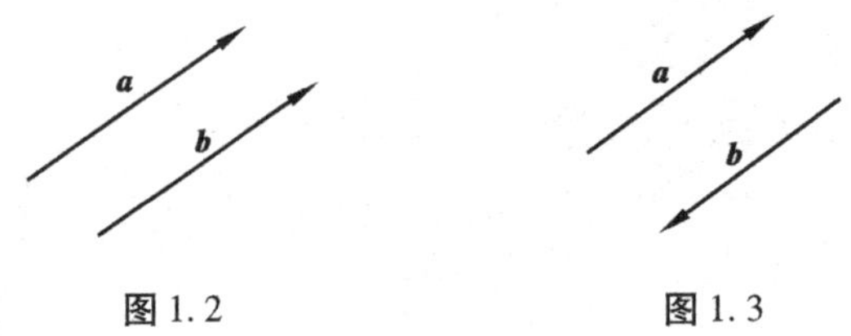

图 1.2　　　　图 1.3

1.1.3　矢量的投影与分量

矢量 $\boldsymbol{v}$ 用有向线段 $\overrightarrow{OP}$ 表示，如图 1.4 所示，过矢量始端 O 建立坐标系 $O\eta\zeta$。过矢量末端 P 分别向坐标轴作垂线，得矢量 $\boldsymbol{v}$ 在两坐标轴 $O\eta$，$O\zeta$ 上的投影 OM，ON，分别记为 v_1，v_2。过点 P 分别作两坐标轴的平行线，得矢量 $\boldsymbol{v}$ 沿两坐标轴 $O\eta$，$O\zeta$ 的分量 $\overrightarrow{OQ}$，$\overrightarrow{OR}$，记为 $\boldsymbol{v}^1$，$\boldsymbol{v}^2$。由图 1.5 可知 $OQ = RP$，$OR = QP$。若两坐标轴之间的夹角为 θ，则：

$$\left.\begin{aligned} \boldsymbol{v}_1 &= \boldsymbol{v}^1 + \boldsymbol{v}^2\cos\theta \\ \boldsymbol{v}_2 &= \boldsymbol{v}^1\cos\theta + \boldsymbol{v}^2 \end{aligned}\right\} \tag{1.4}$$

和

$$\left.\begin{aligned} \boldsymbol{v}^1 &= \boldsymbol{v}_1\csc^2\theta - \boldsymbol{v}_2\csc\theta\cot\theta \\ \boldsymbol{v}^2 &= -\boldsymbol{v}_1\csc\theta\cot\theta + \boldsymbol{v}_2\csc^2\theta \end{aligned}\right\} \tag{1.5}$$

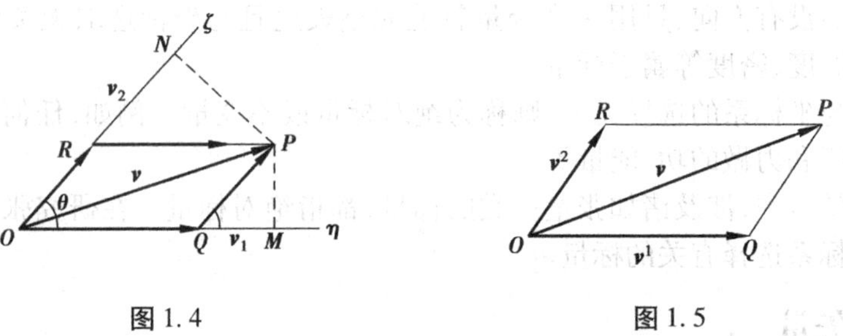

图 1.4　　　　图 1.5

1.2　矢量的加法

1.2.1　矢量加法的平行四边形法则

用有向线段 $\overrightarrow{OQ}$，$\overrightarrow{OR}$ 分别表示矢量 $\boldsymbol{a}$，$\boldsymbol{b}$，以 $\overrightarrow{OQ}$，$\overrightarrow{OR}$ 为邻边所构成的平行四边形的对角线 $\overrightarrow{OP}$，即为矢量 $\boldsymbol{a}$，$\boldsymbol{b}$ 的合矢量 $\boldsymbol{v}$，记为：

$$\boldsymbol{v} = \boldsymbol{a} + \boldsymbol{b} \tag{1.6}$$

这就是矢量加法的平行四边形法则。一切矢量应该遵守矢量加法法则。矢量加法法则确定了矢量的第三个必要性。因此，能用直线表示的，且遵守平行四边形加法运算法则的物理量或几何量称为矢量。

矢量减法是矢量加法的逆运算。式(1.6)可改写成：

$$\boldsymbol{a} = \boldsymbol{v} - \boldsymbol{b} \tag{1.7}$$

或

$$\boldsymbol{a} = \boldsymbol{v} + (-\boldsymbol{b}) \tag{1.8}$$

容易证明矢量加法满足交换律和结合律,即:

$$\boldsymbol{a} + \boldsymbol{b} = \boldsymbol{b} + \boldsymbol{a} \tag{1.9}$$

$$\boldsymbol{a} + (\boldsymbol{b} + \boldsymbol{c}) = (\boldsymbol{a} + \boldsymbol{b}) + \boldsymbol{c} \tag{1.10}$$

1.2.2 单位矢量

模为 1 的矢量称为单位矢量。模 $a \neq 0$ 的矢量 $\boldsymbol{a}$,沿 a 方向的单位矢量记为:

$$\hat{\boldsymbol{a}} = \frac{\boldsymbol{a}}{a} \tag{1.11}$$

任一矢量 $\boldsymbol{a}$ 可表示为与 a 同方向的单位矢量 $\hat{\boldsymbol{a}}$ 和 $\boldsymbol{a}$ 的模 a 的乘积,即:

$$\boldsymbol{a} = a\hat{\boldsymbol{a}} \tag{1.12}$$

在三维欧几里得空间里,沿直角坐标轴 x,y,z 的单位矢量用 $\boldsymbol{i},\boldsymbol{j},\boldsymbol{k}$ 或 $\boldsymbol{e}_1,\boldsymbol{e}_2,\boldsymbol{e}_3$ 表示。

1.2.3 矢量沿直角坐标轴的分量

在三维欧几里得空间里,任一矢量 $\boldsymbol{a}$ 可表示为沿正交的三个坐标轴 x,y,z 的分矢量 $a_1\boldsymbol{i},a_2\boldsymbol{j},a_3\boldsymbol{k}$ 的矢量和,如图 1.6 所示,即,

$$\boldsymbol{a} = a_1\boldsymbol{i} + a_2\boldsymbol{j} + a_3\boldsymbol{k} \tag{1.13}$$

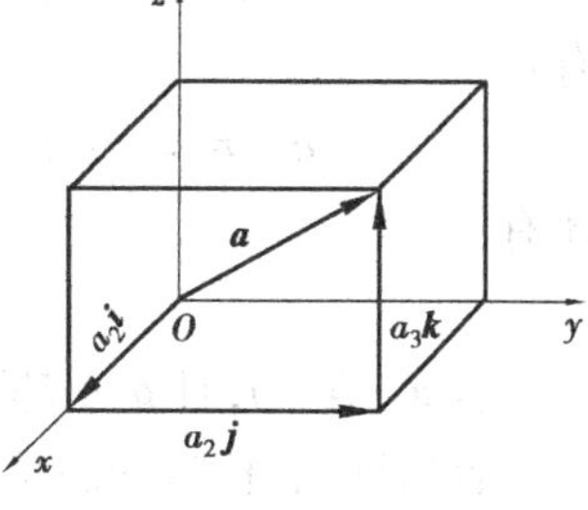

图 1.6

$\boldsymbol{a}$ 的模是:

$$a = |\boldsymbol{a}| = \sqrt{(a_1)^2 + (a_2)^2 + (a_3)^2}$$

1.3 矢量的标量积

1) 矢量与标量的乘积

矢量 $\boldsymbol{a}$ 与标量 m 的乘积是矢量 $m\boldsymbol{a}$,这个矢量的模是矢量 $\boldsymbol{a}$ 的模的 m 倍,方位与 $\boldsymbol{a}$ 相同;指向由 m 的正、负号确定,为正时,$m\boldsymbol{a}$ 与 $\boldsymbol{a}$ 指向相同,否则相反。若 $m=0$,则 $m\boldsymbol{a}$ 为零矢量。

若 $\boldsymbol{a}$ 和 $\boldsymbol{b}$ 是矢量,m 和 n 是标量,则:

$$\left.\begin{aligned} m\boldsymbol{a} &= \boldsymbol{a}m \\ m(n\boldsymbol{a}) &= (mn)\boldsymbol{a} \\ (m+n)\boldsymbol{a} &= m\boldsymbol{a} + n\boldsymbol{a} \\ m(\boldsymbol{a}+\boldsymbol{b}) &= m\boldsymbol{a} + m\boldsymbol{b} \end{aligned}\right\} \tag{1.14}$$

2) 矢量与矢量的标量积

空间某一轴的方向由该轴的单位矢量确定。以 $\boldsymbol{e}$ 表示 x 轴的单位矢量,以 a_x 表示矢量 $\boldsymbol{a}$

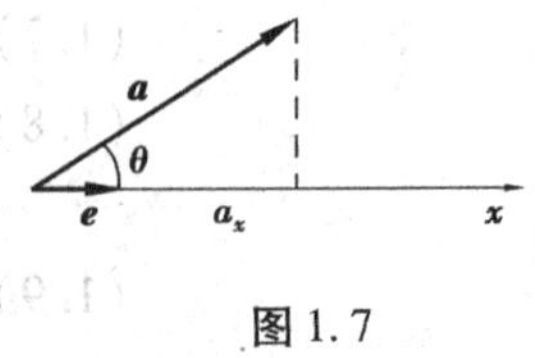

图 1.7

在 x 轴方向的投影，并称为矢量 $\boldsymbol{a}$ 与单位矢量 $\boldsymbol{e}$ 的标量积（又称点积），如图 1.7 所示。其表达式为：

$$a_x = \boldsymbol{a} \cdot \boldsymbol{e} = |\boldsymbol{a}| \cos\theta, 0 \leqslant \theta \leqslant \pi \tag{1.15}$$

式中 $\cos\theta$——矢量 $\boldsymbol{a}$ 和 $\boldsymbol{e}$ 的正方向夹角的余弦。

同样可确定矢量 $\boldsymbol{a}$ 与矢量 $\boldsymbol{b}$ 的标量积。考虑矢量 $\boldsymbol{a}$ 在矢量 $\boldsymbol{b}$ 方向的投影 a_b，可得：

$$a_b = \boldsymbol{a} \cdot \hat{\boldsymbol{b}} = \boldsymbol{a} \cdot \frac{\boldsymbol{b}}{b} = a\cos(\boldsymbol{a}, \boldsymbol{b})$$

由此得到：

$$\boldsymbol{a} \cdot \boldsymbol{b} = ab\cos(\boldsymbol{a}, \boldsymbol{b}) = a_b b = b_a a \tag{1.16}$$

在三维空间里，正交坐标轴单位矢量 $\boldsymbol{i}, \boldsymbol{j}, \boldsymbol{k}$ 的标量积为：

$$\boldsymbol{i} \cdot \boldsymbol{i} = \boldsymbol{j} \cdot \boldsymbol{j} = \boldsymbol{k} \cdot \boldsymbol{k} = 1 \tag{1.17}$$

$$\boldsymbol{j} \cdot \boldsymbol{k} = \boldsymbol{k} \cdot \boldsymbol{j} = \boldsymbol{k} \cdot \boldsymbol{i} = \boldsymbol{i} \cdot \boldsymbol{k} = \boldsymbol{i} \cdot \boldsymbol{j} = \boldsymbol{j} \cdot \boldsymbol{i} = 0 \tag{1.18}$$

将矢量表示为沿坐标轴的分矢量的矢量和，即 $\boldsymbol{a} = a_1\boldsymbol{i} + a_2\boldsymbol{j} + a_3\boldsymbol{k}, \boldsymbol{b} = b_1\boldsymbol{i} + b_2\boldsymbol{j} + b_3\boldsymbol{k}$，则有：

$$\boldsymbol{a} \cdot \boldsymbol{b} = (a_1\boldsymbol{i} + a_2\boldsymbol{j} + a_3\boldsymbol{k}) \cdot (b_1\boldsymbol{i} + b_2\boldsymbol{j} + b_3\boldsymbol{k}) = a_1b_1 + a_2b_2 + a_3b_3 \tag{1.19}$$

还有：

$$\boldsymbol{a} \cdot \boldsymbol{a} = (a)^2 = (a_1)^2 + (a_2)^2 + (a_3)^2 \tag{1.20}$$

若 $\boldsymbol{a} \cdot \boldsymbol{b} = 0$，且 $\boldsymbol{a}, \boldsymbol{b}$ 都不是零矢量，则 $\boldsymbol{a}, \boldsymbol{b}$ 互相垂直。

容易证明，标量积满足交换律和分配率，即：

$$\boldsymbol{a} \cdot \boldsymbol{b} = \boldsymbol{b} \cdot \boldsymbol{a} \tag{1.21}$$

$$\boldsymbol{a} \cdot (\boldsymbol{b} + \boldsymbol{c}) = \boldsymbol{a} \cdot \boldsymbol{b} + \boldsymbol{a} \cdot \boldsymbol{c} \tag{1.22}$$

还有：

$$m \cdot (\boldsymbol{a} \cdot \boldsymbol{b}) = (m\boldsymbol{a}) \cdot \boldsymbol{b} = \boldsymbol{a} \cdot (m\boldsymbol{b}) = (\boldsymbol{a} \cdot \boldsymbol{b})m \tag{1.23}$$

1.4 矢量的矢量积

两矢量 $\boldsymbol{a}$ 和 $\boldsymbol{b}$ 的矢量积（简称矢积，又称叉积）是一矢量 $\boldsymbol{c}$。$\boldsymbol{c}$ 的模是 $\boldsymbol{a}, \boldsymbol{b}$ 的模与两矢量夹角正弦 $\sin\theta$ 的乘积，$\boldsymbol{c}$ 垂直于 $\boldsymbol{a}, \boldsymbol{b}$ 平面，且 $\boldsymbol{a}, \boldsymbol{b}$ 和 $\boldsymbol{c}$ 构成右手系（图 1.8）表示为：

$$\boldsymbol{c} = \boldsymbol{a} \times \boldsymbol{b} \tag{1.24}$$

$$|\boldsymbol{c}| = ab\sin\theta \tag{1.25}$$

图 1.8

由图 1.9 很容易看出，交换律对矢量的矢量积是不成立的，且：

$$\boldsymbol{a} \times \boldsymbol{b} = -\boldsymbol{b} \times \boldsymbol{a} \tag{1.26}$$

若 $\boldsymbol{a} /\!/ \boldsymbol{b}$，或 $\boldsymbol{a} = \boldsymbol{b}$，因为 $\sin\theta = 0$，所以 $\boldsymbol{a} \times \boldsymbol{b} = 0$。

由定义容易证明，笛卡尔直角坐标系单位矢量的矢积有如下关系：

$$\boldsymbol{i} \times \boldsymbol{i} = 0, \boldsymbol{j} \times \boldsymbol{j} = 0, \boldsymbol{k} \times \boldsymbol{k} = 0 \tag{1.27}$$

$$\left.\begin{aligned} \boldsymbol{i}\times\boldsymbol{j} &= -\boldsymbol{j}\times\boldsymbol{i} = \boldsymbol{k} \\ \boldsymbol{j}\times\boldsymbol{k} &= -\boldsymbol{k}\times\boldsymbol{j} = \boldsymbol{i} \\ \boldsymbol{k}\times\boldsymbol{i} &= -\boldsymbol{i}\times\boldsymbol{k} = \boldsymbol{j} \end{aligned}\right\} \tag{1.28}$$

利用这些关系,可以求得:

$$\begin{aligned} \boldsymbol{a}\times\boldsymbol{b} &= (a_1\boldsymbol{i}+a_2\boldsymbol{j}+a_3\boldsymbol{k})\times(b_1\boldsymbol{i}+b_2\boldsymbol{j}+b_3\boldsymbol{k}) \\ &= (a_2b_3-a_3b_2)\boldsymbol{i}+(a_3b_1-a_1b_3)\boldsymbol{j}+(a_1b_2-a_2b_1)\boldsymbol{k} \end{aligned}$$

即

$$\boldsymbol{a}\times\boldsymbol{b} = \begin{vmatrix} \boldsymbol{i} & \boldsymbol{j} & \boldsymbol{k} \\ a_1 & a_2 & a_3 \\ b_1 & b_2 & b_3 \end{vmatrix} \tag{1.29}$$

可以证明,分配律对矢量的矢积是成立的,即:

$$\boldsymbol{a}\times(\boldsymbol{b}+\boldsymbol{c}) = \boldsymbol{a}\times\boldsymbol{b}+\boldsymbol{a}\times\boldsymbol{c} \tag{1.30}$$

设 m 是标量,有:

$$m(\boldsymbol{a}\times\boldsymbol{b}) = (m\boldsymbol{a})\times\boldsymbol{b} = \boldsymbol{a}\times(m\boldsymbol{b}) = (\boldsymbol{a}\times\boldsymbol{b})m \tag{1.31}$$

1.5 场 论

若在空间某区域 D 上定义了一个连续函数,则称该函数在 D 上形成了一个场。如果该函数是描述空间的几何位置,就称该函数定义了一个几何场;如流体占据着某个空间流道,就称该流道为流场。如果该函数是在 D 上连续分布的某物理量,就称该函数定义了一个物理场。如流体的温度形成温度场,压力形成压力场,速度形成速度场,应力形成应力场。

如果定义的场函数不随时间 t 变化,则称该场为恒定场,否则,为非恒定场。在给定时刻研究非恒定场的性能时,一般应将时间作为参量对待。

若在空间区域 D 上定义的是标量函数 $\phi(t,x,y,z)$,则称函数 ϕ 在 D 上形成了一个标量场,如前面提到的温度场和压力场;若在空间区域 D 上定义的是矢量函数 $\boldsymbol{A}(t,x,y,z)=A_x\boldsymbol{i}+A_y\boldsymbol{j}+A_z\boldsymbol{k}$,则称函数 $\boldsymbol{a}$ 在 D 上构成了一个矢量场,如速度场;同样,定义场的为某张量函数,则形成对应的张量场,如应力场。

为集中讨论场的一些重要性质,在本章中,约定在某确定的时刻来分析场,将恒定场作为讨论对象。

为了能比较直观地展示场的特点,采用下面的方法对场进行几何描述。

对于标量场 ϕ,一般用等位面(线)或等值面(线)对场进行几何描述。所谓等值面,即满足 $\phi=c$ 的点的集合。其中,c 表示常数。如果满足该条件的集合是面,就形成等值面;如果满足该条件的点的集合是线,就形成等值线。

对于矢量场 $\boldsymbol{A}$,一般用矢量线对场作几何描述。所谓矢量线,是指该线上任一点的切线方向都与该点的矢量方向相同。即在线上任意点上微小线段 $\overrightarrow{\mathrm{dl}}$ 都与该点处的矢量 $\boldsymbol{a}$ 平行。用数学方程可表示为$\overrightarrow{\mathrm{dl}}\times\boldsymbol{A}=0$,在直角坐标系内可表示为:

$$\frac{dx}{A_x} = \frac{dy}{A_y} = \frac{dz}{A_z}$$

1.5.1 标量场的梯度

标量场中各点都具有定义函数 ϕ 所规定的函数值。在场中某一点，希望可以分析知道附近各点的函数值是如何变化的？哪一个方向上变化最大？其变化值是多少？在标量场中，表示某点附近函数值变化率最大方向的物理量称为标量场的梯度，记号为 grad ϕ。标量场 ϕ 的梯度是一个矢量，是标量场不均匀性的基本度量，它的方向是 ϕ 变化率最大的方向，且总是指向 ϕ 值增大的方向，其大小则是该最大变化率的数值。

在直角坐标系中，其定义式为：

$$\text{grad}\ \phi = \frac{\partial \phi}{\partial x}\boldsymbol{i} + \frac{\partial \phi}{\partial y}\boldsymbol{j} + \frac{\partial \phi}{\partial z}\boldsymbol{k} \tag{1.32}$$

例 1.1 对于标量场 $\phi(x,y,z) = x^2 + y^2 + 2z^2 + 2xy$，求 $\phi(x,y,z)$ 在点 $P(1,2,1)$ 的梯度。

解

$$\begin{aligned}\text{grad}\ \phi &= \frac{\partial \phi}{\partial x}\boldsymbol{i} + \frac{\partial \phi}{\partial y}\boldsymbol{j} + \frac{\partial \phi}{\partial z}\boldsymbol{k} \\ &= (2x + 2y)\boldsymbol{i} + (2y + 2x)\boldsymbol{j} + 4z\boldsymbol{k}\end{aligned}$$

在点 $P(1,2,1)$ 处，有：

$$\text{grad}\ \phi = 6\boldsymbol{i} + 6\boldsymbol{j} + 4\boldsymbol{k}$$

1.5.2 矢量场的散度

在矢量场中，各点的函数都既有大小，又有方向，整个场中遍布着矢量线。在矢量场中任取一个微小区域作为控制体，记其体积为 ΔV，表面为 S，$\boldsymbol{n}$ 为 S 面上法线方向的单位向量，对于矢量 $\boldsymbol{A}$，其单位体积矢通量的极限 $\lim\limits_{\Delta V \to 0} \dfrac{\oint\!\!\oint_S \boldsymbol{A} \cdot \boldsymbol{n}\, dS}{\Delta V}$，称为矢量场 $\boldsymbol{A}$ 的散度，记为 div $\boldsymbol{A}$。

矢量场的散度是一个标量，是矢量场中各点单位体积矢通量的度量。

在直角坐标系中，若 $\boldsymbol{A} = A_x\boldsymbol{i} + A_y\boldsymbol{j} + A_z\boldsymbol{k}$，则其散度的计算式为：

$$\text{div}\ \boldsymbol{A} = \frac{\partial A_x}{\partial x} + \frac{\partial A_y}{\partial y} + \frac{\partial A_z}{\partial z} \tag{1.33}$$

例 1.2 对于矢量场 $\boldsymbol{A} = x^2z\boldsymbol{i} - 2y^3z^2\boldsymbol{j} + xy^2z\boldsymbol{k}$，求 $\boldsymbol{A}$ 在点 $P(1,-1,1)$ 处的散度。

解

$$\begin{aligned}\text{div}\ \boldsymbol{A} &= \frac{\partial A_x}{\partial x} + \frac{\partial A_y}{\partial y} + \frac{\partial A_z}{\partial z} \\ &= 2xz - 6y^2z^2 + xy^2\end{aligned}$$

在点 $P(1,-1,1)$ 处，有：

$$\text{div}\ \boldsymbol{A} = -3$$

1.5.3 矢量场的旋度

过矢量场 $\boldsymbol{A}$ 中的 M 点，可以有无数的方向，若以每一个方向为法向在 M 点的领域里取微

小面积 ΔS,绕该微小面积的边界 L,可以定义单位面积上的环流极限 $\lim\limits_{\Delta S\to 0}\dfrac{\oint_L \boldsymbol{A}\cdot \mathrm{d}\boldsymbol{L}}{\Delta S}$,在这所有的环流极限中存在一个具有最大环流极限的方向。在 M 点上沿该最大环流极限的方向并具有该最大单位面积环流极限数值的矢量称为矢量场在 M 点的旋度,记为 rot $\boldsymbol{A}$。

矢量场的旋度是一个矢量,是矢量场在各点绕自身轴旋转的一种度量。

在直角坐标系中,若 $\boldsymbol{A}=A_x\boldsymbol{i}+A_y\boldsymbol{j}+A_z\boldsymbol{k}$,则其旋度可用行列式表示为:

$$\mathrm{rot}\,\boldsymbol{A}=\begin{vmatrix}\boldsymbol{i} & \boldsymbol{j} & \boldsymbol{k}\\ \dfrac{\partial}{\partial x} & \dfrac{\partial}{\partial y} & \dfrac{\partial}{\partial z}\\ A_x & A_y & A_z\end{vmatrix} \tag{1.34}$$

例 1.3 对于矢量场 $\boldsymbol{A}=xz^3\boldsymbol{i}-2x^2yz\,\boldsymbol{j}+2yz^4\boldsymbol{k}$,求 $\boldsymbol{A}$ 在点 $P(1,-1,1)$ 处的旋度。

解 $$\mathrm{rot}\,\boldsymbol{A}=\begin{vmatrix}\boldsymbol{i} & \boldsymbol{j} & \boldsymbol{k}\\ \dfrac{\partial}{\partial x} & \dfrac{\partial}{\partial y} & \dfrac{\partial}{\partial z}\\ A_x & A_y & A_z\end{vmatrix}=\begin{vmatrix}\boldsymbol{i} & \boldsymbol{j} & \boldsymbol{k}\\ \dfrac{\partial}{\partial x} & \dfrac{\partial}{\partial y} & \dfrac{\partial}{\partial z}\\ xz^3 & -2x^2yz & 2yz^4\end{vmatrix}$$

$$=\left[\frac{\partial}{\partial y}(2yz^4)-\frac{\partial}{\partial z}(-2x^2yz)\right]\boldsymbol{i}+\left[\frac{\partial}{\partial z}(xz^3)-\frac{\partial}{\partial x}(2yz^4)\right]\boldsymbol{j}+\left[\frac{\partial}{\partial x}(-2x^2yz)-\frac{\partial}{\partial y}(xz^3)\right]\boldsymbol{k}$$

$$=(2z^4+2x^2y)\boldsymbol{i}+3xz^2\boldsymbol{j}-4xyz\boldsymbol{k}$$

在点 $P(1,-1,1)$ 处,有:

$$\mathrm{rot}\,\boldsymbol{A}=3\boldsymbol{j}+4\boldsymbol{k}$$

1.6 矢量场论的若干基本计算

上一节定义的梯度、散度和旋度,在有关场的分析中,既有其自身一定的物理意义,也是一种分析计算工具。为方便表达,故先引入哈密尔顿算子,将梯度、散度和旋度用数学符号予以表示,再给出场分析中经常用到的一些计算关系。

1.6.1 哈密尔顿算子

在直角坐标系中,哈密尔顿算子定义为:

$$\nabla=\boldsymbol{i}\frac{\partial}{\partial x}+\boldsymbol{j}\frac{\partial}{\partial y}+\boldsymbol{k}\frac{\partial}{\partial z} \tag{1.35}$$

哈密尔顿算子兼具矢量和微分的双重功能。不难看出,在该算子右边的物理量将被微分,而左边的物理量将不会被微分。

使用哈密尔顿算子,标量场的梯度、矢量场的散度和旋度可表示为:

$$\mathrm{grad}\,\phi=\frac{\partial\phi}{\partial x}\boldsymbol{i}+\frac{\partial\phi}{\partial y}\boldsymbol{j}+\frac{\partial\phi}{\partial z}\boldsymbol{k}=\nabla\phi \tag{1.36}$$

$$\mathrm{div}\,\boldsymbol{A}=\frac{\partial A_x}{\partial x}+\frac{\partial A_y}{\partial y}+\frac{\partial A_z}{\partial z}=\nabla\cdot A \tag{1.37}$$

$$\text{rot}\,\boldsymbol{A} = \begin{vmatrix} \boldsymbol{i} & \boldsymbol{j} & \boldsymbol{k} \\ \dfrac{\partial}{\partial x} & \dfrac{\partial}{\partial y} & \dfrac{\partial}{\partial z} \\ A_x & A_y & A_z \end{vmatrix} = \nabla \times \boldsymbol{A} \tag{1.38}$$

1.6.2 矢量场论的基本运算公式

1)微分运算公式(本小节加粗的字母表示矢量)

①$\nabla(\phi + \psi) = \nabla\phi + \nabla\psi$

②$\nabla(\phi\psi) = \phi\nabla\psi + \psi\nabla\phi$

③$\nabla F(\phi) = F'(\phi)\nabla\phi$

④$\nabla \cdot (\boldsymbol{A} + \boldsymbol{B}) = \nabla \cdot \boldsymbol{A} + \nabla \cdot \boldsymbol{B}$

⑤$\nabla \cdot (\phi\boldsymbol{A}) = \phi\nabla \cdot \boldsymbol{A} + \nabla\phi \cdot \boldsymbol{A}$

⑥$\nabla \cdot (\boldsymbol{A} \times \boldsymbol{B}) = \boldsymbol{B} \cdot (\nabla \times \boldsymbol{A}) - \boldsymbol{A} \cdot (\nabla \times \boldsymbol{B})$

⑦$\nabla \times (\boldsymbol{A} + \boldsymbol{B}) = \nabla \times \boldsymbol{A} + \nabla \times \boldsymbol{B}$

⑧$\nabla \times (\phi\boldsymbol{A}) = \phi(\nabla \times \boldsymbol{A}) + (\nabla\phi) \times \boldsymbol{A}$

⑨$\nabla \times (\boldsymbol{A} \times \boldsymbol{B}) = \boldsymbol{A}(\nabla \cdot \boldsymbol{B}) + (\boldsymbol{B} \cdot \nabla)\boldsymbol{A} - B(\nabla \cdot \boldsymbol{A}) - (\boldsymbol{A} \cdot \nabla)\boldsymbol{B}$

⑩$\nabla(\boldsymbol{A} \cdot \boldsymbol{B}) = (\boldsymbol{B} \cdot \nabla)\boldsymbol{A} + (\boldsymbol{A} \cdot \nabla)\boldsymbol{B} + \boldsymbol{B} \times (\nabla \times \boldsymbol{A}) + \boldsymbol{A} \times (\nabla \times \boldsymbol{B})$

⑪$\nabla \times (\nabla\phi) \equiv 0$

⑫$\nabla \cdot (\nabla \times \boldsymbol{A}) \equiv 0$

⑬$\nabla\left(\dfrac{a^2}{2}\right) = (\boldsymbol{a} \cdot \nabla)\boldsymbol{a} + \boldsymbol{a} \times (\nabla \times \boldsymbol{a})$ (其中,$a^2 = \boldsymbol{a} \cdot \boldsymbol{a}$)

⑭$\nabla \cdot (\nabla\phi) = \nabla^2\phi = \Delta\phi$ $\left(\text{其中,}\Delta = \nabla^2 = \dfrac{\partial^2}{\partial x^2} + \dfrac{\partial^2}{\partial y^2} + \dfrac{\partial^2}{\partial z^2}\right)$

⑮$\nabla \times (\nabla \times \boldsymbol{a}) = \nabla(\nabla \cdot \boldsymbol{a}) - \Delta\boldsymbol{a}$

⑯$\nabla \cdot (\phi\nabla\psi) = \phi\Delta\psi + \nabla\phi \cdot \nabla\psi$

⑰$\Delta(\phi\psi) = \phi\Delta\psi + \psi\Delta\phi + 2\nabla\phi \cdot \nabla\psi$

2)积分运算公式

⑱$\oint\!\!\!\oint_S \boldsymbol{n}\phi\,\mathrm{d}S = \iiint_V \nabla\phi\,\mathrm{d}V$

⑲$\oint\!\!\!\oint_S \boldsymbol{n} \cdot \boldsymbol{A}\,\mathrm{d}S = \iiint_V \nabla \cdot \boldsymbol{A}\,\mathrm{d}V$ (奥-高公式)

⑳$\oint\!\!\!\oint_S \boldsymbol{n} \times \boldsymbol{A}\,\mathrm{d}S = \iiint_V \nabla \times \boldsymbol{A}\,\mathrm{d}V$

㉑$\oint\!\!\!\oint_S (\boldsymbol{v} \cdot \boldsymbol{n})\boldsymbol{A}\,\mathrm{d}S = \iiint_V (\boldsymbol{v} \cdot \nabla)\boldsymbol{A}\,\mathrm{d}V$ (其中,$\boldsymbol{v}$ 为常矢量)

㉒$\oint\!\!\!\oint_S (\boldsymbol{n} \cdot \nabla\phi)\,\mathrm{d}S = \oint\!\!\!\oint_S \dfrac{\partial\phi}{\partial n}\mathrm{d}S = \iiint_V \nabla^2\phi\,\mathrm{d}V = \iiint_V \Delta\phi\,\mathrm{d}V$

㉓ $\oint\!\!\!\oint_S (\boldsymbol{n}\cdot\nabla)\boldsymbol{A}\mathrm{d}S = \oint\!\!\!\oint_S \frac{\partial \boldsymbol{A}}{\partial n}\mathrm{d}S = \iiint_V \Delta\boldsymbol{A}\mathrm{d}V$

㉔ $\oint\!\!\!\oint_S \phi\frac{\partial\psi}{\partial n}\mathrm{d}S = \iiint_V (\phi\Delta\psi + \nabla\phi\cdot\nabla\psi)\mathrm{d}V$ （格林第一公式）

㉕ $\oint\!\!\!\oint_S \left(\phi\frac{\partial\psi}{\partial n} - \psi\frac{\partial\phi}{\partial n}\right)\mathrm{d}S = \iiint_V (\phi\Delta\psi - \psi\Delta\phi)\mathrm{d}V$ （格林第二公式）

1.7 张量的概念

1.7.1 引言

物理学定律不可能依赖于研究者为了描述某一物理现象所选择的坐标系。张量分析的主要目的正是给人们提供一种数学工具,其可以满足一切物理学定律的重要特性,即它与坐标系的选择无关。如果在一些特殊的坐标系中,例如直角坐标系、柱面坐标系或球面坐标系等,写出的物理方程,其形式都不一样,这样不但演算麻烦,而且容易混淆物理问题的本质。但是如果采用张量的表达形式,则这些方程不论在什么坐标系中都具有相同的形式。因此,当人们用张量分析来讨论问题时,只要证明列示的方程在一个选定的坐标系里是正确的,则它在所有的坐标系里也都是正确的,也就是说无须再在每一个坐标系里去验证。对于同样的一个物理学问题,用张量形式写出的方程与用其他数学形式写出的方程相比,不仅本质上具有普遍性,而且由于符号的对称与简洁,使得方程精练而完美。

张量概念起源于高斯(Gauss)、黎曼(Riemann)和克里斯托费尔(Christoffel)等建立的微分几何学。张量分析及演算或绝对微分学,是由里奇(Ricci)和他的学生列维-奇维塔(Levi-Civita)的共同研究成果而形成的数学的一个分支。自从爱因斯坦(Einstein)在 1915 年发表了关于广义相对论的著名论文以后,张量分析引起了物理学家的关注。近年来,在许多力学问题的研究工作中,张量分析也起着重要的作用。

1.7.2 N 维空间与坐标变换

1) N 维空间

在三维空间里,一个点由 3 个变量(例如 $x,y,z;\rho,\phi,z$ 或 γ,θ,ϕ 等)所确定,这组变量称为点的坐标。或者说 3 个变量 x^1,x^2,x^3 的集合称为一点,这些点则形成一个三维空间。

N 个变量 $x^1,x^2,\dots,x^N$ 的集合也称为一点,所有各点形成一 N 维空间,用 V_N 表示。

定义 N 维空间里的曲线为满足下列 N 个方程的点的轨迹:

$$x^i = x^i(u),i = 1,2,\dots,N \tag{1.39}$$

式中 u——参数,而 x^i 是 u 的 N 个满足一定连续条件的函数,通常只要存在所需要的各阶导数就够了。

定义 N 维空间的子空间 $V_M(M<N)$ 为满足下列 N 个方程的点集合:

$$x^i = x^i(u^1, u^2, \dots, u^M), i = 1, 2, \dots, N \tag{1.40}$$

式中有 M 个参数 $u^1, u^2, \dots, u^M$。$x^i(u^1, u^2, \dots, u^M)$ 是 $u^1, u^2, \dots, u^M$ 的 N 个满足一定连续条件的函数。设 $M = N - 1$，则子空间称为超曲面。

2) 坐标变换

设 $(x^1, x^2, \dots, x^N)$ 与 $(\overline{x^1}, \overline{x^2}, \dots, \overline{x^N})$ 是一个点在两个不同的坐标系中的坐标，并设两组坐标之间存在着 N 个独立的关系式：

$$\begin{aligned} \overline{x^1} &= \overline{x^1}(x^1, x^2, \dots, x^N) \\ \overline{x^2} &= \overline{x^2}(x^1, x^2, \dots, x^N) \\ &\vdots \\ \overline{x^N} &= \overline{x^N}(x^1, x^2, \dots, x^N) \end{aligned}$$

简写为：

$$\overline{x^k} = \overline{x^k}(x^1, x^2, \dots, x^N), k = 1, 2, \dots, N \tag{1.41}$$

式中　$\overline{x^i}$——x^i 的单值连续可导函数。

N 个 $\overline{x^i}$ 函数无关的必要与充分条件是 $\dfrac{\partial \overline{x^i}}{\partial x^j}$ 组成的雅可比行列式不等于零，即：

$$J = \det\left(\frac{\partial \overline{x^i}}{\partial x^j}\right) \equiv \begin{vmatrix} \dfrac{\partial \overline{x^1}}{\partial x^1} & \dfrac{\partial \overline{x^1}}{\partial x^2} & \cdots & \dfrac{\partial \overline{x^1}}{\partial x^n} \\ \dfrac{\partial \overline{x^2}}{\partial x^1} & \dfrac{\partial \overline{x^2}}{\partial x^2} & \cdots & \dfrac{\partial \overline{x^2}}{\partial x^n} \\ \vdots & \vdots & & \vdots \\ \dfrac{\partial \overline{x^n}}{\partial x^1} & \dfrac{\partial \overline{x^n}}{\partial x^2} & \cdots & \dfrac{\partial \overline{x^n}}{\partial x^n} \end{vmatrix} \neq 0$$

在这个条件下，由式(1.40)可解得：

$$x^k = x^k(\overline{x^1}, \overline{x^2}, \dots, \overline{x^N}) \qquad k = 1, 2, \dots, N \tag{1.42}$$

定义式(1.41)、式(1.42)为从一个坐标系到另一个坐标系的坐标变换。式(1.42)是式(1.41)的唯一逆变换。

1.8　指标与排列符号

场的梯度、散度和旋度，既是场的重要物理量，也是场的分析计算工具。在引入哈密尔顿算子后，其表达方式已经得到很大程度的简化，但在作比较复杂的分析计算时，还是显得不够简明和清晰。为了进一步提高计算表述的简明性，并分析场的属性，本节主要介绍张量的记法，包括下标记法、求和约定、二阶单位张量和三阶符号张量等。

1.8.1　下标与求和约定

在进行向量或张量运算时，经常要将它们展开成分量的形式，运算中书写烦琐。例如：

$$\boldsymbol{A} \cdot \boldsymbol{B} = (A_x \boldsymbol{i} + A_y \boldsymbol{j} + A_z \boldsymbol{k}) \cdot (B_x \boldsymbol{i} + B_y \boldsymbol{j} + B_z \boldsymbol{k}) \\ = A_x B_x + A_y B_y + A_z B_z$$

为书写方便,以 $A_i(i=1,2,3)$ 表示 A_x,A_y,A_z,以 $B_i(i=1,2,3)$ 表示 B_x,B_y,B_z。于是上式可简写为:

$$\boldsymbol{A} \cdot \boldsymbol{B} = A_1 B_1 + A_2 B_2 + A_3 B_3 \\ = \sum_{i=1}^{3} A_i B_i = A_i B_i$$

为避免混淆,引入约定:

①表达式一项中各量的下标符号单独出现者,则表示分别取 1,2,3 各一次。

例如,$a_i = b_i$则是表示 3 个式子:

$$a_1 = b_1, a_2 = b_2, a_3 = b_3$$

例如,$a_i = \dfrac{\partial B}{\partial x_i}$ 则是表示 3 个式子:

$$a_1 = \frac{\partial B}{\partial x_1}, a_2 = \frac{\partial B}{\partial x_2}, a_3 = \frac{\partial B}{\partial x_3}$$

②若在同一项中出现两个相同下标,就表示要对该下标从 1 到 3 求和。

例如,$a_i b_i = a_1 b_1 + a_2 b_2 + a_3 b_3$

$$\frac{\partial a_j}{\partial x_j} = \frac{\partial a_1}{\partial x_1} + \frac{\partial a_2}{\partial x_2} + \frac{\partial a_3}{\partial x_3}$$

第一式中的下标 i、第二式中的下标 j 已失去了表述物理量分量的作用。这种下标称为“哑标”。

显然,$a_i b_i = a_1 b_1 + a_2 b_2 + a_3 b_3 = a_j b_j = a_k b_k$,说明哑标是可以更换的。

③在表达式中有与上述两条规则发生矛盾时,则服从①。

例如,$\boldsymbol{e}_i = \dfrac{\partial \boldsymbol{r}}{\partial x_i} \Big/ \left| \dfrac{\partial \boldsymbol{r}}{\partial x_i} \right|$ 则是表示:

$$\boldsymbol{e}_1 = \frac{\partial \boldsymbol{r}}{\partial x_1} \Big/ \left| \frac{\partial \boldsymbol{r}}{\partial x_1} \right|, \quad \boldsymbol{e}_2 = \frac{\partial \boldsymbol{r}}{\partial x_2} \Big/ \left| \frac{\partial \boldsymbol{r}}{\partial x_2} \right|, \quad \boldsymbol{e}_3 = \frac{\partial \boldsymbol{r}}{\partial x_3} \Big/ \left| \frac{\partial \boldsymbol{r}}{\partial x_3} \right|$$

而不是表示:

$$\boldsymbol{e}_1 + \boldsymbol{e}_2 + \boldsymbol{e}_3 = \frac{\partial \boldsymbol{r}}{\partial x_1} \Big/ \left| \frac{\partial \boldsymbol{r}}{\partial x_1} \right| + \frac{\partial \boldsymbol{r}}{\partial x_2} \Big/ \left| \frac{\partial \boldsymbol{r}}{\partial x_2} \right| + \frac{\partial \boldsymbol{r}}{\partial x_3} \Big/ \left| \frac{\partial \boldsymbol{r}}{\partial x_3} \right|$$

使用约定,标量函数的梯度可表示为:

$$\nabla \phi = \boldsymbol{e}_i \frac{\partial \phi}{\partial x} \tag{1.43}$$

式中 $\boldsymbol{e}_i$——沿 x_1, x_2, x_3 轴向的单位向量。

矢量函数的散度可写为:

$$\nabla \cdot \boldsymbol{A} = \frac{\partial A_i}{\partial x_i} \tag{1.44}$$

矢量函数的旋度可写为：

$$\nabla \times \boldsymbol{A} = \boldsymbol{e}_i \times \frac{\partial \boldsymbol{A}}{\partial x_i} \tag{1.45}$$

由梯度、散度和旋度的表达式(1.36)—式(1.38)能够得到这样的启示，可把哈密尔顿算子看成是：

$$\nabla = \boldsymbol{e}_i \frac{\partial}{\partial x_i} \tag{1.46}$$

1.8.2　二阶单位张量

二阶单位张量在场分析及张量计算中具有重要的作用。二阶单位张量常被称为克罗内克尔 δ(Kronecker δ)，其定义为：

$$\delta_{ij} = \begin{cases} 0 & i \neq j \\ 1 & i = j \end{cases} \tag{1.47}$$

二阶单位张量与其他张量相乘，其作用效果就是在表达式中使对应下标相同。矢量的点积就是例证，如：

$$\boldsymbol{a} \cdot \boldsymbol{b} = a_i b_j \delta_{ij} = a_i b_i$$

$$\nabla \cdot \boldsymbol{a} = \frac{\partial}{\partial x_i} a_j \delta_{ij} = \frac{\partial}{\partial x_j} a_j = \frac{\partial a_j}{\partial x_j}$$

$$\boldsymbol{a} \cdot \nabla = a_i \frac{\partial}{\partial x_j} \delta_{ij} = a_j \frac{\partial}{\partial x_j}$$

1.8.3　三阶符号张量

三阶符号张量在场分析及张量计算中也具有基础性的作用，其定义为：

$$\varepsilon_{ijk} = \begin{cases} 0 & \text{当 } i,j,k \text{ 中有两个以上指标取值相同时} \\ 1 & \text{当 } i,j,k \text{ 为偶排列时(如 123,231,312 等)} \\ -1 & \text{当 } i,j,k \text{ 为奇排列时(如 132,213,321 等)} \end{cases} \tag{1.48}$$

三阶符号张量可以表达叉积(矢积)运算。如：

$$\boldsymbol{a} \times \boldsymbol{b} = a_i b_j \varepsilon_{ijk}$$

$$\nabla \times \boldsymbol{a} = \frac{\partial}{\partial x_i} a_j \varepsilon_{ijk}$$

三阶符号张量的下标具有两两奇数次轮换变号，偶数次轮换不变号的性质，如：

$$\varepsilon_{ijk} = -\varepsilon_{jik} = \varepsilon_{jki}$$

二阶单位张量和三阶符号张量的关系，即 δ-ε 关系式为：

$$\varepsilon_{ijk}\varepsilon_{klm} = \delta_{il}\delta_{jm} - \delta_{im}\delta_{jl} \tag{1.49}$$

利用张量记法可以比较方便地证明上节所列出的计算公式。

例 1.4　试证明：　$\nabla \times (\boldsymbol{A} \times \boldsymbol{B}) = \boldsymbol{A}(\nabla \cdot \boldsymbol{B}) + (\boldsymbol{B} \cdot \nabla)\boldsymbol{A} - \boldsymbol{B}(\nabla \cdot \boldsymbol{A}) - (\boldsymbol{A} \cdot \nabla)\boldsymbol{B}$

证　$\nabla \times (\boldsymbol{A} \times \boldsymbol{B}) = \dfrac{\partial}{\partial x_i} A_j B_k \varepsilon_{jkl} \varepsilon_{ilm} = \varepsilon_{jkl} \varepsilon_{ilm} \dfrac{\partial A_j B_k}{\partial x_i}$

$$= -\varepsilon_{jkl}\varepsilon_{iml}\frac{\partial A_jB_k}{\partial x_i} = -(\delta_{ji}\delta_{km}-\delta_{jm}\delta_{ki})\frac{\partial A_jB_k}{\partial x_i}$$

$$=\delta_{jm}\delta_{ki}\frac{\partial A_jB_k}{\partial x_i}-\delta_{ji}\delta_{km}\frac{\partial A_jB_k}{\partial x_i}=\frac{\partial A_mB_i}{\partial x_i}-\frac{\partial A_iB_m}{\partial x_i}$$

$$=A_m\frac{\partial B_i}{\partial x_i}+B_i\frac{\partial A_m}{\partial x_i}-B_m\frac{\partial A_i}{\partial x_i}-A_i\frac{\partial B_m}{\partial x_i}$$

$$=\boldsymbol{A}(\nabla\cdot\boldsymbol{B})+(\boldsymbol{B}\cdot\nabla)\boldsymbol{A}-\boldsymbol{B}(\nabla\cdot\boldsymbol{A})-(\boldsymbol{A}\cdot\nabla)\boldsymbol{B}$$

1.9 二阶张量的若干知识

我们知道,二阶张量是在某空间区域上定义的具有 9 个分量,需要用两个自由指标表述的具备连续函数性质的物理量。二阶张量在形式上可表示为三阶实矩阵。流体力学中有许多二阶张量。本节介绍后面各章节将用到的有关二阶张量的一些基本知识。

1.9.1 二阶张量的表达

对同一个二阶张量可以采用两种方式表达。

名标方式——张量名加上下标,张量名用小写字母,如 s_{ij},若张量名用大写字母,则不带下标,如 S。

矩阵方式——将张量的各分量按三阶矩阵的方式排列,各分量用小写字母表示的张量名加上对应位置的下标标示。

如 $S=\begin{bmatrix} s_{11} & s_{12} & s_{13} \\ s_{21} & s_{22} & s_{23} \\ s_{31} & s_{32} & s_{33} \end{bmatrix}$。

1.9.2 二阶张量的主值、主轴、不变量

设 P 为二阶张量,$\boldsymbol{A}$ 为空间中的非零矢量,若:

$$P\cdot\boldsymbol{A}=\lambda\boldsymbol{A}$$

则称 λ 为张量 P 的主值,$\boldsymbol{A}$ 的方向为张量 P 的主轴方向。

不论坐标如何变化,张量 P 存在 3 个基本不变量:

$$I_1 = p_{11}+p_{22}+p_{33}=p_{ii}$$

$$I_2=\begin{vmatrix} p_{22} & p_{23} \\ p_{32} & p_{33} \end{vmatrix}+\begin{vmatrix} p_{11} & p_{13} \\ p_{31} & p_{33} \end{vmatrix}+\begin{vmatrix} p_{11} & p_{12} \\ p_{21} & p_{22} \end{vmatrix}$$

$$I_3=\begin{vmatrix} p_{11} & p_{12} & p_{13} \\ p_{12} & p_{22} & p_{23} \\ p_{31} & p_{32} & p_{33} \end{vmatrix}$$

用这 3 个基本不变量,可以组合出多个不变量。

1.9.3　二阶张量的对称性与反对称性

定义　对于二阶张量 s_{ij},若满足 $s_{ij}=s_{ji}$,则称 s_{ij} 为对称二阶张量。

在对称二阶张量的 9 个分量中,只有 6 个独立分量。

对称二阶张量的对称性不因坐标转换而改变。

应力张量 τ_{ij} 是对称二阶张量。

流体的变形速率张量 $s_{ij}=\frac{1}{2}\left(\frac{\partial u_i}{\partial x_j}+\frac{\partial u_j}{\partial x_i}\right)$ 也是对称二阶张量。

定义　对于二阶张量 a_{ij},若满足 $a_{ij}=-a_{ji}$,则称 a_{ij} 为反对称二阶张量。

反对称二阶张量具有下述性质。

①二阶反对称张量必有 3 个零分量,分别是 a_{11},a_{22} 和 a_{33},故其只有 3 个独立分量。

二阶反对称张量的 3 个独立分量可以组成一个矢量 $\boldsymbol{\omega}$,称为二阶反对称张量的相当矢量,其定义为:

$$a_{ij}=-\varepsilon_{ijk}\omega_k \tag{1.50}$$

②二阶反对称张量 A 与矢量 $\boldsymbol{B}$ 的内积等于其相当矢量与矢量 $\boldsymbol{B}$ 的矢积。

$$A\cdot\boldsymbol{B}=a_{ij}b_k\delta_{jk}=-\varepsilon_{ijl}\omega_l b_k\delta_{jk}=-\varepsilon_{ijl}\omega_l b_j=\varepsilon_{ilj}\omega_l b_j=\boldsymbol{\omega}\times\boldsymbol{B}$$

③二阶反对称张量的反对称性不因坐标变换而改变。

1.9.4　关于二阶张量的几个命题

命题 1　任意二阶张量都可分解成一个对称二阶张量与一个反对称二阶张量。(二阶张量分解定理)

$$P=p_{ij}=\frac{1}{2}(p_{ij}+p_{ji})+\frac{1}{2}(p_{ij}-p_{ji})=S+A$$

其中,$S=s_{ij}=\frac{1}{2}(p_{ij}+p_{ji})$ 为对称二阶张量;

$A=a_{ij}=\frac{1}{2}(p_{ij}-p_{ji})$ 为反对称二阶张量。

命题 2　矢量场 $\boldsymbol{B}$ 的梯度 $\nabla\boldsymbol{B}=\frac{\partial b_i}{\partial x_j}$ 是一个二阶张量,可以分解为对称与反对称的两部分,其反对称部分的相当矢量 $\boldsymbol{\omega}$ 可表示为 $\boldsymbol{\omega}=\frac{1}{2}\nabla\times\boldsymbol{B}$。

由
$$\frac{\partial b_i}{\partial x_j}=\frac{1}{2}\left(\frac{\partial b_i}{\partial x_j}+\frac{\partial b_j}{\partial x_i}\right)+\frac{1}{2}\left(\frac{\partial b_i}{\partial x_j}-\frac{\partial b_j}{\partial x_i}\right)=s_{ij}+a_{ij}$$

其中,$s_{ij}=\frac{1}{2}\left(\frac{\partial b}{\partial x_j}+\frac{\partial b_j}{\partial x}\right)$ 为其对称部分,$a_{ij}=\frac{1}{2}\left(\frac{\partial b_i}{\partial x_j}-\frac{\partial b_j}{\partial x_i}\right)$ 为反对称部分。

根据矢量的定义有：

$$a_{ij}=\frac{1}{2}\left(\frac{\partial b_i}{\partial x_j}-\frac{\partial b_j}{\partial x_i}\right)=-\varepsilon_{ijk}\omega_k$$

两边同乘 ε_{ijm}，有 $\frac{1}{2}\left(\frac{\partial b_i}{\partial x_j}-\frac{\partial b_j}{\partial x_i}\right)\varepsilon_{ijm}=-\varepsilon_{ijk}\varepsilon_{ijm}\omega_k$

等式左端 $\frac{1}{2}\left(\frac{\partial b_i}{\partial x_j}-\frac{\partial b_j}{\partial x_i}\right)\varepsilon_{ijm}=-\frac{1}{2}\left(\frac{\partial}{\partial x_j}b_i\varepsilon_{jim}+\frac{\partial}{\partial x_j}b_j\varepsilon_{ijm}\right)=-2\left(\frac{1}{2}\nabla\times\boldsymbol{B}\right)$

等式右端

$$-\varepsilon_{ijk}\varepsilon_{ijm}\omega_k=-\varepsilon_{jki}\varepsilon_{ijm}\omega_k=-(\delta_{jj}\delta_{km}-\delta_{jm}\delta_{kj})\omega_k=-3\omega_m+\omega_m=-2\omega_m=-2\boldsymbol{\omega}$$

即有 $\boldsymbol{\omega}=\frac{1}{2}\nabla\times\boldsymbol{B}$ 成立。

命题 3 在某确定时刻，矢量场 $\boldsymbol{B}$ 的微分 $\mathrm{d}b_i=\frac{\partial b_i}{\partial x_j}\mathrm{d}x_j$，其中，$\frac{\partial b_i}{\partial x_j}$为二阶张量，若记其对称部分为 S，其反对称部分的相当矢量为 $\boldsymbol{\omega}$，$\boldsymbol{r}$ 为空间位置矢量，则该微分可表示为：

$$\mathrm{d}\boldsymbol{B}=S\cdot\mathrm{d}\boldsymbol{r}+\frac{1}{2}\nabla\times\boldsymbol{B}\times\mathrm{d}\boldsymbol{r}$$

证 由 $\mathrm{d}b_i=\frac{\partial b_i}{\partial x_j}\mathrm{d}x_j=\frac{1}{2}\left(\frac{\partial b_i}{\partial x_j}+\frac{\partial b_j}{\partial x_i}\right)\mathrm{d}x_j+\frac{1}{2}\left(\frac{\partial b_i}{\partial x_j}-\frac{\partial b_j}{\partial x_i}\right)\mathrm{d}x_j$

据相当矢量的定义式(1.8)及命题 1、命题 2，上式即可表示为：

$$\begin{aligned}\mathrm{d}b_i&=s_{ij}\mathrm{d}x_j-\varepsilon_{ijk}\omega_k\mathrm{d}x_j=s_{ij}\mathrm{d}x_j+\varepsilon_{kji}\omega_k\mathrm{d}x_j\\&=S\cdot\mathrm{d}\boldsymbol{r}+\boldsymbol{\omega}\times\mathrm{d}\boldsymbol{r}=S\cdot\mathrm{d}\boldsymbol{r}+\frac{1}{2}\nabla\times\boldsymbol{B}\times\mathrm{d}\boldsymbol{r}\end{aligned}$$

即有命题 3 成立。

习题 1

1.1 证明矢量场论的 1.6.2 中微分运算公式第⑩式。

1.2 证明矢量场论的 1.6.2 微分运算公式第⑪式。

1.3 证明矢量场论的 1.6.2 微分运算公式第⑫式。

1.4 求证：若 P 为对称张量，$\boldsymbol{A}$，$\boldsymbol{B}$ 为矢量，则

$$\boldsymbol{B}\cdot(P\cdot\boldsymbol{A})=\boldsymbol{A}\cdot(P\cdot\boldsymbol{B})$$

1.5 式(1.50)是反对称二阶张量相当矢量 $\boldsymbol{\omega}$ 的隐式定义，试给出其显式定义式。

1.6 试证明：$\boldsymbol{a}\times(\boldsymbol{b}\times\boldsymbol{c})+\boldsymbol{b}\times(\boldsymbol{c}\times\boldsymbol{a})+\boldsymbol{c}\times(\boldsymbol{a}\times\boldsymbol{b})=0$。（黑体字母为矢量）

1.7 将下列用求和约定写成的表示式改写为多项求和的表示式。

(1) $y_{ij}=a_{jk}a_{kj}(i,j,k=1,2,3)$。

(2) $t_i=\tau_{ij}n_j(i,j=1,2,3)$。

(3) $\sqrt{a_i a_i}\ (i=1,2,3)$。

(4) $a_i b_i\ (i=1,2,3)$。

(5) $a_i \boldsymbol{e}_i\ (i=1,2,3)$。

1.8　将下列用多项求和的表示式改写为求和约定写成的表示式。

(1) $A_{21}B_1 + A_{22}B_2 + A_{23}B_3 + \cdots + A_{2N}B_N$

(2) $\frac{\partial c}{\partial t} + u_x \frac{\partial c}{\partial x} + u_y \frac{\partial c}{\partial y} + u_z \frac{\partial c}{\partial z} = -\frac{\partial}{\partial x}(\overline{u_x' c'}) - \frac{\partial}{\partial y}(\overline{u_y' c'}) - \frac{\partial}{\partial z}(\overline{u_z' c'}) + D\left(\frac{\partial^2 c}{\partial x^2} + \frac{\partial^2 c}{\partial y^2} + \frac{\partial^2 c}{\partial z^2}\right)$

(3) $\frac{\partial a_x}{\partial x} + \frac{\partial a_y}{\partial y} + \frac{\partial a_z}{\partial z}$

(4) $\frac{\partial^2 \phi}{\partial x^2} + \frac{\partial^2 \phi}{\partial y^2} + \frac{\partial^2 \phi}{\partial z^2}$

1.9　利用克罗内克(Kronecker)符号 δ_{ij} 和三阶符号张量 ε_{ijk} 证明：

(1) $\boldsymbol{a} \times (\boldsymbol{b} \times \boldsymbol{c}) = \boldsymbol{b}(\boldsymbol{a} \cdot \boldsymbol{c}) - \boldsymbol{c}(\boldsymbol{a} \cdot \boldsymbol{b})$

(2) $(\boldsymbol{a} \times \boldsymbol{b}) \times (\boldsymbol{c} \times \boldsymbol{d}) = \boldsymbol{b}[\boldsymbol{a}(\boldsymbol{c} \times \boldsymbol{d})] - \boldsymbol{a}[\boldsymbol{b}(\boldsymbol{c} \times \boldsymbol{d})]$

$\qquad = \boldsymbol{c}[\boldsymbol{a}(\boldsymbol{b} \times \boldsymbol{d})] - \boldsymbol{d}[\boldsymbol{a}(\boldsymbol{b} \times \boldsymbol{c})]$

1.10　试证明：

(1) $\text{grad}\ a \equiv \nabla a = \frac{\partial a}{\partial \boldsymbol{x}}$

(2) $\text{div}(\phi \delta_{ij}) = \text{grad}\ \phi$

2 流体流动的基本概念与基本方程

2.1 流体的定义与特性

人们将物质的宏观形态分为固态、液态和气态,将固态的物质称为固体,将处于液态和气态的物质称为流体。不难看出,这样的划分隐含了一个基本的物理事实:在某个基础性的关键点上,液态和气态的物质与固态的物质具有根本性的差异。这个差异理应作为流体区别于固体的依据。

牛顿在描述物体的宏观运动时指出,任何处于宏观运动状态的物体,如果外界不施加作用,它将永久地保持其不变的运动状态;而要改变其运动状态,就必须由外界对它施加作用(牛顿的运动第一定律——惯性定律)。人们研究物质的宏观运动特点是通过外界作用来实现的。实验发现,在法向压力的作用下,处于宏观运动状态下的固态、液态、气态都表现出相似的受压定量收缩的形变效应;但在剪切力的作用下,固态物质的变形表现出可以定量,而液态与气态物质的变形却很难定量。据此,给流体作了这样的定义:在微小的剪切力作用下即会发生连续形变的宏观集态的物质。这个定义包含两层意思:第一,微小的剪切力下变形即会发生(常被称为易变形性);第二,剪切力所造成的变形是连续的(又被称为变形连续性),且剪切力与变形的关系不能用函数关系直接表示。

在这里,还要关注一个关键词,即"宏观集态"。所谓宏观,是相对于微观而言的。众所周知,物质(不论是固体还是流体)都是由分子构成的,分子与分子之间存在一定的间隙,具有吸引和排斥的相互作用。从微观角度看,组成物质的每一个分子都在相邻其他分子的作用下不停息地进行着随机性的"布朗运动";从宏观角度看,大量分子集合的物质体具有其宏观的物质形态,遵循牛顿所总结归纳出的运动定律(包括质量守恒定律、惯性定律、动量定理、互反作用定律及功能转换定律),单个分子的个别运动特征与大量分子集团的综合运动特征相比显得过分微小而被忽略。为了表述物质的宏观综合运动特征,将物质的最小元素定义为物质点,即具有足够多分子数目(使得单个分子的运动特征可以被该分子集团的宏观运动特征完全屏蔽),而在空间上有非常小以至于可以与空间的几何点重合。从这个意义上讲,由大量分子集合构成的宏观物质,可以看成是由无数物质点(简称为质点)构成的在空间上无间隙地连续分布的介质。显然,这种定义宏观物质的方法,既适合于流体,也适合于固体。

综上所述,可以将流体定义理解为:在剪切力作用下会发生连续变形的由质点组成的连续介质。

谈到流体的定义,还应注意流体区别于固体的另一个重要特征,即易混合性。两支固体粉笔靠在一起,将保持为两支粉笔;而荷叶上的两粒水滴靠在一起,就将混合成为一粒较大的水滴。易混合性既是对流体易变形性和变形连续性的一种注解,也说明要将某流体元素在运动过程中与其相邻的元素加以区别是很困难的。可以将流体的这个属性称为流体元素的不易识别性。因为这个"不易识别性",需要在成功具有"可辨识性"的固体运动分析方法基础上建立适合流体运动分析的方法。

2.2 描述流体运动的方法

在连续介质的假定下,一方面流体的运动可看成由充满运动空间的无数个流体质点的运动所构成;另一方面,流体在宏观空间是连续的,流体运动也可采用场描述的方法来研究。因此,在流体力学中可用两种方法来描述流体运动,即拉格朗日法与欧拉法。

2.2.1 拉格朗日法

拉格朗日法又称拉氏法,认为流体的运动由每个流体质点的运动所组成,若已了解所有流体质点的运动规律,那么整个流场的流体运动状况也就清楚了。因而拉氏法以流场中的质点为研究对象,研究所有流体质点的运动规律,进而确定整个流体的运动规律。使用拉氏法首先必须用数学方法区分不同的流体质点。通常采用初始时刻流体质点的坐标作为区分不同流体质点的标志。设初始时刻 $t=t_0$ 流体质点的空间位置坐标为(a,b,c),即采用 a,b,c 3 个初始坐标值的组合来区分流体质点。质点初始时刻坐标 a,b,c 和时间变量 t 是拉格朗日法的自变量,统称为拉格朗日变量。于是,流体质点的位移矢量 $\boldsymbol{r}$ 可表示为拉格朗日变量的函数。

$$\boldsymbol{r} = \boldsymbol{r}(a,b,c,t) \tag{2.1a}$$

或

$$\text{坐标分量 } x_i = x_i(a,b,c,t) \tag{2.1b}$$

式(2.1)给出了任意一个标记为(a,b,c)的流体质点在任意一个时刻 t 的空间位置,即对流体整体运动进行了描述。

流体运动过程中其他运动要素和物理量的时间历程也可用拉格朗日法描述,如压力、密度等:

$$p = p(a,b,c,t)$$
$$\rho = \rho(a,b,c,t)$$

采用拉格朗日法描述物体的运动时,如果物体质点是唯一确定不变的,则该质点的运动参数,如空间的位置 x_i、速度 u_i、加速度 a_i 等均为时间 t 的单值函数,且:

$$u_i = \frac{\partial x_i}{\partial t}$$

$$a_i = \frac{\partial u_i}{\partial t}$$

应当指出在拉氏法中,位移函数 $\boldsymbol{r}$ 的定义域不是场,也不是空间坐标的函数。

2.2.2 欧拉法

与拉格朗日法不同的是,欧拉法的着眼点不是流体质点而是流体的空间点。在同一空间点,不同时刻将由不同的流体质点占据。但是,无论什么时刻,所观察到的物理量都可与空间点联系起来。如果每个空间点对应流体质点的物理量都已知,则可以清楚地了解整个流场的物理量分布。在固定空间点上,很容易测出不同时刻经过该点流体质点的速度,因此,在欧拉法中一般采用速度矢量来描述空间点上流体运动的变化情况,即

$$\text{矢量}\ \boldsymbol{v} = \boldsymbol{v}(x_i, t) \tag{2.2a}$$

或

$$\text{分量}\ u_i = u_i(x_i, t) \tag{2.2b}$$

式中 x_i, t——欧拉变量。

在欧拉法中,空间位置 x_i 不是时间的函数,而是与时间并列的关于各流动参数的独立变量。当 x_i 固定,t 改变时,式(2.2)代表空间某固定点的速度随时间的变化;当 t 固定,x_i 改变时,式(2.2)表示某一时刻速度在空间的分布情况。

在流体运动过程中,其他运动要素和物理量也都可用欧拉变量来表达,如压力、密度等:

$$p = p(x, y, z, t)$$

$$\rho = \rho(x, y, z, t)$$

欧拉法又被称为场方法。因此,采用欧拉法描述流体运动时,可广泛利用场论的知识。实际上,在解决实际工程问题时,通常不需要知道各个流体质点的运动情况,只需知道速度、压强等的空间分布,因此,欧拉法在流体力学中较拉格朗日法应用更为广泛。

场方法的显著特点是不必细致地辨识在给定时刻到达确定位置的是哪一个流体质点,因而对于流体的研究十分方便,但场方法不能将建立在质点或质点集合上的基本物理定律直接应用在对流体的分析上,必须进行质点运动参数与空间流动参数变换规律的转换。下面分别讨论单个流体质点的运动参数及某流体质点集合的运动参数在质点方法中的表述与在场方法中的表述,并建立不同表述之间的转换关系。

2.3 质点导数与系统导数

2.3.1 质点导数

质点导数是确定流体质点的某物理参数对时间的变化率在场方法中的表达。

从空间唯一性及物质不灭性的角度可以看出,在运动的每一时刻,连续分布的几何空间必然被连续分布的流体质点所占据,如在确定的时刻 t,某质点占据的空间位置为 x_i,而在 $t+\Delta t$ 时刻,t 时刻占据 x_i 位置的那个流体质点由于运动到达了 $x_i+\Delta x_i$ 位置,而 x_i 位置已经被另一个流体质点所占据。

如图 2.1 所示,设 t 时刻,某流体质点占据着流场中 x_i 点,该流体质点的运动参数记为 η,该流体质点的该运动参数对时间的变化率应表示为:

$$\frac{\mathrm{d}\eta}{\mathrm{d}t}=\lim_{\Delta t\to 0}\frac{\eta(t+\Delta t)-\eta(t)}{\Delta t}$$

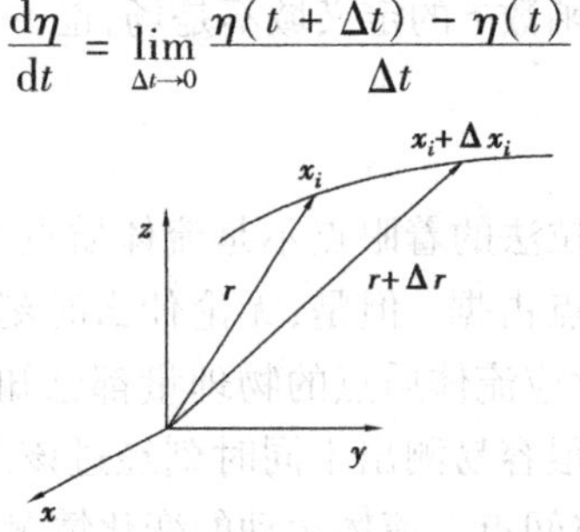

图 2.1　流场中质点运动轨迹

而在流场中,该流体质点在 Δt 时间段内由于运动,其状态分别由 t 时刻的 x_i 点,$t+\Delta t$ 时刻的 $x+\Delta x_i$ 点以及沿途各点所组成,因此,用场方法中描述该流体质点运动参数对时间的变化率,就必须清楚地给出其对应的关系。即有:

$$\begin{aligned}\frac{\mathrm{d}\eta}{\mathrm{d}t}&=\lim_{\Delta t\to 0}\frac{\eta(t+\Delta t)-\eta(t)}{\Delta t}\\&=\lim_{\Delta t\to 0}\frac{\eta(t+\Delta t,x_i+\Delta x_i)-\eta(t,x_i)}{\Delta t}\end{aligned}$$

注意到 $\Delta x_i=u_i(t,u_i)\Delta t$,而流场中运动参数 $\eta(t,x_i)$ 是在时间 t 和空间位置 x_i 上连续分布的,依照多元连续函数的无穷级数展开,有:

$$\eta(t+\Delta t,x_i+u_i\Delta t)=\eta(t,x_i)+\left[\frac{\partial\eta}{\partial t}+\frac{\partial\eta}{\partial x_i}u_i\right]\Delta t+0(\Delta t^2)$$

式中　$0(\Delta t^2)$——展开式中高于$(\Delta t)^2$ 的所有项的集合。代入上式,可得:

$$\begin{aligned}\frac{\mathrm{d}\eta}{\mathrm{d}t}&=\lim_{\Delta t\to 0}\frac{\eta(t+\Delta t)-\eta(t)}{\Delta t}\\&=\lim_{\Delta t\to 0}\frac{\eta(t+\Delta t,x_i+\Delta x_i)-\eta(t,x_i)}{\Delta t}\\&=\lim_{\Delta t\to 0}\frac{\left(\frac{\partial\eta}{\partial t}+u_i\frac{\partial\eta}{\partial x_i}\right)\Delta t+0(\Delta t^2)}{\Delta t}\\&=\lim_{\Delta t\to 0}\left[\frac{\partial\eta}{\partial t}+u_i\frac{\partial\eta}{\partial x_i}+0(\Delta t)\right]\\&=\frac{\partial\eta}{\partial t}+u_i\frac{\partial\eta}{\partial x_i}\end{aligned}$$

若考虑用大写符号专门标记对质点的物理量的求导,即有

$$\frac{D\eta}{Dt}=\frac{\partial\eta}{\partial t}+u_i\frac{\partial\eta}{\partial x_i}\tag{2.3}$$

式(2.3)即为流体的质点导数。等式的左边是质点的某物理量 η 对时间的变化率,而等式的右边则为该变化率在场方法中的表述。

其中,$\dfrac{\partial\eta}{\partial t}=\lim\limits_{\Delta t\to 0}\dfrac{\eta(t+\Delta t,x_i)-\eta(t,x_i)}{\Delta t}$

$$\frac{\partial \eta}{\partial x_i}=\lim_{\Delta x_i \to 0}\frac{\eta(t,x_i+\Delta x_i)-\eta(t,x_i)}{\Delta x_i}$$

例 2.1 已知速度场为 $\boldsymbol{v}=xt\boldsymbol{i}+yt\boldsymbol{j}+zt\boldsymbol{k}$，温度场为 $T=\dfrac{At^2}{x^2+y^2+z^2}$，试求质点的温度梯度。

解 由式(2.3)，有

$$\begin{aligned}\frac{DT}{Dt}&=\frac{\partial T}{\partial t}+u_i\frac{\partial T}{\partial x_i}\\&=\frac{2At}{x^2+y^2+z^2}+xt\cdot\frac{-2xAt^2}{(x^2+y^2+z^2)^2}+yt\cdot\frac{-2yAt^2}{(x^2+y^2+z^2)^2}+zt\cdot\frac{-2zAt^2}{(x^2+y^2+z^2)^2}\\&=\frac{2At(1-t^2)}{x^2+y^2+z^2}\end{aligned}$$

2.3.2 系统导数

在流体力学的研究中，除需要用到单个质点的物理量对时间的导数，还会用到流体系统的某物理量对时间的变化率。常将流体系统的物理量对时间的导数在场方法中的表述称为系统导数。

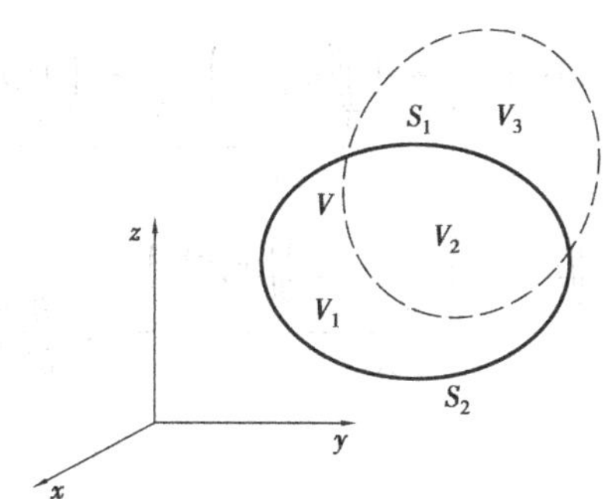

图 2.2 流场中流体系统的运动轨迹

设某确定的流体系统 t 时刻位于图 2.2 实线所示的区域（即该系统 t 时刻占据着流场中该区域），若记单位质量流体所具有的某物理量为 η，流体密度为 ρ，则该系统所具有的该物理量总量可表示为 $N=\iiint\limits_V \rho\eta \mathrm{d}V$，该系统物理量对时间的变化率应表示为：

$$\frac{DN}{Dt}=\frac{D}{Dt}\iiint\limits_V \rho\eta \mathrm{d}V=\lim_{\Delta t\to 0}\frac{\left(\iiint\limits_V \rho\eta \mathrm{d}V\right)_{t+\Delta t}-\left(\iiint\limits_V \rho\eta \mathrm{d}V\right)_t}{\Delta t}$$

应该注意到，表达式中的 V 是流体系统的体积，而在流体的运动过程中，不仅该系统的位置会发生改变，其体积和形状都也有可能发生变化，因此，需要将整个积分式用时间予以标注。

从场的角度我们看到的是，在 t 时刻，流场中空间区域 V 被所考察的流体系统所占据，经过 Δt 时间，该流体系统运动到达新的位置，在 $t+\Delta t$ 时刻，在流场中占据的区域为 V_2+V_3，其中，V_2 是该系统在 $t+\Delta t$ 时刻所占空间与 t 时刻所占区域 V 相重合的部分；在该流体系统从区

域 V 运动到达区域 V_2+V_3 的同时,相邻的流体流进来补充该流体系统运动后留下的空间 V_1。不难看出,进入区域 V_3 的流体是在 Δt 时间段内从区域 V 的边界 S_1 流出的,而进入区域 V_1 的流体则是在 Δt 时间段内从区域 V 的边界 S_2 流入的,将这些事实代入系统导数的定义式,有:

$$\begin{aligned}
\frac{DN}{Dt} = \frac{D}{Dt}\iiint_V \rho\eta \mathrm{d}V &= \lim_{\Delta t\to 0}\frac{\left(\iiint_V \rho\eta \mathrm{d}V\right)_{t+\Delta t} - \left(\iiint_V \rho\eta \mathrm{d}V\right)_t}{\Delta t}\\
&= \lim_{\Delta t\to 0}\frac{\left(\iiint_{V_2} \rho\eta \mathrm{d}V\right)_{t+\Delta t} + \left(\iiint_{V_3} \rho\eta \mathrm{d}V\right)_{t+\Delta t} - \left(\iiint_V \rho\eta \mathrm{d}V\right)_t}{\Delta t}\\
&= \lim_{\Delta t\to 0}\frac{\left(\iiint_{V_2} \rho\eta \mathrm{d}V\right)_{t+\Delta t} + \left(\iiint_{V_1} \rho\eta \mathrm{d}V\right)_{t+\Delta t} - \left(\iiint_V \rho\eta \mathrm{d}V\right)_t}{\Delta t} +\\
&\quad \lim_{\Delta t\to 0}\frac{\left(\iiint_{V_3} \rho\eta \mathrm{d}V\right)_{t+\Delta t} - \left(\iiint_{V_1} \rho\eta \mathrm{d}V\right)_{t+\Delta t}}{\Delta t}
\end{aligned}$$

注意到

$$\begin{aligned}
&\lim_{\Delta t\to 0}\frac{\left(\iiint_{V_2} \rho\eta \mathrm{d}V\right)_{t+\Delta t} + \left(\iiint_{V_1} \rho\eta \mathrm{d}V\right)_{t+\Delta t} - \left(\iiint_V \rho\eta \mathrm{d}V\right)_t}{\Delta t}\\
&= \lim_{\Delta t\to 0}\frac{\left(\iiint_V \rho\eta \mathrm{d}V\right)_{t+\Delta t} - \left(\iiint_V \rho\eta \mathrm{d}V\right)_t}{\Delta t} = \frac{\partial}{\partial t}\iiint_V \rho\eta \mathrm{d}V
\end{aligned}$$

而

$$\lim_{\Delta t\to 0}\frac{\left(\iiint_{V_3} \rho\eta \mathrm{d}V\right)_{t+\Delta t}}{\Delta t} = \iint_{S_1}\rho\eta v_n \mathrm{d}S = \iint_{S_1}(\rho\eta\boldsymbol{v})\cdot\boldsymbol{n}\mathrm{d}S$$

$$\lim_{\Delta t\to 0}\frac{-\left(\iiint_{V_1} \rho\eta \mathrm{d}V\right)_{t+\Delta t}}{\Delta t} = \iint_{S_2}\rho\eta v_n \mathrm{d}S = \iint_{S_2}(\rho\eta\boldsymbol{v})\cdot\boldsymbol{n}\mathrm{d}S$$

其中,$\boldsymbol{n}$ 为区域 V 上微元表面积 $\mathrm{d}S$ 上的外法线单位向量,$\boldsymbol{v}$ 为 t 时刻在对应微元表面积 $\mathrm{d}S$ 上的流速。

注意到 S_1 和 S_2 正好构成流场区域 V 的整个外表面,即有:

$$\lim_{\Delta t\to 0}\frac{\left(\iiint_{V_3} \rho\eta \mathrm{d}V\right)_{t+\Delta t} - \left(\iiint_{V_1} \rho\eta \mathrm{d}V\right)_{t+\Delta t}}{\Delta t} = \oiint_S \rho\eta v_n \mathrm{d}S = \oiint_S (\rho\eta\boldsymbol{v})\cdot\boldsymbol{n}\mathrm{d}S$$

这样,该流体系统物理量对时间的变化率就可在流场中表述为:

$$\frac{D}{Dt}\iiint_V \rho\eta \mathrm{d}V = \frac{\partial}{\partial t}\iiint_V \rho\eta \mathrm{d}V + \oiint_S (\rho\eta\boldsymbol{v})\cdot\boldsymbol{n}\mathrm{d}S \tag{2.4a}$$

$$\frac{D}{Dt}\iiint\limits_{V}\rho\eta\mathrm{d}V = \frac{\partial}{\partial t}\iiint\limits_{V}\rho\eta\mathrm{d}V + \oiint\limits_{S}(\rho\eta u_j)n_j\mathrm{d}S \tag{2.4b}$$

式(2.4)即为系统导数,其等式左端是流体系统的某物理量对时间变化率的定义,等式右端是该变化率在场方法中的表述。式(2.4a)是矢量形式的表述,而式(2.4b)是张量记法的表述。

2.4 流体的变形与速度分解定理及作用在流体上的力

2.4.1 流体的变形与速度分解定理

流体在剪切力的作用下具有连续变形的特性。在场方法中如何来描述流体的形变呢?即如何利用不同位置点上感知的流动参数信息分析得知运动流体发生了怎样的形变呢?

在同一时刻,分析相邻两点间流动速度的差异,应该可以得到流体形变的若干信息。记流场中 t_0 时刻,流场中某点的速度是 u_i,则其相邻点的速度可表示为 $u_i+\mathrm{d}u_i$,两点间的速度差是 $\mathrm{d}u_i$,需要注意的是,一般情况下,$u=u_i(t,x_j)$,现在指定时刻,使 $u_i=u_i(t_0,x_j)=u_i(x_j)$,根据多元函数求导法则及二阶张量分解定理,可以得到:

$$\mathrm{d}u_i = \frac{\partial u_i}{\partial x_j}\mathrm{d}x_j = \frac{1}{2}\left(\frac{\partial u_i}{\partial x_j}+\frac{\partial u_j}{\partial x_i}\right)\mathrm{d}x_j + \frac{1}{2}\left(\frac{\partial u_i}{\partial x_j}-\frac{\partial u_j}{\partial x_i}\right)\mathrm{d}x_j$$

其中,$\frac{1}{2}\left(\frac{\partial u_i}{\partial x_j}+\frac{\partial u_j}{\partial x_i}\right)$为二阶对称张量,表示相邻流体质点所在微团的变形情况,常称为变形速率张量,用符号 s_{ij}记之。$\frac{1}{2}\left(\frac{\partial u_i}{\partial x_j}-\frac{\partial u_j}{\partial x_i}\right)$为二阶反对称张量,常用符号 A_{ij}记之,因其只有 3 个独立分量,可以用对应的相当矢量 ω_k 予以表示,而相当矢量 ω_k 的运动学意义是绕自身轴的旋转角速度,故二阶反对称张量 A_{ij}表示相邻流体质点所在微团绕自身轴的旋转情况。

引用上述符号,可以得到:

$$\begin{aligned}\mathrm{d}u_i &= \frac{\partial u_i}{\partial x_j}\mathrm{d}x_j = \frac{1}{2}\left(\frac{\partial u_i}{\partial x_j}+\frac{\partial u_j}{\partial x_i}\right)\mathrm{d}x_j + \frac{1}{2}\left(\frac{\partial u_i}{\partial x_j}-\frac{\partial u_j}{\partial x_i}\right)\mathrm{d}x_j \\ &= s_{ij}\mathrm{d}x_j + \varepsilon_{ijk}\omega_k\mathrm{d}x_j\end{aligned}$$

或

$$\mathrm{d}u_i = \frac{\partial u_i}{\partial x_j}\mathrm{d}x_j = s_{ij}\mathrm{d}x_j + \varepsilon_{ijk}\omega_k\mathrm{d}x_j \tag{2.5}$$

其中, $s_{ij}=\frac{1}{2}\left(\frac{\partial u_i}{\partial x_j}+\frac{\partial u_j}{\partial x_i}\right)$——流体的变形速率张量;

$\omega_k=\frac{1}{2}\left(\frac{\partial u_i}{\partial x_j}-\frac{\partial u_j}{\partial x_i}\right)\varepsilon_{ijk}$——流体绕自身轴旋转的角速度;

ε_{ijk}——三阶符号张量。

式(2.5)表明,运动流体具有与刚体相同的绕自身轴旋转的特点之外,还具有变形的特点。式(2.5)又被称为流体的速度分解定理。

2.4.2 作用在流体上的力

在某时刻，在连续的流体中，任意地取出一团流体作为研究对象，考察其所受到的外界作用力。一般来说，将流体所受的作用力分为质量力与表面力两类。

所谓质量力，是指外界通过非接触方式对流体产生的作用力，如重力、电场力等。这类力有一个共同特点，力的大小与物体的质量成正比。因物体在各种加速运动时的惯性力也与物体的自身质量成正比，惯性力也可以作为一种质量力考虑。定义单位质量流体所受到的质量力为单位质量力，记为f_i，若用矢量记法，在直角坐标系内表示为：$\boldsymbol{f} = f_x\boldsymbol{i} + f_y\boldsymbol{j} + f_z\boldsymbol{k}$。很明显，质量力的量纲与加速度一致。这样，对所研究的流体团，其总的质量力可表示为：

$$F_i = \iiint_V \rho f_i \mathrm{d}V$$

式中　V——该团流体的体积；

ρ——微元体积 $\mathrm{d}V$ 内流体的密度。

所谓表面力，是指外界通过接触方式对该物体产生的作用力。很明显，表面力是通过流体团的外表面进行作用的。为适应研究对象的任取性，定义单位面积上流体所受到的表面力为表面应力。值得注意的是，表面应力既与作用面上外界接触力的方向有关，又与该接触面的空间方位有关，在一般性的正交坐标表达方式中，需要用 9 个分量才能完整加以表达（一般作用力只需 3 个分量就能完整表达），故将表面应力用应力张量进行表示，记为τ_{ij}。应用表面应力张量的概念，对于我们任取的研究对象，其所受到的表面力可表示为：

$$\boldsymbol{\sigma}_i = \oiint_S \tau_{ij} n_j \mathrm{d}S$$

式中　S——该团流体的外表面积；

n_j——微元外表面积 $\mathrm{d}S$ 的外法向单位矢量。

在一般正交坐标表达方式中，应力张量的第一个下标表示微元接触面的外法线方位，第二个下标表示该接触面上所受外力的方位；两个下标表示的方位按如下规则决定其正负关系：当接触面的外法线沿坐标轴的正方向时，取沿坐标轴正方向的τ为正值；当接触面的外法线沿坐标轴的负方向时，取沿坐标轴负方向的τ为正值。

2.5 牛顿流体的本构关系

物体的受力与其运动学参数之间的关系称为物体的本构关系。固体的本构关系由其应力与变形之间的关系来表述，流体在微小的剪切力作用下会发生连续的形变，但不同流体在相同剪切力作用下的变形速率是不相同的，因此，流体的本构关系采用应力与变形速率之间的关系来表述。

对于工程中常用到的流体，例如空气和水，它们的应力与变形速率成正比关系，或应力与变形速率之间存在线性关系，这样的流体称为牛顿流体。

斯托克斯(Stokes)给出了牛顿流体的本构关系:

$$\tau_{ij} = 2\mu s_{ij} - p\delta_{ij} - \frac{2}{3}\mu \frac{\partial u_k}{\partial x_k}\delta_{ij} \tag{2.6}$$

式中 $s_{ij} = \frac{1}{2}\left(\frac{\partial u_i}{\partial x_j} + \frac{\partial u_j}{\partial x_i}\right)$——流体的变形速率张量;

$p = -\frac{\tau_{kk}}{3}$——流场中流体质点所处位置的平均压强;

$\delta_{ij} = \begin{cases} 1 & i = j \\ 0 & i \neq j \end{cases}$——二阶单位张量;

μ——流体动力黏性系数。

由式(2.6)定义的牛顿流体具有3个基本性质,如下所述。

①在给定应力的作用下,牛顿流体将发生连续变形,但其变形速率是确定的,且不随时间改变,变形速率与作用的应力呈线性关系。

②牛顿流体具有各向同性的特点,其性质与坐标方向的选取无关,即无论坐标系如何选取,牛顿流体的应力与变形速率之间的关系是不会随坐标的选取而改变的。

③对于不可压缩牛顿流体,任意点上的平均压强 p 与静止时的压强一致。

凡是应力张量与变形速率张量满足式(2.6)的流体称为牛顿流体,不满足式(2.6)的流体称为非牛顿流体。

非牛顿流体通常分为3大类,如下所述。

1)纯黏性非牛顿流体

此类流体静止时呈各向同性状态,受到剪切时,应力张量与变形速率张量呈非线性关系,这种关系不随时间改变。油漆、泥浆、橡胶、颜料、融化的沥青等都属于这一类流体。

2)时间相关流体

此类流体在等温条件下,应力与变形速率之间的关系随时间推移发生变化,油墨即属于这类流体。

3)黏弹性流体

此类流体既有黏性,又有弹性。某些高分子溶液属于这类流体。

非牛顿流体在许多领域有着重要的应用。有兴趣的读者可阅读《非牛顿流体力学》《黏弹性流体力学》和《流变学》等书籍。本教材只讨论牛顿流体。

2.6 质量守恒定律与连续性方程

流体宏观运动所遵循的规律是由物理学三大守恒定律(即质量守恒定律、动量守恒定律和能量守恒定律)所揭示的。将这三大定律结合流体的特点用场方法所作的数学描述就是流体动力学基本方程组。在一般情况下,现在还不能对流体动力学基本方程组求出其一般性的解析解,但研究基本方程组的性质却具有重要的意义,因为千变万化的流动现象都是由这个方程组所包含的数学规律约定的。高等流体力学的书籍大多数都是在各种条件下用多种方法以不同的近似程度求解流体动力学方程组,研究解的性质。

用场方法描述的流体动力学基本方程有积分和微分的两种基本形式。本书将从积分形式入手,采用积分与微分两种形式来表述流体运动的基本规律。

连续性方程是质量守恒定律在运动流体中的数学表述。

所谓质量守恒定律,就是指定质点系的质量不会随时间推移而发生改变。

t 时刻,在流场中任取一团流体,其体积为 V,表面积为 S,其密度为 $\rho=\rho(t,x_j)$,该团流体的质量为 $M=\iiint\limits_V \rho \mathrm{d}V$,依照质量守恒定律,该团流体的质量对时间的变化率应为零,即:

$$\frac{D}{Dt}\iiint\limits_V \rho \mathrm{d}V = 0$$

应用系统导数[式(2.4)],即得到质量守恒在场方法中的积分形式的表述:

$$\frac{D}{Dt}\iiint\limits_V \rho \mathrm{d}V = \frac{\partial}{\partial t}\iiint\limits_V \rho \mathrm{d}V + \oint\limits_S (\rho \boldsymbol{v}) \cdot \boldsymbol{n} \mathrm{d}S = 0$$

即有:

$$\frac{\partial}{\partial t}\iiint\limits_V \rho \mathrm{d}V + \oint\limits_S (\rho \boldsymbol{v}) \cdot \boldsymbol{n} \mathrm{d}S = 0 \tag{2.7}$$

式(2.7)中的第一项表示流场中在 t 时刻被所考察的流体团占据的控制体内观测到的流体质量单位时间内的增加量,第二项表示单位时间内通过该控制体所有表面流出的流体质量。

对于恒定流动,$\frac{\partial}{\partial t}\iiint\limits_V \rho \mathrm{d}V = 0$,式(2.7)简化为$\oint\limits_S (\rho \boldsymbol{v}) \cdot \boldsymbol{n} \mathrm{d}S = 0$,表明单位时间内通过控制体所有表面流出的流体质量总和为零,即单位时间内流入控制区域的流体质量必与流出的质量相等。简单来说,在恒定流动中,对指定的控制区域,流入与流出的质量流量必然相等。

下面讨论微分形式的连续性方程。

需要注意的是,在流场中,控制体的体积 V 及各几何参数都与时间变化无关,即在式(2.7)中,有:

$$\frac{\partial}{\partial t}\iiint\limits_V \rho \mathrm{d}V = \iiint\limits_V \frac{\partial \rho}{\partial t} \mathrm{d}V$$

而由矢量场论中的奥-高公式,有:

$$\oint\limits_S (\rho u_j) n_j \mathrm{d}S = \oint\limits_S n_j (\rho u_j) \mathrm{d}S = \iiint\limits_V \frac{\partial}{\partial x_j}(\rho u_j) \mathrm{d}V$$

则式(2.7)可表示为:

$$\iiint\limits_V \left(\frac{\partial \rho}{\partial t} + \frac{\partial \rho u_j}{\partial x_j}\right) \mathrm{d}V = 0$$

由于体积 V 的大小具有任取性,要对任意大小的体积 V 都能满足上式,必须是该积分的被积函数恒为零,即有:

$$\frac{\partial\rho}{\partial t}+\frac{\partial\rho u_j}{\partial x_j}=0 \tag{2.8a}$$

因
$$\frac{\partial\rho}{\partial t}+\frac{\partial\rho u_j}{\partial x_j}=\frac{\partial\rho}{\partial t}+u_j\frac{\partial\rho}{\partial x_j}+\rho\frac{\partial u_j}{\partial x_j}=\frac{D\rho}{Dt}+\rho\frac{\partial u_j}{\partial x_j}$$

则又可表示为：

$$\frac{D\rho}{Dt}+\rho\frac{\partial u_j}{\partial x_j}=0 \tag{2.8b}$$

式(2.8)即是微分形式的连续性方程。

式(2.7)所描述的积分形式的连续性方程和式(2.8)所描述的微分形式的连续性方程具有广义的普适性，既与流体的受力状况无关，又与流体的性质无关，故对理想流体、黏性流体、牛顿流体、非牛顿流体都是适用的。

对于不可压缩流体，因其密度 ρ 不随时间改变，即 $\frac{D\rho}{Dt}=0$，则其连续性方程为：

$$\frac{\partial u_j}{\partial x_j}=0 \tag{2.9a}$$

或

$$\frac{\partial\rho u_j}{\partial x_j}=0 \tag{2.9b}$$

2.7　动量守恒定律与动量方程

流体的动量方程是动量守恒定律在运动流体中的表述。

所谓动量守恒定律，是指在任意时刻，指定物质系统的动量对时间的变化率恒等于该系统在该时刻所受到的作用力。

t 时刻，在流场中任取一团流体，其体积为 V，表面积为 S，其密度为 $\rho=\rho(t,x_j)$，其速度为 $u_i=u_i(t,x_j)$，该团流体的动量为 $N=\iiint\limits_V\rho u_i\mathrm{d}V$，此时，该流体团所受到的作用力有质量力 $F_i=\iiint\limits_V\rho f_i\mathrm{d}V$，表面力 $\sigma_i=\oint\limits_S\tau_{ij}n_j\mathrm{d}S$，依照动量守恒定律，有：

$$\frac{D}{Dt}\iiint\limits_V\rho u_i\mathrm{d}V=\iiint\limits_V\rho f_i\mathrm{d}V+\oint\limits_S\tau_{ij}n_j\mathrm{d}S$$

利用系统导数式(2.4)，可得到用场方法表述积分形式的动量方程：

$$\frac{\partial}{\partial t}\iiint\limits_V\rho u_i\mathrm{d}V+\oint\limits_S(\rho u_iu_j)n_j\mathrm{d}S=\iiint\limits_V\rho f_i\mathrm{d}V+\oint\limits_S\tau_{ij}n_j\mathrm{d}S \tag{2.10}$$

式(2.10)中左边第一项表示流场中，在 t 时刻被所考察的流体团占据的控制体内流体动量单位时间内的增量，第二项表示单位时间内通过该控制体所有表面流出的流体动量。式(2.10)表明，对于考察的控制体而言，在给定时刻，单位时间内该控制体内动量的增加与流出动量的代数和正好与位于该控制体中的流体所受到的作用力相等。

对于恒定流动，$\frac{\partial}{\partial t}\iiint_V \rho u_i \mathrm{d}V = 0$，式(2.10) 简化为：

$$\oint_S (\rho u_i u_j) n_j \mathrm{d}S = \iiint_V \rho f_i \mathrm{d}V + \oint_S \tau_{ij} n_j \mathrm{d}S$$

表明单位时间内通过控制体所有表面流出的流体动量应等于该控制体内流体所受到的作用力。

下面，讨论微分形式的动量方程。

需要注意的是，在流场中，控制体的体积 V 及各几何参数都与时间变化无关，即在式(2.10)中，有：

$$\frac{\partial}{\partial t}\iiint_V \rho u_i \mathrm{d}V = \iiint_V \frac{\partial \rho u_i}{\partial t}\mathrm{d}V$$

而由矢量场论中的奥-高公式，有：

$$\oint_S (\rho u_i u_j) n_j \mathrm{d}S = \oint_S n_j (\rho u_i u_j) \mathrm{d}S = \iiint_V \frac{\partial}{\partial x_j}(\rho u_i u_j)\mathrm{d}V$$

$$\oint_S \tau_{ij} n_j \mathrm{d}S = \oint_S n_j \tau_{ij} \mathrm{d}S = \iiint_V \frac{\partial \tau_{ij}}{\partial x_j}\mathrm{d}V$$

则式(2.10)可表示为：

$$\iiint_V \left(\frac{\partial \rho u_i}{\partial t} + \frac{\partial \rho u_i u_j}{\partial x_j} - \rho f_i - \frac{\partial \tau_{ij}}{\partial x_j}\right)\mathrm{d}V = 0$$

由于体积 V 的大小具有任取性，要对任意大小的体积 V 都能满足上式，必须使该积分的被积函数恒为零，即有：

$$\frac{\partial \rho u_i}{\partial t} + \frac{\partial \rho u_i u_j}{\partial x_j} = \rho f_i + \frac{\partial \tau_{ij}}{\partial x_j}$$

注意到 $\frac{\partial \rho u_i}{\partial t} + \frac{\partial \rho u_i u_j}{\partial x_j} = u_i\left(\frac{\partial \rho}{\partial t} + \frac{\partial \rho u_j}{\partial x_j}\right) + \rho\left(\frac{\partial u_i}{\partial t} + u_j \frac{\partial u_i}{\partial x_j}\right)$

根据连续性方程(2.8)，上式可简化为：

$$\frac{\partial u_i}{\partial t} + u_j \frac{\partial u_i}{\partial x_j} = f_i + \frac{1}{\rho}\frac{\partial \tau_{ij}}{\partial x_j} \tag{2.11a}$$

或

$$\rho \frac{Du_i}{Dt} = \rho f_i + \frac{\partial \tau_{ij}}{\partial x_j} \tag{2.11b}$$

在前面的讨论中，既没有规定流体受力的状况，也没有规定流体的种类及特性，因此，式(2.11)是具有普适性的流体运动微分方程。

下面，讨论牛顿流体的运动微分方程。

将牛顿流体的本构关系 $\tau_{ij} = \mu\left(\frac{\partial u_i}{\partial x_j} + \frac{\partial u_j}{\partial x_i}\right) - p\delta_{ij} - \frac{2}{3}\mu\frac{\partial u_k}{\partial x_k}\delta_{ij}$ 代入式(2.11)，考虑流体动力黏度 μ 在流场中不变的情况，因为：

$$\frac{\partial \tau_{ij}}{\partial x_j} = \frac{\partial}{\partial x_j}\left[\mu\left(\frac{\partial u_i}{\partial x_j} + \frac{\partial u_j}{\partial x_i}\right) - p\delta_{ij} - \frac{2}{3}\mu\frac{\partial u_k}{\partial x_k}\delta_{ij}\right]$$

$$= \mu\left(\frac{\partial^2 u_i}{\partial x_j \partial x_j} + \frac{\partial}{\partial x_i}\frac{\partial u_j}{\partial x_j}\right) - \frac{\partial p}{\partial x_i} - \frac{2}{3}\mu\frac{\partial}{\partial x_i}\frac{\partial u_k}{\partial x_k}$$

$$= \mu \frac{\partial^2 u_i}{\partial x_j \partial x_j} - \frac{\partial p}{\partial x_i} + \frac{1}{3}\mu \frac{\partial}{\partial x_i} \frac{\partial u_k}{\partial x_k}$$

即有：

$$\frac{\partial u_i}{\partial t} + u_j \frac{\partial u_i}{\partial x_j} = f_i - \frac{1}{\rho} \frac{\partial p}{\partial x_i} + \frac{\mu}{\rho} \frac{\partial^2 u_i}{\partial x_j \partial x_j} + \frac{1}{3} \frac{\mu}{\rho} \frac{\partial}{\partial x_i} \frac{\partial u_k}{\partial x_k} \tag{2.12a}$$

因 $\frac{\partial u_i}{\partial t} + u_j \frac{\partial u_i}{\partial x_j} = \frac{Du_i}{Dt}$,式(2. 12a)又可表示为：

$$\frac{Du_i}{Dt} = f_i - \frac{1}{\rho} \frac{\partial p}{\partial x_i} + \frac{\mu}{\rho} \frac{\partial^2 u_i}{\partial x_j \partial x_j} + \frac{1}{3} \frac{\mu}{\rho} \frac{\partial}{\partial x_i} \frac{\partial u_k}{\partial x_k} \tag{2.12b}$$

式(2. 12)是牛顿流体的运动微分方程。

对于不可压缩牛顿流体,因其连续性方程要求$\frac{\partial u_k}{\partial x_k} = 0$,则其运动微分方程可由式(2. 12)进一步简化为：

$$\frac{\partial u_i}{\partial t} + u_j \frac{\partial u_i}{\partial x_j} = f_i - \frac{1}{\rho} \frac{\partial p}{\partial x_i} + \frac{\mu}{\rho} \frac{\partial^2 u_i}{\partial x_j \partial x_j} \tag{2.13a}$$

或

$$\frac{\partial \rho u_i}{\partial t} + \frac{\partial \rho u_i u_j}{\partial x_j} = \rho f_i - \frac{\partial p}{\partial x_i} + \frac{\partial}{\partial x_j}\left(\mu \frac{\partial u_i}{\partial x_j}\right) \tag{2.13b}$$

式(2. 13)即是不可压缩牛顿流体的运动微分方程。

2.8　能量守恒定律与能量方程

流体的能量方程是能量守恒定律在运动流体中的表述。

所谓能量守恒定律,是指在任意时刻,指定物质系统的总能量单位时间内的增量恒等于外界在该单位时间内对系统所作的功与传入的热量之和。

t 时刻,在流场中任取一团流体,其体积为 V,表面积为 S,其密度为 $\rho = \rho(t,x_j)$,其速度为 $u_i = u_i(t,x_j)$,温度为 $T = T(t,x_j)$,该团流体的能量为 $E = \iiint_V \rho\left(e + \frac{u_k u_k}{2}\right)\mathrm{d}V$; 此时,外界对该流体团单位时间内所作的功有质量力做功 $P_1 = \iiint_V \rho f_i u_i \mathrm{d}V$,表面力做功 $P_2 = \oint_S \tau_{ij} n_j u_i \mathrm{d}S$,外界传入热量 $Q = -\oint_S q_j n_j \mathrm{d}S$。其中,$e = e(t,x_j)$,为单位质量流体所具有的内能; $q_j = -\lambda \frac{\partial T}{\partial x_j}$,是外界按热传导方式传入流体团的热流密度,$\lambda$ 是流体的导热系数。依照能量守恒定律,应有：

$$\frac{D}{Dt}\iiint_V \rho\left(e + \frac{u_k u_k}{2}\right)\mathrm{d}V = \iiint_V \rho f_i u_i \mathrm{d}V + \oint_S n_j \tau_{ij} u_i \mathrm{d}S - \oint_S n_j q_j \mathrm{d}S$$

应用系统导数式(2. 4),有：

$$\frac{\partial}{\partial t}\iiint_V \rho\left(e + \frac{u_k u_k}{2}\right)\mathrm{d}V + \oint_S n_j\left[\rho\left(e + \frac{u_k u_k}{2}\right)u_j\right]\mathrm{d}S$$

$$= \iiint_V \rho f_i u_i \mathrm{d}V + \oint_S n_j \tau_{ij} u_i \mathrm{d}S - \oint_S n_j q_j \mathrm{d}S \tag{2.14}$$

式(2.14)即是具有普适意义的积分形式的能量方程。

下面讨论微分形式的能量方程。

需要注意的是,在流场中,控制体的体积 V 及各几何参数都与时间变化无关,即在式(2.14)中,有:

$$\frac{\partial}{\partial t}\iiint_V \rho\left(e + \frac{u_k u_k}{2}\right)\mathrm{d}V = \iiint_V \frac{\partial}{\partial t}\rho\left(e + \frac{u_k u_k}{2}\right)\mathrm{d}V$$

而由矢量场论中的奥-高公式,有:

$$\oiint_S n_j\left[\rho\left(e + \frac{u_k u_k}{2}\right)u_j\right]\mathrm{d}S = \iiint_V \frac{\partial}{\partial x_j}\left[\rho\left(e + \frac{u_k u_k}{2}\right)u_j\right]\mathrm{d}V$$

$$\oiint_S n_j \tau_{ij} u_i \mathrm{d}S = \iiint_V \frac{\partial}{\partial x_j}(\tau_{ij} u_i)\mathrm{d}V$$

$$\oiint_S n_j q_j \mathrm{d}S = \iiint_V \frac{\partial q_j}{\partial x_j}\mathrm{d}V$$

则式(2.14)可以写为如下形式:

$$\iiint_V \left\{\frac{\partial}{\partial t}\rho\left(e + \frac{u_k u_k}{2}\right) + \frac{\partial}{\partial x_j}\left[\rho\left(e + \frac{u_k u_k}{2}\right)u_j\right] - \rho f_i u_i - \frac{\partial}{\partial x_j}(\tau_{ij} u_j - q_j)\right\}\mathrm{d}V = 0$$

由于体积 V 的大小具有任取性,要对任意大小的体积 V 都能满足上式,必须使该积分的被积函数恒为零,即有:

$$\frac{\partial}{\partial t}\rho\left(e + \frac{u_k u_k}{2}\right) + \frac{\partial}{\partial x_j}\left[\rho\left(e + \frac{u_k u_k}{2}\right)u_j\right] = \rho f_i u_i + \frac{\partial}{\partial x_j}(\tau_{ij} u_i - q_j)$$

应用连续性方程[式(2.6)],可得:

$$\rho\left[\frac{\partial}{\partial t}\left(e + \frac{u_k u_k}{2}\right) + u_j \frac{\partial}{\partial x_j}\left(e + \frac{u_k u_k}{2}\right)\right] = \rho f_i u_i + \frac{\partial}{\partial x_j}(\tau_{ij} u_i - q_j) \tag{2.15a}$$

或

$$\rho \frac{D}{Dt}\left(e + \frac{u_k u_k}{2}\right) = \rho f_i u_i + \frac{\partial}{\partial x_j}(\tau_{ij} u_i - q_j) \tag{2.15b}$$

将式(2.11b)两端同乘 u_i,有:

$$\rho u_i \frac{Du_i}{Dt} = \rho f_i u_i + u_i \frac{\partial \tau_{ij}}{\partial x_j}$$

即

$$\rho \frac{D}{Dt}\frac{u_i u_i}{2} = \rho f_i u_i + \frac{\partial \tau_{ij} u_i}{\partial x_j} - \tau_{ij}\frac{\partial u_i}{\partial x_j}$$

代入式(2.15b),可得:

$$\rho \frac{De}{Dt} = \tau_{ij}\frac{\partial u_i}{\partial x_j} - \frac{\partial q_j}{\partial x_j} \tag{2.15c}$$

式(2.15c)即是具有普适意义的微分形式的能量方程。

下面讨论牛顿流体微分形式的能量方程。

将牛顿流体的本构关系 $\tau_{ij} = \mu\left(\frac{\partial u_i}{\partial x_j} + \frac{\partial u_j}{\partial x_i}\right) - p\delta_{ij} - \frac{2}{3}\mu\frac{\partial u_k}{\partial x_k}\delta_{ij}$ 代入式(2.15c)中,考虑流体动力黏性系数 μ 在流场中不变的情况,可得:

$$\tau_{ij}\frac{\partial u_i}{\partial x_j}=\mu\left(\frac{\partial u_i}{\partial x_j}+\frac{\partial u_j}{\partial x_i}\right)\frac{\partial u_i}{\partial x_j}-p\frac{\partial u_i}{\partial x_i}-\frac{2}{3}\mu\frac{\partial u_k}{\partial u_k}\frac{\partial u_i}{\partial u_i}$$

若将与流体黏性作用有关的项记为耗散函数 Φ,即定义:

$$\Phi=\mu\left(\frac{\partial u_i}{\partial x_j}+\frac{\partial u_j}{\partial x_i}\right)\frac{\partial u_i}{\partial x_j}-\frac{2}{3}\mu\frac{\partial u_k}{\partial u_k}\frac{\partial u_i}{\partial u_i}$$

则可得:

$$\rho\frac{De}{Dt}=-p\frac{\partial u_i}{\partial x_i}-\frac{\partial q_j}{\partial x_j}+\Phi$$

若考虑 $q_j=-\lambda\frac{\partial T}{\partial x_j}$,其中,$\lambda$ 是流体的导热系数。

即有
$$\frac{De}{Dt}=-\frac{p}{\rho}\frac{\partial u_i}{\partial x_i}+\frac{\lambda}{\rho}\frac{\partial^2 T}{\partial x_j\partial x_j}+\frac{\Phi}{\rho}\tag{2.16a}$$

式(2.16a)为用内能表示的能量方程。

由连续性方程:

$$\frac{\partial\rho}{\partial t}+\frac{\partial\rho u_i}{\partial x_i}=\frac{\partial\rho}{\partial t}+\rho\frac{\partial u_i}{\partial x_i}+u_i\frac{\partial\rho}{\partial x_i}=0$$

即可导出

$$\frac{\partial u_i}{\partial x_i}=-\frac{1}{\rho}\left(\frac{\partial\rho}{\partial t}+u_i\frac{\partial\rho}{\partial x_i}\right)=-\frac{1}{\rho}\frac{D\rho}{Dt}=\rho\frac{D}{Dt}\left(\frac{1}{\rho}\right)$$

令
$$-\frac{p}{\rho}\frac{\partial u_i}{\partial x_i}=-p\frac{D}{Dt}\left(\frac{1}{\rho}\right)=-\frac{D}{Dt}\left(\frac{p}{\rho}\right)+\frac{1}{\rho}\frac{Dp}{Dt}$$

由流体焓 h 与内能 e 的关系 $h=e+\frac{p}{\rho}$,则可得到用焓表示的能量方程:

$$\frac{Dh}{Dt}=\frac{\lambda}{\rho}\frac{\partial^2 T}{\partial x_j\partial x_j}+\frac{\Phi}{\rho}+\frac{1}{\rho}\frac{Dp}{Dt}\tag{2.16b}$$

引入定容比热 c_V 和定压比热 c_P,使内能 $e=c_V T$,焓 $h=c_P T$,即可得到用温度表示的能量方程:

$$\frac{DT}{Dt}=\frac{\lambda}{\rho c_V}\frac{\partial^2 T}{\partial x_j\partial x_j}+\frac{\Phi}{\rho c_V}-\frac{p}{\rho c_V}\frac{\partial u_i}{\partial x_i}\tag{2.16c}$$

$$\frac{DT}{Dt}=\frac{\lambda}{\rho c_P}\frac{\partial^2 T}{\partial x_j\partial x_j}+\frac{\Phi}{\rho c_P}+\frac{1}{\rho c_P}\frac{Dp}{Dt}\tag{2.16d}$$

对于不可压缩牛顿流体,因其连续性方程$\frac{\partial u_i}{\partial x_i}=0$,具有最简化形式的能量方程:

$$\frac{\partial T}{\partial t}+u_j\frac{\partial T}{\partial x_j}=\frac{\lambda}{\rho c_V}\frac{\partial^2 T}{\partial x_j\partial x_j}+\frac{\Phi}{\rho c_V}\tag{2.17a}$$

或
$$\frac{\partial\rho T}{\partial t}+\frac{\partial\rho u_j T}{\partial x_j}=\frac{\partial}{\partial x_j}\left(\frac{\lambda}{c_V}\frac{\partial T}{\partial x_j}\right)+\frac{\Phi}{c_V}\tag{2.17b}$$

这里,不可压缩牛顿流体的耗散函数也具有简化的表达形式:

$$\Phi=\mu\left(\frac{\partial u_i}{\partial x_j}+\frac{\partial u_j}{\partial x_i}\right)\frac{\partial u_i}{\partial x_j}\tag{2.18}$$

2.9　组分质量守恒方程

对于一个特定的系统而言,可能存在多种化学成分,每一种组分都需要遵守组分质量守恒定律。即对于一个确定的系统而言,系统内某种化学组分质量对时间的变化率与系统界面扩散流量之和,等于通过化学反应产生的该组分的生产率。根据组分质量守恒定律,采用和推导连续性方程相同的方法,可得出组分 s 的组分质量守恒方程:

$$\frac{\partial}{\partial t}\iiint_V \rho c_s \mathrm{d}V + \oiint_S (\rho c_s \boldsymbol{v}) \cdot \boldsymbol{n} \mathrm{d}S + \oiint_S \boldsymbol{J} \cdot \boldsymbol{n} \mathrm{d}S = \iiint_V S_s \mathrm{d}V \tag{2.19}$$

式中　c_s——组分 s 的体积浓度;

ρc_s——该组分的质量浓度;

$\boldsymbol{J}$——该组分单位面积的质量扩散率;

S_s——系统内部单位时间内单位体积通过化学反应产生的该组分的质量,即生产率。

各组分质量守恒之和就是连续性方程,因此,如果系统共有 z 个组分,那么,只有 $z-1$ 个独立的组分质量守恒方程。

根据费克(Fick)定律:

$$\boldsymbol{J} = -D_m \nabla c_s \tag{2.20}$$

式中　D_m——分子扩散系数。

将式(2.20)代入式(2.19)中,得积分形式的组分质量守恒方程为:

$$\frac{\partial}{\partial t}\iiint_V \rho c_s \mathrm{d}V + \oiint_S (\rho c_s \boldsymbol{v}) \cdot \boldsymbol{n} \mathrm{d}S - \oiint_S D_m \nabla c_s \cdot \boldsymbol{n} \mathrm{d}S = \iiint_V S_s \mathrm{d}V \tag{2.21}$$

同样,由式(2.21)可得微分形式的组分质量守恒方程为:

$$\frac{\partial(\rho c_s)}{\partial t} + u_j \frac{\partial(\rho c_s)}{\partial x_j} = \frac{\partial}{\partial x_j}\left[D_m \frac{\partial c_s}{\partial x_j}\right] + S_s \tag{2.22a}$$

或

$$\frac{\partial(\rho c_s)}{\partial t} + \frac{\partial(\rho c_s u_j)}{\partial x_j} = \frac{\partial}{\partial x_j}\left[D_m \frac{\partial c_s}{\partial x_j}\right] + S_s \tag{2.22b}$$

一种组分的质量守恒方程实际就是一个浓度传输方程。当水流或空气在流动过程中夹带有某种污染物时,污染物质在流动情况下除有扩散外还会随流动传输,即传输过程包括对流和扩散两部分,污染物的浓度随时间和空间变化。因此,组分质量守恒方程在有些情况下称为浓度传输方程,或称为浓度方程。

2.10　基本方程的通用形式

2.10.1　基本方程

一般将反映流体运动基本定律的微分形式的方程称为流体力学动力学基本方程。下面回顾一下这些方程。

对于牛顿流体,其动力学基本方程如下所述。

连续性方程[式(2.9)]:

$$\frac{\partial \rho}{\partial t}+\frac{\partial \rho u_j}{\partial x_j}=0$$

动量(运动)方程[式(2.13b)]:

$$\frac{\partial \rho u_i}{\partial t}+\frac{\partial \rho u_i u_j}{\partial x_j}=\rho f_i-\frac{\partial p}{\partial x_i}+\frac{\partial}{\partial x_j}\left(\mu\frac{\partial u_i}{\partial x_j}\right)$$

能量方程[式(2.17b)]:

$$\frac{\partial \rho T}{\partial t}+\frac{\partial \rho u_j T}{\partial x_j}=\frac{\partial}{\partial x_j}\left(\frac{\lambda}{c_V}\frac{\partial T}{\partial x_j}\right)+\frac{\Phi}{c_V}$$

组分质量守恒方程[式(2.22b)]:

$$\frac{\partial(\rho c_s)}{\partial t}+\frac{\partial(\rho u_j c_s)}{\partial x_j}=\frac{\partial}{\partial x_j}\left[D_m\frac{\partial c_s}{\partial x_j}\right]+S_s$$

在集中罗列流体动力学基本方程的过程中,不难看出各基本方程存在着形式上的相似性。它们都遵循一般化的守恒原则。如果因变量是用 ϕ 来表示的话,则上述基本方程可以用一个通式表示,即:

$$\frac{\partial \rho\phi}{\partial t}+\frac{\partial \rho u_j\phi}{\partial x_j}=\frac{\partial}{\partial x_j}\left(\Gamma_\phi\frac{\partial \phi}{\partial x_j}\right)+S_\phi \tag{2.23}$$

式中 Γ_ϕ——扩散系数;

S_ϕ——源项。

上述各方程与通式(2.23)之间的对应关系见表2.1。

表2.1 流体动力学基本方程与通式(2.23)的对应关系

方 程	变量 ϕ	扩散系数 Γ_ϕ	源项 S_ϕ
连续性方程	1	0	0
动量(运动)方程	u_i	μ	$\rho f_i-\frac{\partial p}{\partial x_i}$
能量方程	T	$\frac{\lambda}{c_V}$	$\frac{\Phi}{c_V}$
组分质量守恒方程	c_s	D_m	S_s

2.10.2 基本方程的定解条件

根据流体动力学基本方程的类同性,可以就其通用方程来讨论其定解条件。

流体动力学基本方程(通式2.23)是一个二阶非线性非常系数非齐次的偏微分方程。流体的所有流动都要遵循该基本方程组,满足该方程组的流动不计其数,又千差万别,只有在确定的定解条件下,流动才可能具有其独一无二的形态。

根据偏微分方程理论,偏微分方程的定解条件包括初始条件和边界条件两部分。所谓初始条件,就是在某计时时刻流场各物理量在场中的分布规律,边界条件则是在任意时刻,流场确定边界上的物理量或其有关导数的值。非恒定流动既需要初始条件,又需要边界条件,而恒定流动只需要边界条件。

初始条件的提法一般可表示为:

$$\phi(t = t_0, x_j) = \phi(x_j)$$

这里,仅列举一些关于流动的一般性常用边界条件。

1)固壁条件

与流体接触的固壁上,由于流体的黏附性,可给出无滑移条件:

$$u_f = u_W$$

有时,在固壁的法向上,还可给出无穿越条件:

$$u_{fn} = 0$$

式中　下标 f——流体;

下标 W——壁面;

下标 n——壁面的法向。

2)入口与出口条件

在流场的入口处,通常应给出入口边界上的函数值,即:

$$\phi(t, x_j)\big|_{S = S_{\text{in}}} = \phi(t, x_{jin})$$

式中　S_{in}——入口边界面;

x_{jin}——入口界面上的位置点。

正确规定出口边界条件往往是很困难的,因为流场的出口状况受到上游流动情况的强烈影响,出口边界条件应与流场的解有关。在实际应用中,有时采用进出口的流量关系来约束出口界面的速度分布,还可在延伸出口的前提下提出出口处解缓慢变化的条件:

$$\frac{\partial \phi}{\partial n}\Big|_{S = S_{\text{out}}} = 0$$

式中　S_{out}——出口界面。

延伸的距离,应根据具体情况确定。

2.11　均质不可压缩黏性流体层流运动的解析解

在均质不可压缩的条件下,ρ 为常数,连续性方程简化为:

$$\frac{\partial u_j}{\partial x_j} = 0 \tag{2.24a}$$

运动方程为:

$$\frac{\partial u_i}{\partial t} + u_j \frac{\partial u_i}{\partial x_j} = f_i - \frac{1}{\rho}\frac{\partial p}{\partial x_i} + \upsilon \frac{\partial^2 u_i}{\partial x_j \partial x_j} \tag{2.24b}$$

以上 4 个方程构成一完整方程组,可解 u_i 和 p 等 4 个未知函数。在具体问题中,必须结合由初始条件与边界条件所组成的定解条件，才能得出适合具体情况的解。

虽然从理论上讲方程组是可解的，但由于方程组为一组非线性二阶偏微分方程组，因此一般情况下难以得出其解析解或精确解，仅在少数特殊情况下可求得精确解。本节介绍两种典型而又比较简单的解析解。有关大雷诺数流动的边界层理论详见相关参考书。

2.11.1 平行平板间的二维恒定层流运动

如图2.3所示为重力作用下的两无限宽水平平行平板间的二维恒定不可压缩流体的层流运动。平板间距为 a，流体的密度为 ρ，动力黏度为 μ，上板沿 x 方向移动的速度 U 为常量，试求平板间流体的速度分布。

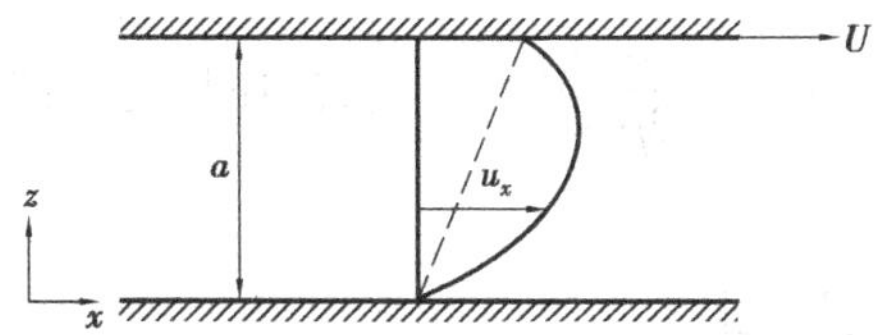

图2.3 两平行平板间的恒定层流运动

选用直角坐标系，取 x 轴沿下板方向，z 轴垂直于平板方向。由层流可知，流线相互平行且平行于平板，因而可根据这种流动的特点，对方程组(2.24)进行简化：

①由二维流动可知 $u_y=0$，且各量与 y 无关。

②由流体作平行于 x 轴的流动，可知 $u_z=0$，故仅有 u_x。

③由恒定流动可知 $\dfrac{\partial u_x}{\partial t}=0$。

④由不可压缩流体的连续性方程：

$\dfrac{\partial u_j}{\partial x_j}=0$，即 $\dfrac{\partial u_x}{\partial x}+\dfrac{\partial u_y}{\partial y}+\dfrac{\partial u_z}{\partial z}=0$，$\dfrac{\partial u_y}{\partial y}=0$，$\dfrac{\partial u_z}{\partial z}=0$ 可知 $\dfrac{\partial u_x}{\partial x}=0$ 和 $\dfrac{\partial^2 u_x}{\partial x^2}=0$，即 u_x 仅是 z 的函数。

⑤由重力场可知，单位质量力 $\boldsymbol{f}=-g\boldsymbol{k}$，即 $f_x=f_y=0$，$f_z=-g$。

故方程组简化为：

$$0=-\frac{1}{\rho}\frac{\partial p}{\partial x}+\upsilon\frac{\partial^2 u_x}{\partial z^2} \tag{2.25}$$

$$0=-g-\frac{1}{\rho}\frac{\partial p}{\partial z} \tag{2.26}$$

先对式(2.26)积分，得出：

$$p=-\rho g z+f(x) \tag{2.27}$$

可见，在与流动相垂直的方向上，p 呈静水压强分布。另外，求得 $\dfrac{\partial p}{\partial x}=\dfrac{\partial f(x)}{\partial x}=\dfrac{\mathrm{d}f}{\mathrm{d}x}$，可见 $\dfrac{\partial p}{\partial x}$ 仅为 x 的函数，而与 z 无关，因此将式(2.25)对 z 积分时，$\dfrac{\partial p}{\partial x}$ 可作为常数看待。于是对式(2.25)积分两次得：

$$\frac{z^2}{2}\frac{\partial p}{\partial x}=\mu u_x+C_1 z+C_2$$

下面利用边界条件来确定积分常数:

当 $z=0, u_x=0$,得 $C_2=0$;

当 $z=a, u_x=U$,得 $C_1=\dfrac{a}{2}\dfrac{\partial p}{\partial x}-\dfrac{\mu U}{a}$。

则流速分布为:

$$u_x = \frac{Uz}{a} - \frac{az}{2\mu}\frac{\partial p}{\partial x}\left(1-\frac{z}{a}\right) \tag{2.28}$$

下面对式(2.28)进行讨论:

当$\dfrac{\partial p}{\partial x}=0$ 时,得出 $u_x=\dfrac{Uz}{a}$,速度呈直线分布,此即库埃特流动,如图 2.4 所示。

当 $U=0$,$\dfrac{\partial p}{\partial x}<0$ 时,得出 $u_x=-\dfrac{az}{2\mu}\dfrac{\partial p}{\partial x}\left(1-\dfrac{z}{a}\right)$,流速呈抛物线分布,此即泊肃叶流动,如图 2.5 所示。

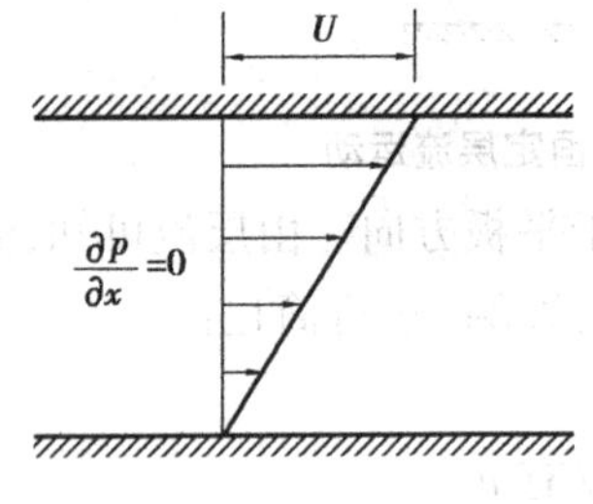

图 2.4 库埃特流动

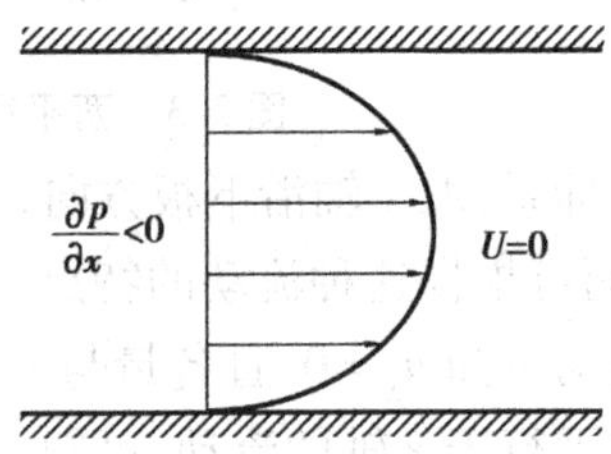

图 2.5 泊肃叶流动

2.11.2 斜面上具有等深自由面的二维恒定层流运动

如图 2.6 所示,重力作用下的无限宽斜面具有等深自由面的二维恒定不可压缩流体的层流运动。若深度 H 为常数,斜面倾角为 α,流体的密度为 ρ,动力黏度为 μ,液面压强 p_a 为常量,且不计液面与空气之间的黏性切应力,试求流体的压强分布、速度分布、断面平均流速以及作用于斜面上的黏性切应力。

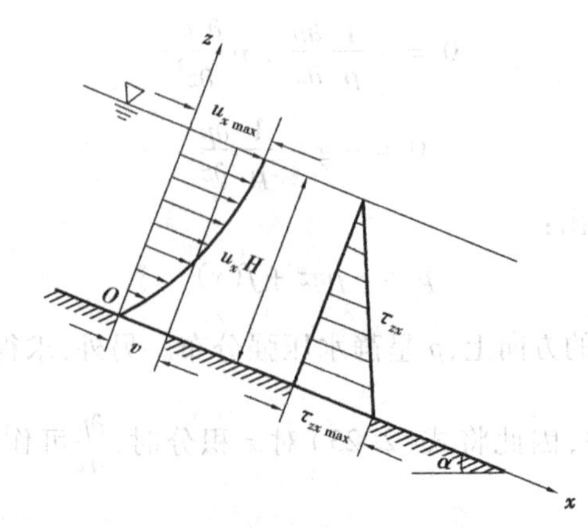

图 2.6 二维恒定明渠均匀层流流动

选用直角坐标系，取 x 轴沿斜面方向，z 轴垂直于斜面方向。由层流可知，流线相互平行且平行于斜面，因而可根据这种流动的特点，对方程组(2.24)进行简化：

①由二维流动可知 $u_y=0$，且各量与 y 无关。

②由流体作平行于 x 轴的流动，可知 $u_z=0$，故仅有 u_x。

③由恒定流动可知$\dfrac{\partial u_x}{\partial t}=0$。

④由不可压缩流体的连续性方程：

$\dfrac{\partial u_j}{\partial x_j}=0$，即$\dfrac{\partial u_x}{\partial x}+\dfrac{\partial u_y}{\partial y}+\dfrac{\partial u_z}{\partial z}=0$，$\dfrac{\partial u_y}{\partial y}=0$，$\dfrac{\partial u_z}{\partial z}=0$ 可知$\dfrac{\partial u_x}{\partial x}=0$ 和$\dfrac{\partial^2 u_x}{\partial x^2}=0$，即 u_x 仅是 z 的函数。

⑤由重力场可知，单位质量力分量 $f_x=g\sin\alpha$，$f_y=0$，$f_z=-g\cos\alpha$。

于是方程组简化为：

$$0=g\sin\alpha-\frac{1}{\rho}\frac{\partial p}{\partial x}+\nu\frac{\partial^2 u_x}{\partial z^2}\tag{2.29}$$

$$0=-g\cos\alpha-\frac{1}{\rho}\frac{\partial p}{\partial z}\tag{2.30}$$

先对式(2.30)积分，并利用自由面上的压强边界条件($z=H$，$p=p_a=\text{const.}$)，则得出流体的压强分布为：

$$p=p_a+\rho g\cos\alpha(H-z)\tag{2.31}$$

式(2.31)表明，压强 p 仅与 z 呈线性关系，而与 x 无关。因此，式(2.29)可进一步简化，通过对该式积分得：

$$u_x=-\frac{\rho g\sin\alpha}{2\mu}z^2+C_1z+C_2$$

利用边界条件$\left(z=0,u_x=0;z=H,\tau_{xz}=\mu\dfrac{\partial u_x}{\partial z}=0\right)$求出确定积分常数 $C_2=0$，$C_1=\dfrac{\rho gH\sin\alpha}{\mu}$，则流速分布为：

$$u_x=\frac{\rho g\sin\alpha}{2\mu}(2Hz-z^2)\tag{2.32}$$

当 $z=H$，即在自由面上，求得最大速度：

$$u_{x\max}=\frac{\rho g\sin\alpha}{2\mu}H^2\tag{2.33}$$

利用式(2.32)，可求得单宽流量：

$$q=\int_0^H u_x\mathrm{d}z=\frac{\rho g\sin\alpha}{3\mu}H^3\tag{2.34}$$

断面平均速度：

$$v=\frac{Q}{A}=\frac{q}{H}=\frac{\rho g\sin\alpha}{3\mu}H^2\tag{2.35}$$

切应力分布：

$$\tau_{xz}=\mu\left(\frac{\partial u_x}{\partial z}+\frac{\partial u_z}{\partial x}\right)=\mu\frac{\partial u_x}{\partial z}=\rho g\sin\alpha(H-z)$$

则流体作用于斜面上的黏性切应力：

$$\tau_{xz}|_{z=0} = \rho g H \sin\alpha \tag{2.36}$$

为最大切应力；而当 $z=H$，即在自由面上，$\tau_{zx}|_{z=H}=0$，满足边界条件。

在实际应用中，对于宽浅河道，由于河宽 B 远远大于水深 H，可按二维明渠水流计算。当水流为二维明渠均匀层流时，可直接应用上述结果。

习题 2

2.1 已知温度场 $T=\dfrac{2t^2}{a^2+b^2+c^2}$，式中 a,b,c 为拉格朗日变量，试求质点的温度导数。

2.2 已知温度场及速度场为：

$T=\dfrac{2t}{x^2+y^2+z^2}$，$u_x=x(t+1)$，$u_y=-y(t+1)$，$u_z=0$，试求质点的温度导数。

2.3 给定速度场 $u_x=x(t+1)$，$u_y=-y(t+1)$，$u_z=0$ 并且已知 t_0 时刻 $x=a$，$y=b$，$z=c$，其中 a,b,c 为拉格朗日变量。

①求以拉格朗日变量表示的质点速度和加速度。

②求以欧拉变量表示的质点加速度。

2.4 证明元流的连续性方程为：

$$\frac{\partial(\rho\sigma)}{\partial t}+\frac{\partial(\rho\sigma u)}{\partial S}=0$$

其中，σ 为元流过流断面面积，S 为沿元流管轴线方向所取的坐标。

2.5 二维恒定不可压缩流动，x 方向的速度分量为：

$$u_x = e^{-x}\cos hy$$

求 y 方向的速度分量 u_y，设 $y=0$ 时 $u_y=0$。

2.6 如题 2.6 图所示，两层互相不混合的液体，在两水平放置的无限长平行平板间作恒定流动，其密度和黏度分别为 ρ_1,ρ_2 和 μ_1,μ_2，两液层的厚度分别为 h_1 和 h_2，压强梯度为 $\dfrac{\partial p}{\partial x}$，且与 x、z 无关。试求平板间的液体速度分布及切应力分布。

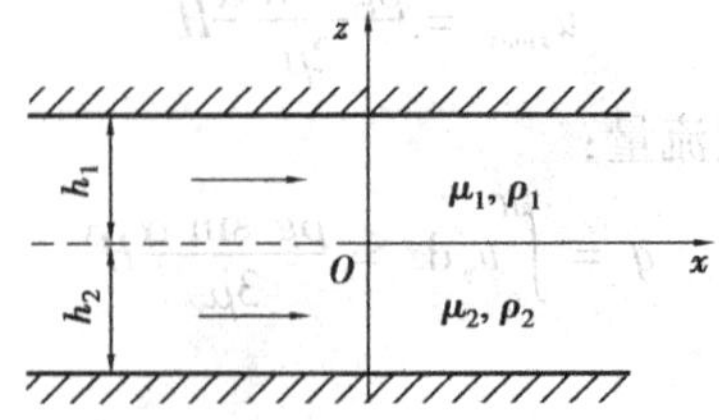

题 2.6 图

2.7 一无限平板的上半空间充满黏性不可压缩流体，原处于静止状态，从某时刻开始沿自身方向作周期性振动。设运动规律为 $u=\cos(nt)$，且在运动过程中保持不变。求由板运动引起的流速分布。

2.8 如题2.8图所示，水平放置的两块平行无穷平板间有厚度为 a,b，黏性系数分别为 μ_a,μ_b 的不相混的不可压缩流体作平行于平板的定常的层流运动。试求：速度沿厚度方向的分布以及两层流体在界面上的切应力 τ_{ab}（设沿流动方向上的压力梯度为常数，即 $\frac{\mathrm{d}p}{\mathrm{d}x}=\pi\leqslant 0$）。

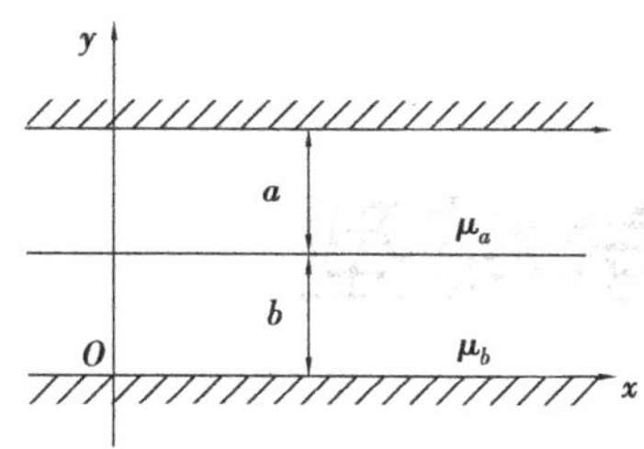

题2.8图

2.9 如题2.9图所示，带有自由面的黏性不可压缩流体在倾斜平板上由于重力的作用而发生运动。设：平板无限，与水平面的倾角为 α，流体的深度为 h，作定常直线运动。求：速度分布、流量、平均流速、最大流速及作用在平板上的摩擦力。

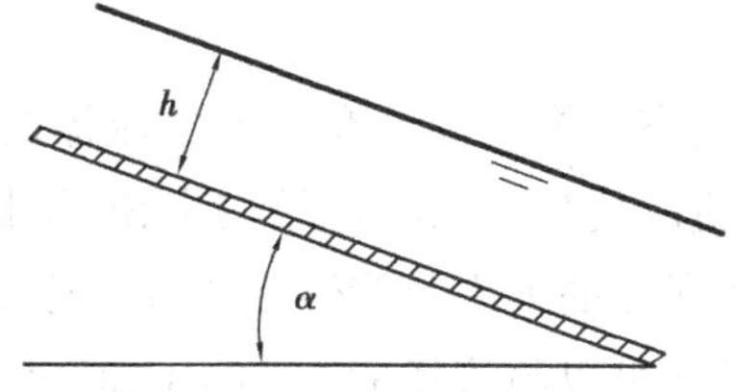

题2.9图

2.10 如题2.10图所示，无限平板的上半空间充满黏性不可压缩流体，平板初始由静止开始于某时刻起沿自身平行方向做周期性的振动，若运动规律为 $u=u_0\cos(\omega t)$，运动中压力不变。求：平板运动所引起流体的运动状态。

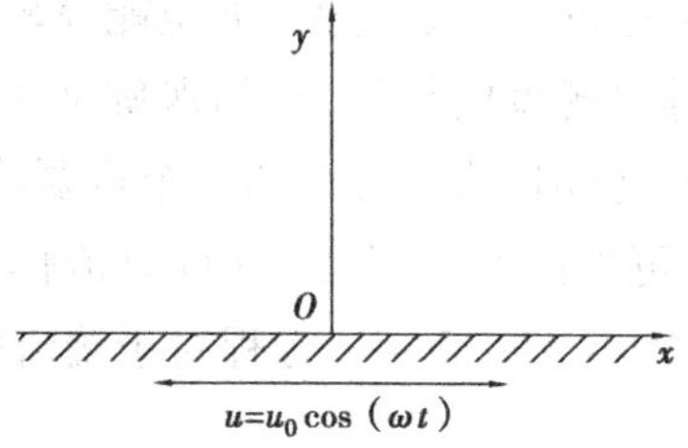

题2.10图

3

湍流及其数学模型

3.1 湍流模型的概述

3.1.1 湍流的特点

湍流是一种高度复杂的非稳态三维流动。在湍流中流体的各种物理参数,如速度、压力、温度等都随时间与空间发生随机的变化。从物理结构上说,可以将湍流看成是由各种不同尺度的涡旋叠合而成的流动,这些涡旋的大小及旋转轴的方向分布是随机的、大尺度的涡旋主要由流动的边界条件所决定,其尺寸可以与流场的大小相比拟,是引起低频脉动的原因;小尺度的涡旋主要是由黏性力所决定,其尺寸可能只有流场尺度的千分之一的量级,是引起高频脉动的原因。大尺度的涡旋破裂后形成小尺度的涡旋。较小尺度的涡旋破裂后形成更小尺度的涡旋。故而在充分发展的湍流区域内,流体涡旋的尺寸可在相当宽的范围内连续地变化。大尺度的涡旋不断地从主流获得能量,通过涡旋间的相互作用,能量逐渐向小尺寸的涡旋传递。最后由于流体黏性的作用,小尺度的涡旋不断消失,机械能就转化(或称耗散)为流体的热能。同时,由于边界的作用、扰动及速度梯度的作用,新的涡旋又不断产生,这就构成了湍流运动。由于流体内不同尺度涡旋的随机运动造成了湍流的一个重要特点——物理量的脉动。读者如想对湍流的结构有更多的了解,可参阅文献王福军《计算流体动力学分析》一书。一般认为,无论湍流运动多么复杂,非稳态的 Navier-Stokes 方程对于湍流的瞬时运动仍然是适用的。

3.1.2 湍流数值模拟方法

湍流流动是一种高度非线性的复杂流动,但人们已经能够通过某些数值方法对湍流进行了模拟,取得与实际比较吻合的结果。本节对湍流的各种数值模拟方法作以简介。

关于湍流运动与换热的数值计算,是目前计算流体动力学与计算传热学中困难较多且研究活跃的领域之一。总体而言,目前的湍流数值模拟方法可分为直接数值模拟方法和非直接数值模拟方法。所谓直接数值模拟方法是指直接求解瞬时湍流控制方程。而非直接数值模拟方法就是不直接计算湍流的脉动特性,而是设法对湍流作某种程度近似和简化处理。依据所采用的近似和简化方法的不同,非直接数值模拟方法分为大涡模拟和 Reynolds 平均法。

在 Reynolds 时均方程法中,又有 Reynolds 应力方程法及湍流黏性系数法两大类。前一种方法所需计算工作量较大。本书将着重讨论湍流黏性系数法。

3.2 湍流黏性系数法

3.2.1 湍流物理量的时均值

为求叙述的系统性,下面简单介绍有关湍流物理量的时间平均值的定义及其性质。湍流物理量对时间的平均值有两种定义,即经典的 Reynolds 定义及 Favre(法符和)质量加权定义。对不可压缩流体,两种平均方法得出相同的结果。本书采用 Reynolds 平均法来研究不可压缩流体的湍流流动。

3.2.2 湍流控制方程

一般认为,无论湍流运动多么复杂,非稳态的连续方程和 Navier-Stokes 方程对于湍流的瞬时运动仍然是适用的。对于不可压缩流动,使用笛卡尔坐标系,速度矢量 $\boldsymbol{u}$ 在 x,y 和 z 方向的分量为 u,v,w, 湍流的瞬时控制方程如下:

$$\mathrm{div}\,\boldsymbol{u} = 0 \tag{3.1}$$

$$\frac{\partial u}{\partial t} + \mathrm{div}(u\boldsymbol{u}) = -\frac{1}{\rho}\frac{\partial p}{\partial x} + \frac{\mu}{\rho}\mathrm{div}(\mathrm{grad}\ u) \tag{3.2a}$$

$$\frac{\partial v}{\partial t} + \mathrm{div}(v\boldsymbol{u}) = -\frac{1}{\rho}\frac{\partial p}{\partial y} + \frac{\mu}{\rho}\mathrm{div}(\mathrm{grad}\ v) \tag{3.2b}$$

$$\frac{\partial w}{\partial t} + \mathrm{div}(w\boldsymbol{u}) = -\frac{1}{\rho}\frac{\partial p}{\partial z} + \frac{\mu}{\rho}\mathrm{div}(\mathrm{grad}\ w) \tag{3.2c}$$

时间平均法将湍流流动看作由时间平均流动和瞬时脉动流动两个流动叠加而成,Reynolds 平均法,任一变量 ϕ 的时间平均值定义为:

$$\overline{\phi} = \frac{1}{\Delta t}\int_t^{t+\Delta t} \phi(t)\ \mathrm{d}t \tag{3.3}$$

上标"¯"代表平均值,上标"′"代表脉动值,物理量的时均值与脉动值之间有如下关系:

$$\phi = \overline{\phi} + \phi' \tag{3.4}$$

用平均值与脉动值之和来代替流动变量,即:

$$u = \overline{u} + u';v = \overline{v} + v';w = \overline{w} + w';p = \overline{p} + p' \tag{3.5}$$

将式(3.5)代入瞬时控制方程式(3.1)和式(3.2),并对时间取平均值,得到湍流时均控制方程如下:

$$\mathrm{div}(\overline{\boldsymbol{u}}) = 0 \tag{3.6}$$

$$\frac{\partial \overline{u}}{\partial t} + \mathrm{div}(\overline{u}\,\overline{\boldsymbol{u}}) = -\frac{1}{\rho}\frac{\partial \overline{p}}{\partial x} + \frac{\mu}{\rho}\mathrm{div}(\mathrm{grad}\ \overline{u}) + \left[-\frac{\partial\,\overline{u'^2}}{\partial x} - \frac{\partial\,\overline{u'v'}}{\partial y} - \frac{\partial\,\overline{u'w'}}{\partial z}\right] \tag{3.7a}$$

$$\frac{\partial \bar{v}}{\partial t} + \mathrm{div}(\bar{v}\,\bar{\boldsymbol{u}}) = -\frac{1}{\rho}\frac{\partial \bar{p}}{\partial y} + \frac{\mu}{\rho}\mathrm{div}(\mathrm{grad}\,\bar{v}) + \left[-\frac{\partial\,\overline{u'v'}}{\partial x} - \frac{\partial\,\overline{v'^2}}{\partial y} - \frac{\partial\,\overline{v'w'}}{\partial z}\right] \tag{3.7b}$$

$$\frac{\partial \bar{w}}{\partial t} + \mathrm{div}(\bar{w}\,\bar{\boldsymbol{u}}) = -\frac{1}{\rho}\frac{\partial \bar{p}}{\partial z} + \frac{\mu}{\rho}\mathrm{div}(\mathrm{grad}\,\bar{w}) + \left[-\frac{\partial\,\overline{u'w'}}{\partial x} - \frac{\partial\,\overline{v'w'}}{\partial y} - \frac{\partial\,\overline{w'^2}}{\partial z}\right] \tag{3.7c}$$

对于其他变量的输运方程作类似处理：

$$\frac{\partial \bar{\phi}}{\partial t} + \mathrm{div}(\bar{\phi}\,\bar{\boldsymbol{u}}) = \mathrm{div}(\Gamma\,\mathrm{grad}\,\bar{\phi}) + \left[-\frac{\partial\,\overline{u'\phi'}}{\partial x} - \frac{\partial\,\overline{v'\phi'}}{\partial y} - \frac{\partial\,\overline{w'\phi'}}{\partial z}\right] + S \tag{3.8}$$

上述推导假定流体密度为常数，但是实际流动中，密度可能是变化的，密度变化不对流动造成明显影响，因此，忽略密度脉动的影响，可压缩湍流平均流动的控制方程如下所述。

连续性方程：

$$\frac{\partial \rho}{\partial t} + \mathrm{div}(\rho \boldsymbol{u}) = 0 \tag{3.9}$$

动量方程：

$$\frac{\partial(\rho u)}{\partial t} + \mathrm{div}(\rho u \bar{\boldsymbol{u}}) = -\frac{\partial p}{\partial x} + \mathrm{div}(\mu\ \mathrm{grad}\ u) + \left[-\frac{\partial\,\overline{\rho u'^2}}{\partial x} - \frac{\partial\,\overline{\rho u'v'}}{\partial y} - \frac{\partial\,\overline{\rho u'w'}}{\partial z}\right] + S_u$$

$$\frac{\partial(\rho v)}{\partial t} + \mathrm{div}(\rho v \bar{\boldsymbol{u}}) = -\frac{\partial p}{\partial y} + \mathrm{div}(\mu\ \mathrm{grad}\ v) + \left[-\frac{\partial\,\overline{\rho u'v'}}{\partial x} - \frac{\partial\,\overline{\rho v'^2}}{\partial y} - \frac{\partial\,\overline{\rho v'w'}}{\partial z}\right] + S_v$$

$$\frac{\partial(\rho w)}{\partial t} + \mathrm{div}(\rho w \bar{\boldsymbol{u}}) = -\frac{\partial p}{\partial z} + \mathrm{div}(\mu\ \mathrm{grad}\ w) + \left[-\frac{\partial\,\overline{u'w'}}{\partial x} - \frac{\partial\,\overline{v'w'}}{\partial y} - \frac{\partial\,\overline{w'^2}}{\partial z}\right] + S_w$$

(3.10)

其他变量方程：

$$\frac{\partial(\rho\phi)}{\partial t} + \mathrm{div}(\rho\phi\bar{\boldsymbol{u}}) = \mathrm{div}(\mathrm{grad}\ \phi) + \left[-\frac{\partial\,\overline{u'\phi'}}{\partial x} - \frac{\partial\,\overline{v'\phi'}}{\partial y} - \frac{\partial\,\overline{w'\phi'}}{\partial z}\right] + S \tag{3.11}$$

为了便于后续分析，现引入张量中的指标符号重写方程(3.9)、方程(3.10)和方程(3.11)如下：

$$\frac{\partial \rho}{\partial t} + \frac{\partial}{\partial x_i}(\rho u_i) = 0 \tag{3.12}$$

$$\frac{\partial}{\partial t}(\rho u_i) + \frac{\partial}{\partial x_i}(\rho u_i u_j) = -\frac{\partial}{\partial x_j}\left(\mu\frac{\partial u_i}{\partial x_j} - \rho\,\overline{u'_i u'_j}\right) + S_i \tag{3.13}$$

$$\frac{\partial(\rho\bar{\phi})}{\partial t} + \frac{\partial(\rho u_j \bar{\phi})}{\partial x_j} = \frac{\partial}{\partial x_j}\left(\Gamma\frac{\partial\bar{\phi}}{\partial x_j} - \rho\,\overline{u'_j\phi'}\right) + S \tag{3.14}$$

式(3.12)—式(3.14)3 个方程就是用张量的指标形式表示的时均连续方程、Reynolds 方程和标量 ϕ 的时均输运方程。这里的 i 和 j 指标取值范围是(1,2,3)。

可以看出，平均流动的方程里多出与 $-\rho\,\overline{u'_i u'_j}$ 有关的项，定义该项为 Reynolds 应力，即：

$$\tau_{ij} = -\rho\,\overline{u'_i u'_j} \tag{3.15}$$

τ_{ij} 实际上对应 6 个不同的 Reynolds 应力项，即 3 个正应力和 3 个切应力。

式(3.12)、式(3.13)和式(3.14)构成的方程共有 5 个方程，5 个时均未知量(u,v,w,p 和

ϕ)和新增加的 6 个 Reynolds 应力共 11 个未知量，方程组不封闭，必须引入新的湍流模型(方程)才能使方程组封闭。

3.2.3 涡黏模型

在涡黏模型方法中，不直接处理 Reynolds 应力项，而是引入湍动黏度(turbulent viscosity)，或称涡黏系数(eddy viscosity)，然后将湍流应力表示成湍动黏度的函数，整个计算关键在于确定这种湍动黏度。

湍动黏度的提出来源于 Boussinesq 提出的涡黏假定，该假定建立了 Reynolds 应力相对于平均速度梯度的关系，即：

$$-\rho \overline{u'_i u'_j} = \mu_t\left(\frac{\partial u_i}{\partial x_j}+\frac{\partial u_j}{\partial x_i}\right)-\frac{2}{3}\left(\rho k+\mu_t\frac{\partial u_i}{\partial x_i}\right)\delta_{ij} \tag{3.16}$$

式中 μ_t——湍动黏度；

u_i——时均速度；

δ_{ij}——“Kronecker dela ”符号(当 $i=j$ 时，$\delta_{ij}=1$；当 $i\neq j$ 时，$\delta_{ij}=0$)；

k——湍动能(turbulent kinetic energy)：

$$k=\frac{\overline{u'_i u'_j}}{2}=\frac{1}{2}(u'^2+v'^2+w'^2) \tag{3.17}$$

湍动黏度 μ_t 是空间坐标的函数，取决于流动状态，而不是物性参数，这里的下标 t 表示湍流流动。

引入 Boussinesq 假定以后，计算湍流流动的关键在于如何确定 μ_t。所谓的涡黏模型就是将 μ_t 与湍流时均参数联系起来的关系式。根据确定 μ_t 的微分方程数目的多少，涡黏模型包括零方程模型、一方程模型和两方程模型。

类似于湍流切应力的处理，对其他变量 ϕ 的湍流脉动附加项可以引入相应的湍流扩散系数，为简便起见均以 Γ_t 表示，则湍流脉动所传递的通量可以通过下列关系式而与时均参数联系起来：

$$-\rho \overline{u'_i\phi'}=\Gamma_t\frac{\partial \phi}{\partial x_i} \tag{3.18}$$

需要指出的是，虽然 μ_t 与 Γ_t 都不是流体的物性参数，都取决于湍流的流动，但实验表明，其比值几乎是一常数。在湍流数值计算的文献中常用符号 σ 表示这两个量的比值，即：

$$\sigma=\frac{\mu_t}{\Gamma_t} \tag{3.19}$$

鉴于 μ_t 与 Γ_t 之间有式(3.19)联系，而且 σ 一般取为常数，故讨论的重点在于 μ_t 的确定。

目前，两方程模型在工程中使用最为广泛，最基本的两方程模型是标准的 k-ε 模型，即分别引入关于湍动能 k 和耗散率 ε 的方程，此外还有各种改进的 k-ε 模型，比较著名的是 RNG k-ε 模型和 Realizable k-ε 模型。本书介绍标准的 k-ε 模型，低 Re 数的 k-ε 模型，其他 k-ε 模型读者可以参阅其他参考书。

3.3　零方程模型与一方程模型

3.3.1　零方程模型

所谓零方程模型是指不使用微分方程，而是用代数关系式，将涡黏系数与时均值联系起来的模型。其只用湍流的时均连续方程(3.12)和 Reynolds 方程(3.13)组成方程组，将方程组中的 Reynolds 应力用平均速度场的局部速度梯度来表示。

零方程模型方案有多种，最著名的是 Prandtl 提出的混合长度模型(mixing length model)。Prandtl 假定湍动黏度 μ_t 正比于时均速度 u_i 的梯度和混合长度 l_m 的乘积。

例如，在二维问题中，有：

$$\mu_i = l_m^2 \left| \frac{\partial u}{\partial y} \right| \tag{3.20}$$

式中　u——主流时均速度；

y——与主流方向垂直的坐标；

l_m——这种模型中需要确定的参数。

湍流切应力表示成为：

$$-\rho \overline{u'v'} = \rho l_m^2 \left| \frac{\partial u}{\partial y} \right| \frac{\partial u}{\partial y} \tag{3.21}$$

其中，混合长度 l_m 由经验公式或实验确定。

混合长度理论的优点是直观简单，对于如射流、混合层、扰动和边界层等带有薄的剪切层的流动比较有效，但只有在简单流动中才比较容易给定混合长度 l_m，对于复杂流动则很难确定 l_m，而且不能用于模拟带有分离回流的流动，因此，零方程模型在复杂的实际工程中很少使用。

3.3.2　一方程模型

在混合长度理论中，μ_t 仅与几何位置及时均速度场有关，而与湍流的特性参数无关。混合长度理论应用的局限性在于，人们想到湍流黏性系数应当与湍流本身特性量有关，如果将湍流脉动造成附加应力的过程与分子扩散造成应力的过程相比拟，可以设想湍流黏性系数应当与脉动的特性速度及脉动的特性尺度的乘积有关，正像分子黏性正比于分子平均自由程与其速度的乘积一样。湍流脉动动能的平方根，即 $k^{\frac{1}{2}}$，可以作为湍流脉动速度的代表。

Prandtl 及 Kolmogorov 从上述考虑出发，提出了计算 μ_t 的表达式：

$$\mu_t = C'_\mu \rho k^{\frac{1}{2}} l$$

式中　C'_μ——经验系数；

l——湍流脉动的长度标尺，一般地它不等于混合长度 l_m。采用此式来确定 μ_t 时，关键在于确定流场中各点的脉动动能及长度标尺。

为了确定 k，首先需要建立关于 k 的偏微分方程。可以从 k 的定义出发，通过对瞬态 Navier-Stokes 方程及其时均的形式作一系列的运算而得出。湍动能 k 的输运方程的最终形式如下：

$$\frac{\partial(\rho k)}{\partial t}+\frac{\partial(\rho k u_i)}{\partial x_i}=\frac{\partial}{\partial x_j}\left[\left(\mu+\frac{\mu_t}{\sigma_k}\right)\frac{\partial k}{\partial x_j}\right]+\mu_t\left(\frac{\partial u_i}{\partial x_j}+\frac{\partial u_j}{\partial x_i}\right)\frac{\partial u_i}{\partial x_j}-\rho C_D\frac{k^{\frac{3}{2}}}{l} \tag{3.22}$$

式(3.22)从左至右，方程中各项依次为瞬态项、对流项、扩散项、产生项、耗散项，相关的推导参见参考书。

由 Kolmogorov-Prandtl 提出的 μ_t 表达式，有：

$$\mu_t=\rho C'_\mu\sqrt{k}l \tag{3.23}$$

式中　σ_k, C_D, C'_μ——经验常数，多数文献建议：$\sigma_k=1, C_\mu=C'_\mu, C_D=0.09$，而 C_D 的取值在不同的文献中结果不同，从 0.08 到 0.38 不等。l 为湍流脉动的长度比尺，依据经验公式或实验而定。

以上两式联合构成一方程模型。一方程模型考虑湍流的对流输运和扩散输运，因而比零方程模型更为合理。但是，一方程模型中如何确定长度比尺 l 仍是不易决定的问题，因此很少在实际工程计算中应用。

采用一方程模型时，对边界条件处理的方法有两种：一种方法是在近壁区域中设置足够多的节点，并取壁面上的 $k=0$ 及与壁面平行的流速为零。这种方法适用于计算边界层类型的流动。另一种方法为壁面函数法，有关这一方法的内容将在 3.5 节中介绍。

3.4　k-ε 两方程模型

标准 k-ε 模型是典型的两方程模型，是在 3.3 节介绍的一方程模型的基础上，新引入一个关于湍流耗散率 ε 的方程后形成的。该模型是目前使用最广泛的湍流模型。本节介绍标准 k-ε 模型的定义及其相应的控制方程组，改进的 k-ε 模型，读者可以参阅相关参考文献。

3.4.1　标准 k-ε 两方程模型的定义

标准 k-ε 模型（standard k-ε model）由 Launder 和 Spalding 于 1972 年提出。在模型中，k 为湍动能（turbulent kinetic energy），其定义见式（3.17），为了便于分析引出双方程模型，在此重写其定义式，即

ε 表示湍动耗散率（turbulent dissipation rate），定义为：

$$\varepsilon=\frac{\mu}{\rho}\overline{\left(\frac{\partial u'_i}{\partial x_k}\right)\left(\frac{\partial u'_i}{\partial x_k}\right)} \tag{3.24}$$

式中　μ——流体的分子黏性，重复下标表示求和。

引入下面关于 ε 的模拟定义式将其与 k 联系起来：

$$\varepsilon=C_D\frac{k^{\frac{2}{3}}}{l} \tag{3.25}$$

式中　C_D——经验常数，上述定义可以理解为比较大的涡向较小的涡传递的速率对单位体积的流体正比与 k，而反比于传递时间。传递时间与湍流长度标尺 l 成正比，而与脉动速度成反比。于是有：

$$\rho\varepsilon \sim \rho k/\left(\frac{l}{\sqrt{k}}\right) \sim \rho k^{\frac{3}{2}} l$$

采用双方程模型时，湍动黏度 μ_t（式 3.23）的表达式则表示为：

$$\mu_t = \rho C'_{\mu} k^{\frac{1}{2}} l = (C'_{\mu} C_D) \rho k^2 \frac{1}{C_D k^{\frac{2}{3}} l} = \frac{C_\mu \rho k^2}{\varepsilon} \tag{3.26}$$

式中　C_μ——经验常数，$C_\mu = C'_\mu C_D$。

在标准 k-ε 模型中，k 和 ε 是两个基本的未知量，与之相对应的输运方程的推导过程见相关参考书。输运方程为：

$$\frac{\partial(\rho k)}{\partial t} + \frac{\partial(\rho k u_i)}{\partial x_i} = \frac{\partial}{\partial x_j}\left[\left(\mu + \frac{\mu_t}{\sigma_k}\right)\frac{\partial k}{\partial x_j}\right] + G_k + G_b - \rho\varepsilon - Y_M + S_k \tag{3.27}$$

$$\frac{\partial(\rho \varepsilon)}{\partial t} + \frac{\partial(\rho \varepsilon u_i)}{\partial x_i} = \frac{\partial}{\partial x_j}\left[\left(\mu + \frac{\mu_t}{\sigma_\varepsilon}\right)\frac{\partial \varepsilon}{\partial x_j}\right] + C_{1\varepsilon}\frac{\varepsilon}{k}(G_k + C_{3\varepsilon} G_b) - C_{2\varepsilon}\rho\frac{\varepsilon^2}{k} + S_\varepsilon \tag{3.28}$$

式中　G_k——由于平均速度梯度引起的湍动能 k 的产生项；

G_b——由于浮力引起的湍动能 k 的产生项；

Y_M——可压湍流中脉动扩张的贡献；

$C_{1\varepsilon}$，$C_{2\varepsilon}$ 和 $C_{3\varepsilon}$——经验常数；

σ_k 和 σ_ε——分别是与湍动能 k 和耗散率 ε 对应当 Prandtl 数，S_k 和 S_ε 是用户根据计算工况定义的源项。这些项和系数将在 3.4.2 给出。

3.4.2　标准 k-ε 两方程模型的有关计算公式

首先，G_k 是由平均速度梯度引起的湍动能 k 的产生项，由下式计算：

$$G_k = \mu_t\left(\frac{\partial u_i}{\partial x_j} + \frac{\partial u_j}{\partial x_i}\right)\frac{\partial u_i}{\partial x_j} \tag{3.29}$$

G_b 是由浮力引起的湍动能 k 的产生项，对于不可压流体，$G_b = 0$。对于可压流体，有：

$$G_b = \beta g_i \frac{\mu_t}{\mathrm{Pr}_t}\frac{\partial T}{\partial x_i} \tag{3.30}$$

式中　Pr_t——湍动 Prandtl 数，在该模型中可取 $\mathrm{Pr}_t = 0.85$；

g_i——重力加速度在第 i 方向的分量；

β——热膨胀系数，可结合可压流体的状态方程求出，其定义为：

$$\beta = -\frac{1}{\rho}\frac{\partial \rho}{\partial T} \tag{3.31}$$

Y_M 代表可压湍流中脉动扩张的贡献，对于不可压流体，$Y_M = 0$。对于可压流体，有：

$$Y_M = 2\rho\varepsilon M_t^2 \tag{3.32}$$

式中　M_t——湍动 Mach 数，$M_t = \sqrt{\frac{k}{a^2}}$；

a——声速，$a = \sqrt{\gamma RT}$。

在标准 k-ε 模型中，根据 Launder 等推荐值及后来的实验验证，模型常数 $C_{1\varepsilon}$，$C_{2\varepsilon}$，$C_{3\varepsilon}$，σ_k，σ_ε 的取值为：

$$C_{1\varepsilon}=1.44, C_{2\varepsilon}=1.92, C_{3\varepsilon}=0.09, \sigma_k=1.0, \sigma_\varepsilon=1.3 \tag{3.33}$$

对于可压流体的流动计算中与浮力相关的系数 $C_{3\varepsilon}$，当主流方向与重力方向平行时，有 $C_{3\varepsilon}=1$，当主流方向与重力方向垂直时，有 $C_{3\varepsilon}=0$。

根据以上分析，当流动为不可压，且不考虑用户自定义的源项时，$G_b=0, Y_M=0, S_k=0, S_\varepsilon=0$，这时，标准 k-ε 模型变为：

$$\frac{\partial(\rho k)}{\partial t}+\frac{\partial(\rho k u_i)}{\partial x_i}=\frac{\partial}{\partial x_j}\left[\left(\mu+\frac{\mu_t}{\sigma_k}\right)\frac{\partial k}{\partial x_j}\right]+G_k-\rho\varepsilon \tag{3.34}$$

$$\frac{\partial(\rho\varepsilon)}{\partial t}+\frac{\partial(\rho\varepsilon u_i)}{\partial x_i}=\frac{\partial}{\partial x_j}\left[\left(\mu+\frac{\mu_t}{\sigma_\varepsilon}\right)\frac{\partial\varepsilon}{\partial x_j}\right]+\frac{C_{1\varepsilon}\varepsilon}{k}G_k-C_{2\varepsilon}\rho\frac{\varepsilon^2}{k} \tag{3.35}$$

这种简化后的形式，便于分析不同湍流模型的特点。

方程(3.34)及方程(3.35)中的 G_k，按式(3.29)计算，其展开式为：

$$G_k=\mu_t\left\{2\left[\left(\frac{\partial u}{\partial x}\right)^2+\left(\frac{\partial v}{\partial y}\right)^2+\left(\frac{\partial w}{\partial z}\right)^2\right]+\left(\frac{\partial u}{\partial y}+\frac{\partial v}{\partial x}\right)^2+\left(\frac{\partial u}{\partial z}+\frac{\partial w}{\partial x}\right)^2+\left(\frac{\partial v}{\partial z}+\frac{\partial w}{\partial y}\right)^2\right\} \tag{3.36}$$

3.4.3 标准 k-ε 模型的控制方程组

采用标准 k-ε 模型求解流动及传热问题时，控制方程包括连续性方程、运动方程、能量方程、k 方程、ε 方程与式(3.26)。若不考虑热交换的单纯流场计算问题，则不需要包含能量方程。若考虑传质或有化学变化的情况，则应再加入组分方程。这些方程仍可以表示成 2.10.1 中表达式(2.23)，也可写成如下通用形式：

$$\frac{\partial(\rho\phi)}{\partial t}+\frac{\partial(\rho u\phi)}{\partial x}+\frac{\partial(\rho v\phi)}{\partial y}+\frac{\partial(\rho w\phi)}{\partial z}=\frac{\partial}{\partial x}\left(\Gamma\frac{\partial\phi}{\partial x}\right)+\frac{\partial}{\partial y}\left(\Gamma\frac{\partial\phi}{\partial y}\right)+\frac{\partial}{\partial z}\left(\Gamma\frac{\partial\phi}{\partial z}\right)+S \tag{3.37}$$

使用散度符号，式(3.37)记为：

$$\frac{\partial(\rho\phi)}{\partial t}+\mathrm{div}(\rho u\phi)=\mathrm{div}(\Gamma\ \mathrm{grad}\ \phi)+S \tag{3.38}$$

为了方便读者查阅，表 3.1 给出了在三维直角坐标系下，与通用形式(3.38)所对应的 k-ε 模型的控制方程。

表 3.1 与式(3.38)对应的 k-ε 模型的控制方程

方 程	ϕ	扩散系数 Γ	源项 S
连续性方程	1	0	0
x 向运动方程	u	$\mu_{eff}=\mu+\mu_t$	$-\frac{\partial p}{\partial x}+\frac{\partial}{\partial x}\left(\mu_{eff}\frac{\partial u}{\partial x}\right)+\frac{\partial}{\partial y}\left(\mu_{eff}\frac{\partial v}{\partial x}\right)+\frac{\partial}{\partial z}\left(\mu_{eff}\frac{\partial w}{\partial x}\right)+S_u$
y 向运动方程	v	$\mu_{eff}=\mu+\mu_t$	$-\frac{\partial p}{\partial y}+\frac{\partial}{\partial x}\left(\mu_{eff}\frac{\partial u}{\partial y}\right)+\frac{\partial}{\partial y}\left(\mu_{eff}\frac{\partial v}{\partial y}\right)+\frac{\partial}{\partial z}\left(\mu_{eff}\frac{\partial w}{\partial y}\right)+S_v$
z 向运动方程	w	$\mu_{eff}=\mu+\mu_t$	$-\frac{\partial p}{\partial z}+\frac{\partial}{\partial x}\left(\mu_{eff}\frac{\partial u}{\partial z}\right)+\frac{\partial}{\partial y}\left(\mu_{eff}\frac{\partial v}{\partial z}\right)+\frac{\partial}{\partial z}\left(\mu_{eff}\frac{\partial w}{\partial z}\right)+S_w$

续表

方　程	ϕ	扩散系数 Γ	源项 S
湍动能方程	k	$\mu+\dfrac{\mu_t}{\sigma_k}$	$G_k+\rho\varepsilon$
耗散率方程	ε	$\mu+\dfrac{\mu_t}{\sigma_\varepsilon}$	$\dfrac{\varepsilon}{k}(C_{1\varepsilon}G_k-C_{2\varepsilon}\rho\varepsilon)$
能量方程	T	$\dfrac{\mu}{\Pr}+\dfrac{\mu_t}{\sigma_T}$	S 按实际问题而定

3.4.4　标准 k-ε 模型的解法及适用性

各类变量的控制方程都可以写成式(3.38),其为发展大型通用计算程序提供了条件。首先,控制方程的离散化及求解方法可以求得统一,以式(3.38)为出发点所编制的程序可以适用于各种变量,不同变量之间的区别仅在于广义扩散系数、广义源项及初值、边界条件 3 个方面。实际上,目前世界上研究计算流体与传热的主要组织所编制的程序多是针对式(3.38)写出来的。

对于标准模型的适用性,有下述几点需要注意:

①模型中的有关系数,如式(3.33)中的值,主要是根据一些特殊条件下的试验结果而确定的,在不同的文献中讨论不同的问题时,这些值可能有所不同,但总体来讲,本节所给出的结果在近年发表的文献中是比较一致的。除了式(3.33)中给出的 5 个常数外,对于能量方程中的系数 σ_T,有文献建议取为 $\sigma_T=0.9\sim1.0$。虽然这组系数有较广的适用性,但也不能对其可靠性估计过高,需要在数值计算中针对特定的问题,参考相关文献研究寻找更合理的取值。

②这里所给出的 k-ε 模型,是针对湍流发展非常充分的湍流流动来建立的,也就是说,其是一种针对高 Re 数的湍流计算模型,而当 Re 数比较低时,例如,在近壁区域流动,湍流发展并不充分,湍流的脉动影响可能不如分子黏性影响大,在更贴近壁面的底层内,流动可能出于层流状态。因此,对 Re 数比较低的流动使用以上建立的模型进行计算,就会出现问题。这时,必须采用特殊的处理方式,以解决近壁区内流动的计算及低 Re 数时的流动计算问题。常用的解决方法有两种:一种是采用壁面函数法,另一种是采用低 Re 数的 k-ε 模型。

③标准 k-ε 模型比零方程模型和一方程模型有了很大进步,在科学研究及工程实际问题中得到了更为广泛的检验和成功应用,但用于强旋流、绕弯曲壁面流动或弯曲流线流动时,会产生一定的失真。原因是在标准模型中,对于雷诺应力的各个分量,假定了湍动黏度是相同的,即假定是各向同性的标量。但在弯曲流线的情况下,湍流是各向异性的,应该是各向异性的张量。为了弥补标准模型的缺陷,许多研究者提出了对标准模型的修正方案,目前,有两种应用比较广泛的改进方案,即 RNG 模型和 Realizable 模型,读者可参考有关文献关于上述两个模型的介绍。

3.5 壁面函数法

正如上小节所述在壁面附近黏性支层中的流动换热的计算，可采用低 Re 数的 k-ε 模型或壁面函数法。Launder，Spalding 等将高 Re 数 k-ε 模型加以修正，使其可一直用到壁面附近的黏性支层内。采用这种方法时，由于在黏性支层内的速度梯度与温度梯度都很大，因而要布置相当多的节点，如图 3.1（a）所示，有时多达 20～30 个，因而无论在计算时间与所需内存方面要求都较高。采用壁面函数法时，湍流流核中采用高 Re 数 k-ε 模型，而在黏性支层内不布置任何节点，把第一个与壁面相邻的节点布置在旺盛湍流区域内，如图 3.1（b）所示。这就是说，与壁面相邻的第一个控制容积取得特别大。此时壁面上的切应力与热流密度仍然按第一个内节点与壁面上的速度及温度之差来计算，其关键是如何确定此处的有效扩散系数以及 k，ε 的边界条件，以使计算所得的切应力与热流密度能与实际情形基本相符。这种方法能节省内存与计算时间，在工程湍流计算中应用较广。

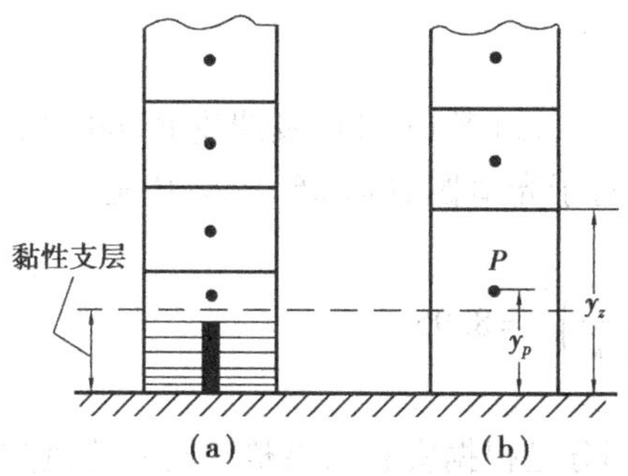

图 3.1 壁面附近的处理区域

3.5.1 壁面函数法的基本思想

壁面函数法的基本思想可归纳如下所述。

①假设在所计算问题的壁面附近黏性支层以外的地区，无量纲速度与温度分布服从对数分布规律。由流体力学可知，对数分布律为：

$$u^+ = \frac{u}{\overset{*}{v}} = \frac{1}{\kappa}\ln\left(\frac{y\overset{*}{v}}{v}\right) + B = \frac{1}{\kappa}\ln y^+ + B \tag{3.39}$$

式中 $\overset{*}{v} = \sqrt{\tau_W}/\rho$——切应力速度；

κ——冯·卡门常数 $\kappa = 0.4 \sim 0.42$，$B = 5.0 \sim 5.5$。

在这一定义中只有时均值 u 而无湍流参数。为了反映湍流脉动的影响需要将 u^+，y^+ 的定义做一扩展。

$$y^+ = \frac{y(C_\mu^{\frac{1}{4}}k^{\frac{1}{2}})}{v} \tag{3.40a}$$

$$u^{+}=\frac{u(C_{\mu}^{\frac{1}{4}}k^{\frac{1}{2}})}{\frac{\tau_W}{\rho}} \tag{3.40b}$$

同时引入无量纲的温度:

$$T^{+}=\frac{(T-T_W)(C_{\mu}^{\frac{1}{4}}k^{\frac{1}{2}})}{\left(\frac{q_W}{\rho c_p}\right)} \tag{3.41}$$

注意在这些定义式中,既引入了湍流参数 k,同时又保留壁面切应力 τ_W 及热流密度 q_W。后面这两个量是工程中常求解的对象。可以证明,上述关于 u^{+},y^{+} 的定义是常规定义的一种推广。当边界层流动中脉动动能的产生与耗散平衡时,上述定义就与常规定义一致。采用上述定义后,速度与温度的对数分布律就表示成为:

$$u^{+}=\frac{1}{\kappa}\ln(Ey^{+}) \tag{3.42a}$$

$$T^{+}=\frac{\sigma_T}{\kappa}\ln(Ey^{+})+\sigma_T\left(\frac{\frac{\pi}{4}}{\sin\frac{\pi}{4}}\right)\left(\frac{A}{\kappa}\right)^{\frac{1}{2}}\left(\frac{\sigma_L}{\sigma_T}-1\right)\left(\frac{\sigma_L}{\sigma_T}\right)^{-\frac{1}{4}} \tag{3.42b}$$

式中 $\ln(E)/\kappa=B$;

σ_L,σ_T——分别是分子 Prandtl 数(即 Pr)及湍流 Prandtl 数;

A——van Driest 常数,对于光滑圆管取 26,κ 及 B 是对数分布律中的常数。如果 $\kappa=0.4$,则 $\left(\frac{\frac{\pi}{4}}{\sin\frac{\pi}{4}}\right)\left(\frac{A}{\kappa}\right)^{\frac{1}{2}}=8.955\cong 9$。

此式中等号右端的第二部分是根据实验结果整理出来的,它考虑了 Pr 数的影响。当 $\sigma_L=\sigma_T=1$ 时,$T^{+}=u^{+}$,这就是 Reynolds 比拟成立的情形。

②在划分网格时,把第一个内节点 P 布置到对数分布律成立的范围内,即配置到旺盛湍流区域。

③第一个内节点与壁面之间区域的当量黏性系数 η_t 及当量导热系数 λ_t 按式(3.43a)与(3.43b)确定:

$$\tau_W=\eta_t\frac{u_P-u_W}{y_P} \tag{3.43a}$$

$$q_W=\lambda_t\frac{T_P-T_W}{y_P} \tag{3.43b}$$

这里 q_W,τ_W 由对数分布律规定。u_W,T_W 为壁面上的速度与温度。据此式,可导得第一个节点上的 η_t 和 λ_t 的计算式。在第一个内节点上与壁面相平行的流速及温度应满足对数分布律,即:

$$\frac{u_P(C_{\mu}^{\frac{1}{4}}k_P^{\frac{1}{2}})}{\frac{\tau_W}{\rho}}=\frac{1}{\kappa}\ln\left[Ey_P\frac{(C_{\mu}^{\frac{1}{2}}k_P)^{\frac{1}{2}}}{\upsilon}\right] \tag{3.44}$$

$$\frac{(T_P - T_W)(C_\mu^{\frac{1}{4}} k_P^{\frac{1}{2}})}{\left(\frac{q_W}{\rho c_P}\right)} = \frac{\sigma_T}{\kappa} \ln\left[E \frac{y_P (C_\mu^{\frac{1}{2}} k_P)^{\frac{1}{2}}}{v}\right] + \sigma_T P \tag{3.45}$$

其中:

$$P = 9\left(\frac{\sigma_L}{\sigma_T} - 1\right)\left(\frac{\sigma_L}{\sigma_T}\right)^{-\frac{1}{4}} \tag{3.46}$$

将式(3.43a)与式(3.44)相结合,得节点 P 与壁面间的当量扩散系数 μ_t 为:

$$\mu_t = \left[\frac{y_P (C_\mu^{\frac{1}{4}} k_P^{\frac{1}{2}})}{v}\right] \frac{\mu}{\ln(E y_P^+)/\kappa} = \frac{y_P^+ \mu}{u_P^+} \tag{3.47}$$

其中 μ 即为分子黏性系数。类似地,将式(3.43b)同式(3.45)相结合,得:

$$k_t = \frac{y_P^+ \mu c_P}{\frac{\sigma_T}{\kappa} \ln(E y_P^+) + P\sigma_T} = \frac{y_P^+ \mu c_P}{\sigma_T [\ln(E y_P^+)/\kappa + P]} = \frac{y_P^+}{T_P^+} P_r \lambda \tag{3.48}$$

式(3.47)、式(3.48)所得出的 μ_t 与 k_t 就用来计算壁面上的切应力[式(3.43a)]及热流密度[式(3.43b)]。可以看出,从计算上看,壁面函数法的一个主要内容就在于确定壁面上温度的当量扩散系数 k_t 及流速 u 的当量黏性系数 μ_t。

④对第一个内节点 P 上 k_P 及 ε_P 的确定方法作出选择。k_P 仍可按方程 k 计算,其边界条件取为 $(\partial k/\partial y)_W = 0$($y$ 为垂直于壁面的坐标)。需要指出的是,如果第一个内节点设置在黏性支层内且离开壁面足够近,自然可以取 $k_W = 0$ 作为边界条件。但是在壁面函数法中,P 点置于黏性支层以外,在这一个控制容积中,k 的产生与耗散都较向壁面的扩散要大得多,因而可以取 $(\partial k/\partial y)_W \approx 0$。至于壁面上的 ε 值,按式(3.25b)很难确定,因为在壁面附近 k 及 l 同时趋近于零。为避免给壁面的 ε 赋值的这一困难,P 点的 ε 值不通过求解有限差分方程,而是根据代数方程来计算。按式(3.25b),已知 k_P 后,只要选定 l 的计算方法,ε_P 之值即可算出。常用的一种方法是按混合长度理论计算此处的 l。例如取:

$$\varepsilon_P = \frac{C_\mu^{\frac{3}{4}} k_P^{\frac{3}{2}}}{\kappa y_P} \tag{3.49}$$

使用通用程序求解时,对 ε 求解区域仍可为整个区域,但采用大系数法使 P 点的 ε 取得规定的值。

所谓的壁面函数是指式(3.44)—式(3.49)这一类代数关系。

3.5.2 高 *Re* 数的 k-ε 模型/壁面函数法边界条件的处理

如图3.2所示突扩区域内湍流流动为例,说明高 *Re* 数的 k-ε 模型及壁面函数法时,边界条件的确定方法。

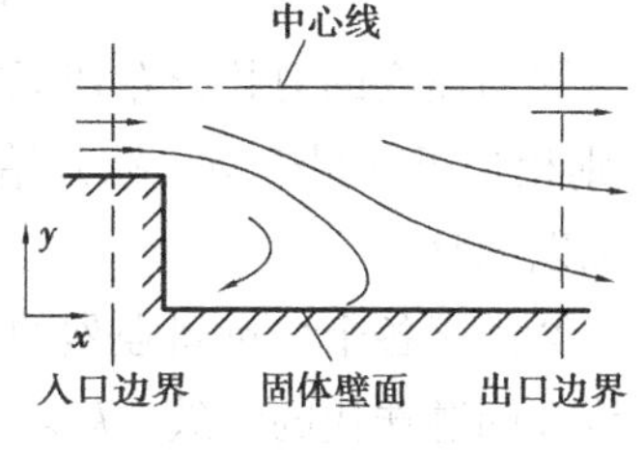

图3.2 突扩通道

①入口边界。这里的 k 值在无实测值可依据时,可取为来流的平均动能的一个百分数。如当入口处为圆管的充分发展的湍流时,可取为0.5%～1.5%。入口截面的 ε 可按

$\varepsilon_P = \dfrac{C_\mu^{\frac{1}{4}} k_P^{\frac{3}{2}}}{\kappa y_P}$计算。其中分母可按混合长度理论确定。入口截面的 ε 也可按式(3.47)计算,其中 μ_t 按 $\rho uL/\mu_t = 100 \sim 1000$来确定,这里 u 为入口平均流速,L 为特性尺度。当计算区域内湍流运动很强烈时,入口截面上 k,ε 的取值对计算结果的影响并不大。

②出口边界。k,ε 的边界条件可按坐标局部单向化方式处理。

③中心线。k,ε 的法向导数为零。

④固体壁面。在固体壁面上边界条件的设置也是壁面函数法具有的特色之处,这里对 u,v,k,ε 及 T 分别说明如下所述。

a. 与壁面平行的流速 u

在壁面上 $u_W = 0$,但其黏性系数则按式(3.47)计算。在计算过程中若点落在黏性支层范围内,则仍暂取分子黏性之值。

b. 与壁面垂直的速度 v

取 $v_W = 0$。由于在壁面附近$\dfrac{\partial u}{\partial x} \cong 0$,根据连续性方程,有$\dfrac{\partial v}{\partial x} \cong 0$。这样可以将固体壁面看成"绝热型"的,即壁面上与 v 相应的扩散系数为零。

c. 湍流脉动动能

如上所述,取$\left(\dfrac{\partial k}{\partial y}\right)_W \cong 0$,因而取壁面上的扩散系数为零。

d. 脉动动能的耗散

可规定第一个内节点上的 ε 值按式(3.49)计算。

e. 温度

边界上温度条件的处理与导热问题中一样,但壁面上的当量扩散系数按式(3.48)计算。

3.5.3 高 *Re* 数的 *k*-*ε* 模型/壁面函数法数值计算中的注意事项

在采用 k-ε 模型求解二维对流换热问题时,共有 6 个变量;u,v,p,T,k 及 ε,其中 u,v,T,k 及 ε 的控制方程都可以写成统一的形式。这些方程在离散时,对流项离散格式的选取及速度与压力耦合关系的处理,均可按本书后面的章节进行处理。在假定了各种量的初始分布(包括 μ_t 值)以后,逐一用迭代法求解 $u,v,p(p'),T,k$ 及 ε 诸离散方程。在获得了 k,ε 的新值后可按式(3.26)确定 μ_t,从而可以进行下一层次的迭代计算。在计算过程中应注意以下方面。

①第一个内节点与壁面间的无量纲距离 y_P^+(或 x_P^+,其定义与 y_P^+ 相同)应满足:

$$11.5 \sim 30 \leqslant x_P^+, y_P^+ \leqslant 200 \sim 400$$

因为速度的对数分布律只在这一范围内成立。下限 11.5 相当于速度分布的两层模型,而 30 则相当于三层模型。在开始计算时并不知道 x_P, y_P 的无量纲值,因而,这些值需在计算过程中加以调整。

②由于各个变量间强烈的非线性耦合关系。应当采用亚松弛迭代法(包括对 μ_t),以利于非线性问题迭代的收敛。k,ε 及 μ_t 的松弛因子在开始时可取 0.4~0.5。

③k-ε 方程中源项的处理方法。从物理意义上看,k 与 ε 永远大于零,因而应当防止在数

值计算中 k,ε 出现负值。从本书后面 4.5 中介绍的源项线性化公式可见，当 $S_C>0$ 时，使物理量增值，当 $S_C<0$ 时则降值；而 $(-S_P)$ 的部分则使物理量现时的变化速度降低，即当 ϕ 是增值时，$(-S_P)$ 的存在使增长速度降低，而当 ϕ 是减值时则使减值速率变小。可见 $(-S_P)$ 的存在有利于克服出现负的 ϕ 值的现象。为了形成 S_P 值，k 方程中的源项作如下处理：

$$S=\rho G_k-\rho\varepsilon=\underbrace{\rho G_k}_{S_C}-\underbrace{(\rho\varepsilon/k^*)k}_{S_P} \tag{3.50}$$

类似地 ε 方程中的源项可改写成为：

$$S=\underbrace{c_1\rho\varepsilon G_k/k}_{S_C}-\underbrace{(c_2\rho\varepsilon^*/k)\varepsilon}_{S_P} \tag{3.51}$$

④在原始变量法中，在交错网格上动量方程源项的离散要采用一系列插值处理。先把 Boussinesq 假设式(3.16)代入式(3.13)以导出不可压缩流体采用湍流黏性系数时的动量方程：

$$\frac{\partial(\rho u_i)}{\partial t}+\frac{\partial(\rho u_i u_j)}{\partial x_j}=-\frac{\partial p}{\partial x_i}+\frac{\partial}{\partial x_j}\left[\mu\left(\frac{\partial u_i}{\partial x_j}+\frac{\partial u_j}{\partial x_i}\right)-p_t\delta_{ij}+\mu_t\left(\frac{\partial u_i}{\partial x_j}+\frac{\partial u_j}{\partial x_i}\right)\right]$$

整理得：

$$\frac{\partial(\rho u_i)}{\partial t}+\frac{\partial(\rho u_i u_j)}{\partial x_j}=-\frac{\partial p_{eff}}{\partial x_i}+\frac{\partial}{\partial x_j}\left[(\mu+\mu_t)\times\frac{\partial u_i}{\partial x_j}\right]+\underbrace{\frac{\partial}{\partial x_j}\left[(\mu+\mu_t)\times\frac{\partial u_j}{\partial x_i}\right]}_{\text{源项}} \tag{3.52}$$

对于层流运动在直角坐标中当 μ 为常数时，其动量方程的源项为零；但对于湍流，由于 μ_t 不是常数，就出现了源项。各种坐标系中动量方程的源项都可以按式(3.52)导出。

关于壁面函数法的改进与发展等内容本书不作介绍，读者可详见陶文铨的《数值传热学》。

3.6　低 *Re* 数的模型

上节介绍的壁面函数法的表达式主要是根据简单的平行流动边界的实测资料归纳出来的，同时，这种方法并未对壁面内部的流动进行“细致”的研究，尤其是在黏性底层内，分子黏性的作用并未有效地计算。当局部湍流 *Re* 低于 150 时，上述高 *Re* k-ε 模型就不再适用，这里的湍流 *Re* 数定义为 $Re_t=\rho k^2/(\mu\varepsilon)$。为了使基于 k-ε 模型的数值计算能从高 *Re* 数区域一直进行到固体壁面上（该处 $Re_t=0$），有许多学者提出了对高 *Re* 数 k-ε 模型进行修正的方案，引入低 *Re* 数的 k-ε 模型。高 *Re* 数 k-ε 模型又称为标准的 k-ε 模型。本节介绍 Jones 和 Launder 提出的低 *Re* 数 k-ε 模型。

Jones 和 Launder 认为，低 *Re* 数的流动主要体现在黏性底层中，流体的分子黏性起着绝对的支配地位，为此，必须对高 *Re* 数 k-ε 模型进行以下 3 方面的修改，才能使其可用于计算各种 *Re* 数的流动。

①为体现分子黏性的影响，控制方程的扩散系数必须同时包括湍流扩散系数与分子扩散系数两部分。

②控制方程的有关系数必须考虑不同流态的影响，即在系数计算公式中引入湍流雷诺数 Re_t。这里 $Re_t=\rho k^2/(\mu\varepsilon)$。

③在 k 方程中应考虑壁面附近湍动能的耗散不是各向同性这一因素。

在此基础上，写出低 Re 数 k-ε 模型的输运方程：

$$\frac{\partial(\rho k)}{\partial t}+\frac{\partial(\rho k u_i)}{\partial x_i}=\frac{\partial}{\partial x_j}\left[\left(\mu+\frac{\mu_t}{\sigma_k}\right)\frac{\partial k}{\partial x_j}\right]+G_k-\rho\varepsilon-\left|2\mu\left(\frac{\partial k^{\frac{1}{2}}}{\partial n}\right)^2\right| \tag{3.53}$$

$$\frac{\partial(\rho\varepsilon)}{\partial t}+\frac{\partial(\rho\varepsilon u_i)}{\partial x_i}=\frac{\partial}{\partial x_j}\left[\left(\mu+\frac{\mu_t}{\sigma_\varepsilon}\right)\frac{\partial\varepsilon}{\partial x_j}\right]+\frac{G_{1\varepsilon}\varepsilon}{k}G_k|f_1|-C_{2\varepsilon}\rho\frac{\varepsilon^2}{k}|f_2|+\left|2\frac{\mu\mu_t}{\rho}\left(\frac{\partial^2 u}{\partial n^2}\right)^2\right| \tag{3.54}$$

式中：

$$\mu_t=C_\mu|f_\mu|\rho\frac{k^2}{\varepsilon} \tag{3.55}$$

式中 n——壁面法向坐标；

u——与壁面平行的流速。

在实际计算时，方向 n 可近似取为 x，y 和 z 中最满足条件的一个，速度 u 也作类似处理。系数 $C_{1\varepsilon}$，$C_{2\varepsilon}$，C_μ，σ_k，σ_ε 及产生项 C_k 同 3.4.2 中标准 k-ε 模型中的方程(3.34)和方程(3.35)。以上三式中符号"| |"所围成的部分就是低 Re 数 k-ε 模型区别于高 Re 数 k-ε 模型的部分，系数 f_1，f_2 和 f_μ 的引入，实际上等于对标准 k-ε 模型中的系数 $C_{1\varepsilon}$，$C_{2\varepsilon}$ 和 C_μ 进行了修正。各系数的计算如下：

$$\left.\begin{aligned}
f_1&\approx 1.0\\
f_2&=1.0-0.3\exp(-Re_t^2)\\
f_\mu&=\exp\left(-\frac{2.5}{1+\dfrac{Re_t}{50}}\right)\\
Re_t&=\rho k^2/(\mu\varepsilon)
\end{aligned}\right\} \tag{3.56}$$

显然，当 Re_t 很大时，f_1，f_2 和 f_μ 均趋近于 1。

在上述方程中，除了对标准 k-ε 模型中有关系数进行修正外，Jones 和 Launder 的模型中，在 k 和 ε 的方程中还各自引入了一个附加项。k 方程(3.53)中的附加项 $-2\mu\left(\dfrac{\partial k^{\frac{1}{2}}}{\partial n}\right)^2$ 是为考虑在黏性底层中湍动能的耗散不是在各向同性的这一因素而加入的。在高 Re_t 的区域，湍动能的耗散可以看成各向同性的，而在黏性底层中，总耗散率中各向异性部分的作用逐渐增加。ε 方程(3.54)中的附加项 $2\dfrac{\mu\mu_t}{\rho}\left(\dfrac{\partial^2 u}{\partial n^2}\right)^2$ 是为了使 k 的计算结果与某些实验测定值符合得更好而加入的。

在使用低 Re 数 k-ε 模型进行流动计算时，充分发展的湍流核心区及黏性底层均用同一套公式计算，但由于黏性底层的速度梯度大，因此，在黏性底层的网格要密。低 Re 数的 k-ε 模型其他类型见陶文铨的相关著作。

3.7 Reynolds 应力方程模型(RSM)

上面所介绍的各种两方程模型都采用各向同性的湍动黏度来计算湍流应力,这些模型难以考虑旋转流动及流线曲率变化的影响。为了克服这些弱点,有人提出直接对湍流脉动应力 $-\rho\,\overline{u_i'u_j'}$ 及湍流热密度 $-\rho\,\overline{c_p u_i'T'}$ 直接建立微分方程并进行求解。建立 Reynolds 应力的方式有两种:一是 Reynolds 应力方程模型,二是代数应力方程模型。本节介绍第一种模型,该模型对时均过程中形成的两个脉动量乘积的时均值进行直接求解,而对 3 个脉动值乘积的时均值则采用模拟方式计算,这种方法称为 Reynolds 应力模型(Reynolds Stress equation Model,简称 RSM)。

3.7.1 Reynolds 应力输运方程

所谓 Reynolds 应力输运方程,实质上是关于 $\overline{u_i'u_j'}$ 的输运方程。根据时均化法则 $\overline{u_i'u_j'}=\overline{u_iu_j}-\overline{u_i}\,\overline{u_j}$,只要分别得到 $\overline{u_iu_j}$ 和 $\overline{u_i}\,\overline{u_j}$ 的输运方程,就自然得到关于 $\overline{u_i'u_j'}$ 的输运方程。为此,可以从瞬时速度变量的 N-S 方程出发,按下面两个步骤来生成关于 $\overline{u_i'u_j'}$ 的输运方程。

第一步,建立关于 $\overline{u_iu_j}$ 的输运方程。过程是将 u_j 乘以 u_i 的 N-S 方程,将 u_i 乘以 u_j 的 N-S 方程,再将两方程相加,得到 u_iu_j 的方程,对此方程作 Reynolds 时均、分解,即得到 $\overline{u_iu_j}$ 的输运方程。注意,这里的 u_i 和 u_j 均指瞬时速度,非时均速度。

第二步,建立 $\overline{u_i}\,\overline{u_j}$ 的输运方程。将 $\overline{u_j}$ 乘以 $\overline{u_i}$ 的 Reynolds 时均方程,将 $\overline{u_i}$ 乘以 $\overline{u_j}$ 的 Reynolds 时均方程,再将两方程相加,即得到 $\overline{u_i}\,\overline{u_j}$ 的输运方程。

将 N-S 方程中的瞬时量表示成时均值与脉动值之和,并从此式减去 Reynolds 时均方程,可得脉动速度的方程为:

$$\frac{\partial u_i'}{\partial t}+u_k'\frac{\partial \overline{u_i}}{\partial x_k}+\overline{u_k}\frac{\partial u_i'}{\partial x_k}+u_k'\frac{\partial u_i'}{\partial x_k}=-\frac{1}{\rho}\frac{\partial p'}{\partial x_i}+\frac{\partial}{\partial x_k}\left(v\frac{\partial u_i'}{\partial x_k}-\overline{u_i'u_k'}\right)\tag{a}$$

对于 j 方向可写出:

$$\frac{\partial u_j'}{\partial t}+u_k'\frac{\partial \overline{u_j}}{\partial x_k}+\overline{u_k}\frac{\partial u_j'}{\partial x_k}+u_k'\frac{\partial u_j'}{\partial x_k}=-\frac{1}{\rho}\frac{\partial p'}{\partial x_j}+\frac{\partial}{\partial x_k}\left(v\frac{\partial u_j'}{\partial x_k}-\overline{u_j'u_k'}\right)\tag{b}$$

以 $u_j'\times$式$(a)+u_i'\times$式(b)再取时均值,经整理可得 Reynolds 应力方程可写成:

$$\frac{\partial(\rho\,\overline{u_i'u_j'})}{\partial t}+\underbrace{\frac{\partial(\rho u_k\,\overline{u_i'u_j'})}{\partial x_k}}_{C_{ij}}=\underbrace{-\frac{\partial}{\partial x_k}\left[\rho\,\overline{u_i'u_j'u_k'}+\overline{\rho u_i'}\delta_{kj}+\overline{\rho u_j'}\delta_{ik}\right]}_{D_{T,ij}}+$$
$$\underbrace{\frac{\partial}{\partial x_k}\left[\mu\frac{\partial}{\partial x_k}(\overline{u_i'u_j'})\right]}_{D_{L,ij}}\underbrace{-\rho\left(\overline{u_i'u_k'}\frac{\partial u_j}{\partial x_k}+\overline{u_j'u_k'}\frac{\partial u_i}{\partial x_k}\right)}_{P_{ij}}-$$
$$\underbrace{\rho\beta(g_i\,\overline{u_j'\theta}+g_j\,\overline{u_i'\theta})}_{G_{ij}}+\underbrace{\rho\overline{\left(\frac{\partial u_i'}{\partial x_j}+\frac{\partial u_j'}{\partial x_i}\right)}}_{\Phi_{ij}}-$$

$$\underbrace{2\mu\overline{\frac{\partial u'_i}{\partial x_k}}\,\overline{\frac{\partial u'_j}{\partial x_k}}}_{\varepsilon_{ij}}\underbrace{-2\rho\Omega_k(\overline{u'_ju'_m}e_{ikm}+\overline{u'_iu'_m}e_{jkm})}_{F_{ij}} \quad (3.57)$$

式中　方程中的第一项为瞬态项,其他各项依次为:

C_{ij}——对流项;

$D_{T.ij}$——湍动扩散项;

$D_{L.ij}$——分子黏性扩散项;

P_{ij}——剪应力产生项;

G_{ij}——浮力产生项;

Φ_{ij}——压力应变项;

ε_{ij}——黏性耗散项;

F_{ij}——系统旋转产生项。

上式各项中,C_{ij},$D_{L.ij}$,P_{ij}和F_{ij}均只包含二阶关联项,不必进行处理。可是,$D_{T.ij}$,G_{ij},Φ_{ij}和ε_{ij}包含有未知关联项,必须和前面构造k方程和ε方程的过程一样,构造其合理的表达式,即给出各项的模型,才能得到真正有意义的Reynolds应力方程。下面将逐项给出相应的计算公式。

下面对方程(3.57)中各主要项的计算公式作如下说明。

1)湍动扩散项$D_{T.ij}$的计算

$D_{T.ij}$可通过Daly和Harlow所给出的广义梯度扩散模型来计算:

$$D_{T.ij}=C_s\frac{\partial}{\partial x_k}\left(\rho\frac{k\overline{u'_ku'_l}}{\varepsilon}\frac{\partial\overline{u'_iu'_j}}{\partial x_l}\right) \quad (3.58)$$

有学者认为,该式有可能导致数值上的不稳定,因此,推荐用下式:

$$D_{T.ij}=\frac{\partial}{\partial x_k}\left(\frac{\mu_t}{\sigma_k}\frac{\partial\overline{u'_iu'_j}}{\partial x_k}\right) \quad (3.59)$$

式中　μ_t——湍动黏度,按标准k-ε模型中的式(3.26)计算。系数$\sigma_k=0.82$,注意该值在Realizable k-ε模型中为1.0。

2)浮力产生项G_{ij}的计算

因浮力所导致的产生项由下式计算:

$$G_{ij}=\beta\frac{\mu_t}{\mathrm{Pr}_t}\left(g_i\frac{\partial T}{\partial x_j}+g_j\frac{\partial T}{\partial x_i}\right) \quad (3.60)$$

式中　T——温度;

Pr_t——能量的湍动prandtl参数,在该模型中可取$\mathrm{Pr}_t=0.85$;

g_i——重力加速度在i方向上的分量;

β——热膨胀系数,由式(3.31)计算。

对理想气体有:

$$G_{ij} = -\frac{\mu_t}{\rho \mathrm{Pr}_t}\left(g_i \frac{\partial \rho}{\partial x_j} + g_j \frac{\partial \rho}{\partial x_i}\right) \tag{3.61}$$

如果流体是不可压的，则 $G_{ij}=0$。

3）压力应变项 Φ_{ij}的计算

压力应变项 Φ_{ij}的存在是 Reynolds 应力模型与 k-ε 模型的最大区别之处，由张量的缩并原理和连续方程可知，$\Phi_{kk}=0$。因此，Φ_{ij}仅在湍流各分量间存在，当 $i\neq j$ 时，它表示减小剪切应力，使湍流趋向于各向同性；当 $i=j$ 时，它表示使湍动能在各应力分量间重新分配，对总量无影响。可见，此项并不产生脉动能量，仅起到再分配的作用。因此，在有的文献中称此项为再分配项。

压力应变项的模拟十分重要，目前有多个版本用于计算 Φ_{ij}。这里，给出相对普遍的形式：

$$\Phi_{ij} = \Phi_{ij.1} + \Phi_{ij.2} + \Phi_{ij.w} \tag{3.62}$$

式中 $\Phi_{ij.1}$——慢的压力应变项；

$\Phi_{ij.2}$——快的压力应变项；

$\Phi_{ij.w}$——壁面反射项。

$\Phi_{ij.1}$按式(3.63)进行计算：

$$\Phi_{ij.1} = -C_1\rho\frac{\varepsilon}{k}\left(\overline{u'_i u'_j} - \frac{2}{3}k\delta_{ij}\right) \tag{3.63}$$

这里，$C_1=1.8$。$\Phi_{ij.2}$按式(3.64)计算：

$$\Phi_{ij.2} = -C_2\left(P_{ij} - \frac{2}{3}P\delta_{ij}\right) \tag{3.64}$$

其中，$C_2=0.60$，P_{ij}的定义见式(3.57)，$P=P_{kk}/2$。壁面反射项 $\Phi_{ij.w}$的作用是对近壁面处的正应力进行再分配。其具有使垂直于壁面的应力变弱，而使平行于壁面的应力变强的趋势。由下式计算：

$$\Phi_{ij.w} = C'_1\rho\frac{\varepsilon}{k}\left(\overline{u'_k u'_m}n_k n_m\delta_{ij} - \frac{3}{2}\overline{u'_j u'_k}n_j n_k - \frac{3}{2}\overline{u'_j u'_k}n_i n_k\right)\frac{k^{\frac{3}{2}}}{C_l\varepsilon d} + C'_2\left(\Phi_{km.2}n_k n_m\delta_{ij} - \frac{3}{2}\Phi_{ik.2}n_j n_k - \frac{3}{2}\Phi_{jk.2}n_i n_k\right)\frac{k^{\frac{3}{2}}}{C_l\varepsilon d} \tag{3.65}$$

式中 $C'_1=0.5$，$C'_2=0.3$；

n_k——壁面单位法向矢量的 x_k 分量；

d——研究的位置到固体壁面的距离；

$C_l=\frac{C_\mu^{\frac{3}{4}}}{\kappa}$，其中 $C_\mu=0.09$，κ 是 Karman 常数，$\kappa=0.4187$。

4）黏性耗散项 ε_{ij}的计算

耗散项表示分子黏性对 Reynolds 应力产生的耗散。在建立耗散项的计算公式时，认为大尺度涡承担动能输运，小尺度涡承担黏性耗散，因此小尺度涡团可看成各向同性的，即认为局部各向同性的。依照该假定，耗散项最终可以写成：

$$\varepsilon_{ij} = \frac{2}{3}\rho\varepsilon\delta_{ij} \tag{3.66}$$

将式(3.58)、式(3.60)、式(3.61)—式(3.66)代入方程(3.57)，得到封闭的 Reynolds 应力输运方程：

$$\begin{aligned}
\frac{\partial(\rho\,\overline{u_i'u_j'})}{\partial t} + \frac{\partial(\rho u_k\,\overline{u_i'u_j'})}{\partial x_k} = {} & \frac{\partial}{\partial x_k}\left(\frac{\mu_t}{\sigma_k}\frac{\partial\overline{u_i'u_j'}}{\partial x_k} + \mu\frac{\partial\overline{u_i'u_j'}}{\partial x_k}\right) - \\
& \rho\left(\overline{u_i'u_k'}\frac{\partial u_j}{\partial x_k} + \overline{u_j'u_k'}\frac{\partial u_i}{\partial x_k}\right) - \frac{\mu_t}{\rho \Pr_t}\left(g_i\frac{\partial\rho}{\partial x_j} + g_j\frac{\partial\rho}{\partial x_i}\right) - \\
& C_1\rho\,\frac{\varepsilon}{k}\left(\overline{u_i'u_j'} - \frac{2}{3}k\delta_{ij}\right) - C_2\left(P_{ij} - \frac{1}{3}P_{kk}\delta_{ij}\right) + \\
& C_1'\rho\,\frac{\varepsilon}{k}\left(\overline{u_k'u_m'}n_k n_m\delta_{ij} - \frac{3}{2}\overline{u_j'u_k'}n_j n_k - \frac{3}{2}\overline{u_j'u_k'}n_i n_k\right)\frac{k^{\frac{3}{2}}}{C_l\varepsilon d} + \\
& C_2'\left(\Phi_{km.2}n_k n_m\delta_{ij} - \frac{3}{2}\Phi_{ik.2}n_j n_k - \frac{3}{2}\Phi_{jk.2}n_i n_k\right)\frac{k^{\frac{3}{2}}}{C_l\varepsilon d} - \\
& \frac{2}{3}\rho\varepsilon\delta_{ij} - 2\rho\Omega_k(\overline{u_j'u_m'}e_{ikm} + \overline{u_i'u_m'}e_{jkm})
\end{aligned} \tag{3.67}$$

为节省篇幅，上式中引用 P_{ij} 和 $\Phi_{ij.2}$ 的项并没有完全打开。我们注意到，上式是 FLUENT 等多数 CFD 软件所使用的广义 Reynolds 应力输运方程，体现了各种因素对湍流流动的影响，包括浮力、系统旋转和固体壁面的反射等。

若不考虑浮力的作用(即 $G_{ij}=0$)及旋转的影响(即 $F_{ij}=0$)，同时在压力应变项中不考虑壁面反射(即 $\Phi_{ij.w}=0$)，这样，Reynolds 应力输运方程可写成如下比较简单的形式：

$$\begin{aligned}
\frac{\partial\left(\rho\,\overline{u_i'u_j'}\right)}{\partial t} + \frac{\partial\left(\rho u_k\,\overline{u_i'u_j'}\right)}{\partial x_k} = {} & \frac{\partial}{\partial x_k}\left(\frac{\mu_t}{\sigma_k}\frac{\partial\overline{u_i'u_j'}}{\partial x_k} + \mu\frac{\partial\overline{u_i'u_j'}}{\partial x_k}\right) - \rho\left(\overline{u_i'u_k'}\frac{\partial u_j}{\partial x_k} + \overline{u_j'u_k'}\frac{\partial u_i}{\partial x_k}\right) - \\
& C_1\rho\,\frac{\varepsilon}{k}\left(\overline{u_i'u_j'} - \frac{2}{3}k\delta_{ij}\right) - C_2\left(P_{ij} - \frac{1}{3}P_{kk}\delta_{ij}\right) - \frac{2}{3}\rho\varepsilon\delta_{ij}
\end{aligned} \tag{3.68}$$

如果将 RSM 只用于没有系统转动的不可压流动，则可以选择这种比较简单的 Reynolds 应力输运方程。

3.7.2 RSM 的控制方程组及其解法

在得到 Reynolds 应力输运方程中，包含有湍动能 k 和耗散率 ε，为此，在使用 RSM 时，需要补充 k 和 ε 的方程。RSM 中的 k 方程和 ε 方程如下：

$$\frac{\partial(\rho k)}{\partial t} + \frac{\partial(\rho k u_i)}{\partial x_i} = \frac{\partial}{\partial x_j}\left[\left(\mu + \frac{\mu_t}{\sigma_k}\right)\frac{\partial k}{\partial x_j}\right] + \frac{1}{2}(P_{ij} + G_{ij}) - \rho\varepsilon \tag{3.69}$$

$$\frac{\partial(\rho\varepsilon)}{\partial t} + \frac{\partial(\rho\varepsilon u_i)}{\partial x_i} = \frac{\partial}{\partial x_j}\left[\left(\mu + \frac{\mu_t}{\sigma_\varepsilon}\right)\frac{\partial\varepsilon}{\partial x_j}\right] + C_{1\varepsilon}\frac{1}{2}(P_{ij} + C_{3\varepsilon}G_{ij}) - C_{2\varepsilon}\rho\frac{\varepsilon^2}{k} \tag{3.70}$$

式中 P_{ij}——剪应力产生项，根据式(3.57)计算；

G_{ij}——浮力产生项，按式(3.60)或式(3.61)计算，对于不可压流体，$G_{ij}=0$；

μ_t——湍动黏度,按下式计算:

$$\mu_t = \rho C_\mu \frac{k^2}{\varepsilon} \tag{3.71}$$

式中 $C_{1\varepsilon}, C_{2\varepsilon}, C_\mu, \sigma_k, \sigma_\varepsilon$——常数,取值分别为:$C_{1\varepsilon}=1.44, C_{2\varepsilon}=1.92, C_\mu=0.09, \sigma_k=0.82$, $\sigma_\varepsilon=1.0$;

$C_{3\varepsilon}$——与局部流动方向相关的一个数,按标准 k-ε 模型的方法确定。

这样,由时均连续性方程(3.12)、雷诺方程(3.13)、Reynolds 应力输运方程(3.67)、k 方程(3.69)和 ε 方程(3.70),共 12 个方程构成了封闭的三维湍流流动问题的基本控制方程组。可通过 SIMPLE 等算法求解,详见本书第 6 章。

此外,对于上面的控制方程组,需要作下述两点说明。

①如果需要对能量或组分等进行计算,需要建立其他针对标量型变量 ϕ(如温度、组分浓度)的脉动量的控制方程。每个这样的方程实际对应 3 个偏微分模型方程,每个偏微分模型方程对应计算方程(3.14)中的一个湍动标量$\overline{u_i'\phi'}$,即得到湍流标量输运方程。这样,将新得到的关于$\overline{u_i'\phi'}$的 3 个输运方程,与时均形式的标量方程(3.14)一起加入上述基本控制组中,形成总共有 16 个输运方程的方程组,求解变量除上述 12 个外,还包括时均量 ϕ 和 3 个湍动标量($\overline{u_x'\phi'}$,$\overline{u_y'\phi'}$和$\overline{u_z'\phi'}$)。

②由于从 Reynolds 应力方程的 3 个正应力项可以得出脉动动能,即 $k=\frac{1}{2}\left(\overline{u_i'u_j'}\right)$,因此,很多文献不将 k 作为独立的变量,也不引入 k 方程,但多数文献中则将 k 方程列为控制方程之一。

3.7.3 对 RSM 适用性的讨论

与标准 k-ε 模型一样,RSM 也属于高 Re 数的湍流计算模型,在固体壁面附近,由于分子黏性的作用,湍流脉动受到阻尼,Re 数很小,上述方程不再适用。因而,必须采用类似 3.5 节介绍的方法,即要么用壁面函数法,要么用低 Re 数的 RSM 来处理近壁区的流动计算问题。

同 RSM 相对应的壁面函数法,与 3.5 节介绍的内容基本相同,只是多了 $u_i'u_j'$在边界上的处理问题。

关于低 Re 数的 RSM,目前有多个版本,其基本思想是修正高 Re 数 RSM 中耗散函数(扩散项)及压力应变重新分配项的表达式,以使 RSM 模型方程可以直接应用到壁面上。

由上述方法建立的对压力应变项等的计算公式可以看出,尽管 RSM 比 k-ε 模型应用范围广、包含更多的物理原理,但它仍有很多缺陷。计算实践表明,RSM 虽然能考虑一些各向异性效应,但并不一定比其他模型效果好,在计算突扩流动分离区和计算湍流输运各向异性较强的流动时,RSM 优于双方程模型,但对于一般的回流流动,RSM 的结果并不一定比 k-ε 模型好。另一方面,就三维问题而言采用 RSM 意味着要多求解 6 个 Reynolds 应力的微分方程,计算量大,对计算机的要求高。因此,RSM 不如 k-ε 模型应用更广泛,但许多文献认为 RSM 是一种更有潜力的湍流模型。

3.8 大涡模拟(LES)

大涡模拟是介于直接数值模拟(DNS)与Reynolds平均法(RANS)之间的一种湍流数值模拟方法。随着计算机硬件条件的快速提高,对大涡模拟方法的研究与应用呈明显上升趋势,成为目前CFD领域的热点之一。

3.8.1 大涡模拟的基本思想

大涡模拟LES基本思想是:湍流运动是由许多大小不同尺度的涡旋组成,大尺度的涡旋对平均流动影响比较大,各种变量的湍流扩散、热量、质量、动量和能量的交换以及雷诺应力的产生都是通过大尺度涡旋来实现的,而小尺度涡旋主要对耗散起作用,通过耗散脉动影响各种变量。不同的流场形状和边界条件对大涡旋有较大影响,使它具有明显的各向不均匀性。而小涡旋近似于各向同性,受边界条件的影响小,有较大的共性,因而建立通用的模型比较容易。据此,把湍流中大涡旋(大尺度量)和小涡旋(小尺度量)分开处理,大涡旋通过N-S方程直接求解,小涡旋通过亚格子尺度模型,建立与大涡旋的关系对其进行模拟,而大小涡旋是通过滤波函数来区分开的。对于大涡旋,LES方法得到的是其真实结构状态,而对小涡旋虽然采用了亚格子模型,但由于小涡旋具有各向同性的特点,在采用适当的亚格子模式的情况下,LES结果的准确度很高。

大涡模拟LES有4个一般的步骤,如下所述。

①定义一个过滤操作,使速度分解 $u(x,t)$ 为过滤后的成分 $\overline{u}(x,t)$ 和亚网格尺度成分 $u'(x,t)$,要特别指出:过滤操作和Reynolds分解是两个不同的概念,亚网格尺度SGS成分 $u'(x,t)$ 与Reynolds分解后的速度脉动值是两个不同的量。过滤后三维的时间相关的成分 $\overline{u}(x,t)$ 表示大尺度的涡旋运动。

②由N-S方程推导过滤后的方程,该方程为一个标准形式,其中包含SGS应力张量。

③封闭亚网格尺度SGS应力张量,可采用最简单的涡黏性模型。

④数值求解模化方程,从而获得大尺度流动结构物理量。

3.8.2 大涡的运动方程

在LES方法中,通过使用滤波函数,每个变量都被分成两部分。例如,对于瞬时变量 ϕ,有:

①大尺度的平均分量 $\overline{\phi}$。该部分称为滤波后的变量,是在LES模拟时直接计算的部分。

②小尺度分量 ϕ'。该部分是需要通过模型来表示的。

注意:平均分量 $\overline{\phi}$ 是滤波后得到的变量,它不是在时间域上的平均,而是在空间域上的平均。滤波后的变量 $\overline{\phi}$ 可通过下式得到:

$$\overline{\phi} = \int_D \phi G(x,x')\,\mathrm{d}x'$$

式中 D——流动区域;

x'——实际流动区域中的空间坐标；

x——滤波后的大尺度空间上的空间坐标；

$G(x,x')$——滤波函数。$G(x,x')$决定了所求解的涡的尺度，即将大涡与小涡划分开来。换句话说，$\overline{\phi}$只保留了ϕ在大于滤波函数$G(x,x')$宽度的尺度上的可变性。$G(x,x')$的表达式有很多种选择，但有限容积法的离散过程本身就隐含地提供了滤波的功能，即在一个控制容积上对物理量取平均值，因此，这里采用如下表达式：

$$G(x,x') = \begin{cases} \dfrac{1}{V}, x' \in V \\ 0, x' \notin V \end{cases}$$

其中V是表示控制体积所占几何空间的大小。这样$\overline{\phi}$的表达式可以写成：

$$\overline{\phi} = \frac{1}{V}\int_D \phi \mathrm{d}x' \tag{3.72}$$

现在，用式(3.72)表示滤波函数处理瞬时状态下的N-S方程及连续方程，有：

$$\frac{\partial}{\partial t}(\rho \overline{u_i}) + \frac{\partial}{\partial x_j}(\rho \overline{u_i}\,\overline{u_j}) = -\frac{\partial \overline{p}}{\partial x_i} + \frac{\partial}{\partial x_j}\left(\mu \frac{\partial \overline{u_i}}{\partial x_j}\right) - \frac{\partial \tau_{ij}}{\partial x_j} \tag{3.73}$$

$$\frac{\partial \rho}{\partial t} + \frac{\partial}{\partial x_i}(\rho \overline{u_i}) = 0 \tag{3.74}$$

以上两式就构成了在LES方法中使用的控制方程组，注意这完全是瞬时状态下的方程。式中带有上划线的量为滤波后的场变量，τ_{ij}为：

$$\tau_{ij} = \rho \overline{u_i u_j} - \rho \overline{u_i}\,\overline{u_j} \tag{3.75}$$

τ_{ij}被定义为亚格子尺度应力(subgrid-scale stress，简称SGS应力)，它体现了小尺度涡的运动对所求解的运动方程的影响。

对比可知，滤波后的N-S方程与RANS方程在形式上非常类似，区别在于这里的变量是滤波后的值，仍为瞬时值，而非时均值，同时湍流应力的表达式不同。而滤波后的连续方程与时均化的连续方程相比，则没有变化，这是由于连续方程具有线性特征。

由于SGS应力是未知量，要想使式(3.73)与式(3.74)构成的方程组可解，必须用相关物理量构造SGS应力的数学表达式，即亚格子尺度模型。下面将介绍生成这一模型的方法。

3.8.3 亚格子尺度模型

如前所述，亚格子尺度模型简称SGS模型，是关于SGS应力τ_{ij}的表达式。建立该模型的目的是使方程(3.73)与方程(3.74)封闭。

SGS模型在LES方法中占有十分重要的地位，最早的、也是最基本的模型是由Smagorinsky提出，后来有多位学者发展了该模型。

根据Smagorinsky的基本SGS模型，假定SGS应力具有下面的形式：

$$\tau_{ij} - \frac{1}{3}\tau_{kk}\delta_{ij} = -2\mu_t \overline{S_{ij}} \tag{3.76}$$

式中　μ_t——亚格子尺度的湍动黏度，推荐使用下式计算：

$$\mu_t = (C_s\Delta)^2|\bar{S}| \tag{3.77}$$

其中，

$$\bar{S}_{ij} = \frac{1}{2}\left(\frac{\partial \bar{u}_i}{\partial x_j} + \frac{\partial \bar{u}_j}{\partial x_i}\right), |\bar{S}| = \sqrt{2\bar{S}_{ij}\bar{S}_{ij}}, \Delta = (\Delta_x\Delta_y\Delta_z)^{\frac{1}{3}} \tag{3.78}$$

式中 Δ_i——沿 i 轴方向的网格尺寸；

C_s——Smagorinsky 常数。

理论上，C_s 通过 Kolmogorov 常数 C_K 来计算，即 $C_s = \frac{1}{\pi}\left(\frac{3}{2}C_K\right)^{\frac{3}{4}}$。当 $C_K = 1.5$ 时，$C_s = 0.17$。但实际应用表明，C_s 应取一个更小的值，以减少 SGS 应力的扩散影响。尤其是在近壁面处，该影响尤其明显。因此，Van Driest 模型建议按下式调整 C_s：

$$C_s = C_{s0}(1 - e^{\frac{y+}{A+}}) \tag{3.79}$$

式中 y^+——到壁面的最近距离；

A^+——半经验常数，取 25.0；

C_{s0}——Van Driest 常数，取 0.1。

3.8.4 LES 控制方程的求解

通过式(3.75)将 τ_{ij} 用相关的滤波后的场变量表示后，方程(3.73)与方程(3.74)便构成了封闭的方程组。在该方程组中，共包含 $\bar{u}, \bar{v}, \bar{w}$ 和 $\bar{p}$ 4 个未知量，而方程数目正好是 4 个，可利用 CFD 的各种方法进行求解。

为了给读者尝试 LES 方法提供更多的参考意见，现对 LES 的求解过程补充说明如下：

①如果需要对能量或组分等进行计算，需要建立其他针对滤波后的标量型变量 $\bar{\phi}$ 的控制方程。方程中会出现类似式(3.75)中的项 $\rho\,\overline{u_i\phi} - \rho\,\bar{u}_i\bar{\phi}$。

②LES 方法在某种程度上属于直接数值模拟(DNS)，在时间积分方案上，应选择具有至少二阶精度的 Crank-Nicolson 半隐式方案，或 Adams-Bashforth 方案，甚至是混合方案。在基于有限容积法的空间离散格式上，为了克服假扩散，应选择具有至少二阶精度的离散格式，如 QUICK 格式、二阶迎风格式、四阶中心差分格式等。

③在计算网格选择上，可使用交错网格、同位网格或非结构网格。

④与前面介绍的标准 k-ε 模型等一样，LES 仍属于高 Re 数模型，当使用 LES 求解近壁面区内的低 Re 数流动时，同样需要使用壁面函数法或其他处理方式。

⑤考虑到计算的复杂性，LES 多在超级计算机或网络机群的并行环境下进行。

习题 3

3.1 在湍流流动中，参数 μ 与 μ_t 的物理意义是什么，二者有何联系和区别？对流动各有什么样的影响？如何确定两个参数的值？

3.2 建立湍流的时均化方程有其物理意义，目前基于时均化湍流控制方程的数值模拟方法

(湍流模型)有哪些?各种方法是如何处理 Reynolds 应力的?这些方法的应用效果如何?

3.3 LES 方法的基本思想是什么?它与 DNS 方法有怎样的联系与区别?它们的控制方程组与时均化方法的控制方程组有什么异同?

3.4 简述标准 k-ε 模型的基本思想及相应的控制方程组,并说明如何解决湍流应力的计算问题。

3.5 简述什么是高雷诺数湍流模型。试对标准 k-ε 模型、低 Re k-ε 模型、RNG k-ε 模型、Realizable k-ε 模型、Reynolds 应力方程模型等多种不同层次的湍流模型,综述处理近壁区湍流的数值方法。

3.6 请选择或设计一个湍动射流问题或者其他类似的湍流问题,写出用标准 k-ε 模型计算该流场的控制方程及其边界条件,说明用数值方法求解控制方程组的步骤。

3.7 试对三维直角坐标系写出 k 方程中产生项的展开式,参见式(3.22)。

3.8 试对平板上的稳态、二维边界层湍流流动,写出高 Re 数的 k-ε 方程。

3.9 在二维的边界层流动中,如果脉动动能的产生与耗散相互平衡,试证:$\sqrt{\frac{\tau_W}{\rho}} = C_\mu^{\frac{1}{4}} k^{\frac{1}{2}}$。

4 导热问题的数值解

第2章给出了流体流动问题的控制方程,并介绍了偏微分方程的定解条件与解析解,但是这些解析解是在少量的简单的情形下得出,对于大量的流动问题,数值计算的方法得到越来越广泛的应用。本章将以导热问题为例讨论如何对控制方程进行离散。

4.1 数值方法的本质及常用的离散化方法

4.1.1 数值方法的本质

数值方法求解问题的基本思想是:将原来在空间与时间坐标中连续的物理量的场(如速度场、温度场、浓度场等),用一系列有限个离散点上的值集合来代替,通过一定原则建立这些离散点上变量之间关系的代数方程,求解建立起来的代数方程以获得求解变量的近似值,其基本思想如图4.1所示。

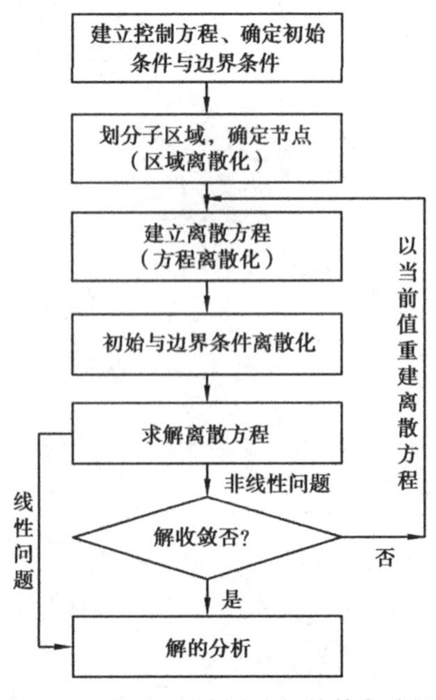

图4.1　物理问题数值求解的基本过程

数值解法的主要区别在于区域的离散方式、方程的离散方式及代数方程求解这3个环节的不同。

4.1.2　常用的离散化方法

对于应变量在节点之间的分布假设及推导离散方程的方法不同,形成了有限差分法、有限元法和有限体积法三种不同类型的离散化方法。

1)有限差分法

有限差分法是数值解法中最经典的方法,对简单几何形状中的流动与换热问题也是一种最容易实施的数值方法。其基本点是:将求解区域用与坐标轴平行的一系列网格线的交点所组成的点的集合来代替,在每个节点上将控制方程中每一个导数用相应的差分表达式来代替,从而在每个节点上形成了一个代数方程,每个方程中包含了本节点及其附近一些节点上的未知值,求解这些代数方程就获得了所需要的数值解。这是一种直接将微分方程变为代数问题的近似数值解法。

这种方法发展较早,比较成熟,较多地用于求解双曲型和抛物型问题,用它求解边界条件复杂,尤其是椭圆型问题时不如用有限元法或有限容积法方便。

2)有限元法

有限元法与有限差分法都是广泛应用的流体动力学数值计算方法。有限元法是将一个连续求解域任意分成适当形状的许多微小单元,并与各小单元分片构成插值函数,然后根据极值原理(变分或加权余量法)将问题的控制方程转化为所有单元上的有限元方程,将总体的极值作为各单元极值之和,即将局部单元总体合成,形成嵌入了指定边界条件的代数方程,求解该方程组就得到各节点上待求的函数值。

有限元法的基础是极值原理和划分插值,它吸收了有限差分方法中离散处理的内核,又采用了变分计算中选择逼近函数并对区域进行积分的合理方法,是这两类方法相互结合,取长补短发展的结果。

有限元法的最大优点是对不规则区域的适应性好,但计算的工作量一般较有限容积法大,而且求解流动与传热问题时,对流项的离散处理方法及不可压缩流体原始变量法求解方面没有有限容积法成熟。

3)有限容积法

有限容积法中将所计算区域划分为一系列控制容积,每个控制容积都有一个节点作代表。通过将守恒型的控制方程对控制容积做积分来导出离散方程。在导出过程中,需要对界面上的被求函数本身及其一阶导数的构成作出假设,这种构成的方式就是有限容积法中的离散格式。有限容积法导出的离散方程可以保证具有守恒特性,而且离散方程系数的物理意义明确,是目前流体流动问题数值计算中应用广泛的一种方法。

有限容积法,是近年来发展迅速的一种离散化方法,其特点是计算效率高,目前 CFD 软件都采用这种方法,本书主要介绍有限容积法,另外两种离散化方法请详见其他相关的参考书。

4.2 空间区域的离散化

4.2.1 空间区域离散的实质

所谓区域离散化实质上是用一组有限个离散的点来代替原来的连续空间,一般实施过程是:将所计算的区域划分成多个互不重叠的子区域,确定每个子区域中的节点位置及该节点所代表的控制容积,区域离散的 4 种几何要素如下所述:

①节点:需要求解的未知物理量的几何位置。

②控制容积:应用控制方程或守恒定律的最小几何单位。

③界面:规定了与各节点相对应的控制体积的分界面位置。

④网格线:连接相邻网格节点而形成的曲线簇。

节点可以看成是控制容积的代表,控制容积与子区域并不总是重合的。在区域离散过程开始时,由一系列与坐标相应的直线或曲线簇所划分出来的小区域称为子区域,视节点在子区域中的位置不同,可以将区域离散化方法分为两大类,即外节点法与内节点法。

4.2.2 两类设置节点的方法

1)外节点法

外节点法是指节点位于子区域的角顶上,这时子区域就是控制容积。为了确定各节点的控制容积,需要在相邻两个节点中的位置上作界面线,由界面线构成各节点的控制容积。从计算过程来看,是先确定节点的坐标再计算相应的界面,因而也可称为先节点后界面的方法,又称为方法 A 或外节点法。

2)内节点法

内节点法是指节点位于子区域的中心,这时子区域就是控制容积,划分子区域的曲线簇就是控制体的界面线。就实施过程而言,先规定界面位置而后确定节点,因而是一种先界面后节点的方法,又称为方法 B 或者内节点法。

为了讨论方便,下面对本书中网格的图示方法作以下一般规定:实线表示网格线,虚线表示界面线,黑点表示节点,两种离散化方法表示如图 4.2 所示。

4.2.3 网格几何要素的标记

为了便于后续分析,需要建立一套坐标系统,这里使用 CFD 文献中使用的标记法来表示控制体积、节点、界面等信息,在二维问题中,有限容积法所使用的网格单元主要是四边形和三角形;在三维问题中,网格单元包括四面体、六面体、棱锥体和楔形体等。用 P 表示所研究的节点,其周围控制体积也用 P 表示;东侧相邻节点及相应的控制体用 E 表示,西侧相邻节点及相应的控制体用 W 表示;控制体积 P 的东西两个界面分别用 e 和 w 表示,两个界面的距离使用 Δx 表示,如图 4.3 所示。在二维问题中,在东西南北方向上与控制体积 P 相邻的 4 个控制体积及其节点分别用 E,W,S 和 N 表示,控制体积 P 的 4 个界面分别用 e,w,s 和 n 表示,在两个方向上控制体积的宽度分别用 Δx 和 Δy 表示,如图 4.3 所示。在三维问题中,增加上下方向的两个控制体积,分别用 T 和 B 表示,控制体积 P 的上下界面分别用 t 和 b 表示。而用上标 0 表示非稳态问题中上一时层之值。相邻两个节点的距离,以 x 方向为例,δx 表示 x 方向相邻两个节点的距离,而 Δx 表示相邻两个界面的距离。

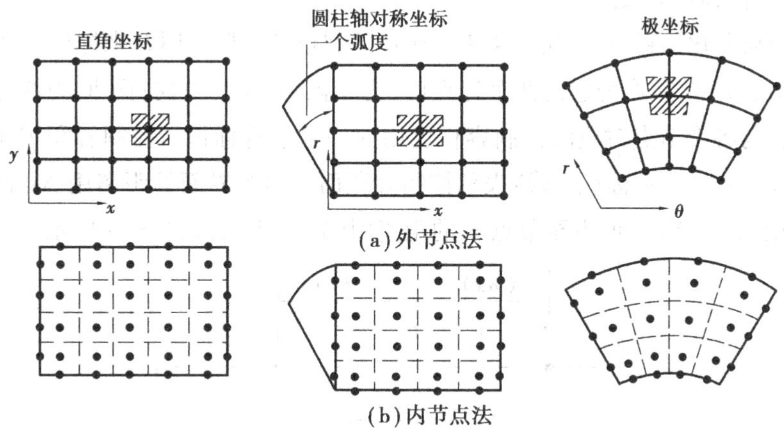

图 4.2　3 种坐标系中的两种区域离散化方法

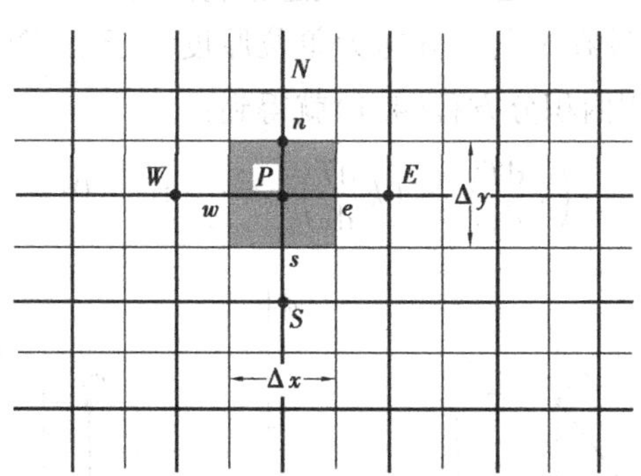

图 4.3　二维问题的有限体积法计算网格

4.3　一维导热问题的有限容积法

在第 2 章中给出了流体流动问题的控制方程,无论是连续性方程、动量方程还是能量方程都可以写成通用形式,见方程(2.23)。本章以导热问题为代表,介绍扩散方程的数值求解方法。

4.3.1 一维稳态热传导问题及其离散方程

在此举一个简单的例子来说明有限容积法的求解。讨论受下列方程控制的一维稳态热传导问题：

$$\frac{\mathrm{d}}{\mathrm{d}x}\left(k\frac{\mathrm{d}T}{\mathrm{d}x}\right)+S=0 \tag{4.1}$$

式中 k——导热系数；

T——温度；

S——单位容积的发热率。

为了推导离散化方程，将使用图 4.4 中所示的网格结点群。用 P 来标识一个广义的节点，该点以网格结点 E 及 W 作为它的两个邻点（E 为东侧，即正 x 方向；而 W 为西侧，表示负的 x 方向）。同时，与各个节点对应的控制容积也用同一个字符标识。控制容积 P 的东西两个界面分别用字母 e 和字母 w 标识，虚线表示控制容积面。两个界面的距离用 Δx 表示，E 点至节点 P 的距离用 $(\delta x)_e$ 表示，W 点至节点 P 的距离用 $(\delta x)_w$ 表示，如图 4.4 所示。

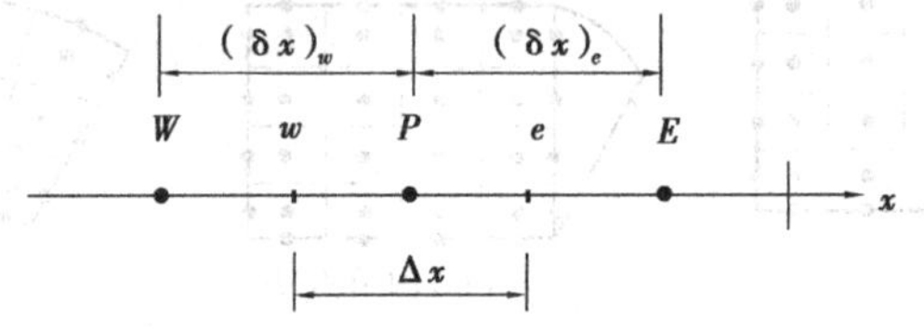

图 4.4 一维问题的计算网格

对于所考虑的问题，假设在 y 与 z 方向为单位厚度。于是，图 4.4 中所示的控制容积是 $\Delta x\times1\times1$。在整个控制容积内积分方程(4.1)就得到：

$$\left(k\frac{\mathrm{d}T}{\mathrm{d}x}\right)_e-\left(k\frac{\mathrm{d}T}{\mathrm{d}x}\right)_w+\int_w^e S\mathrm{d}x=0 \tag{4.2}$$

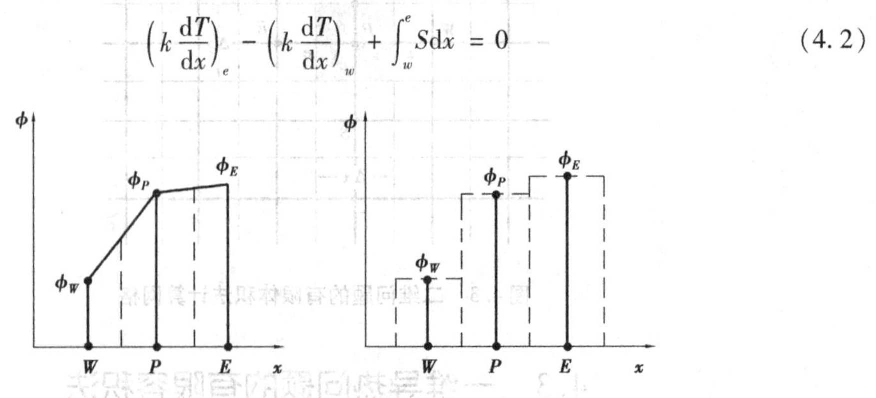

图 4.5 物理量分布假设

在实施控制容积积分时，常用的分布有两种，即分段线性分布和阶梯形式分布，图 4.5 中表示了两种简单的分布假设。

如果用分段线性分布来计算方程(4.2)中的 $\mathrm{d}T/\mathrm{d}x$，所得到的方程为：

$$\frac{k_e(T_E - T_P)}{(\delta x)_e} - \frac{k_w(T_P - T_W)}{(\delta x)_w} + \bar{S}\Delta x = 0 \tag{4.3}$$

式中 $\bar{S}$——在整个控制容积内 S 的平均值。

一般来说，源项 S 是时间和物理量 T 本身的函数，因而在构成离散化方程的过程中需要知道这种函数关系。为了简化处理，通常将 S 转化为如下线性形式，本书将在 4.5 节进行详细介绍。

$$S = S_C + S_P T_P \tag{4.4}$$

式中 S_c——S 的常数部分；

S_P——随时间和物理量 T 变化的函数（显然 S_P 不代表在结点 P 所计算的 S）。

将式(4.4)代入式(4.2)积分可得：

$$\frac{k_e(T_E - T_P)}{(\delta x)_e} - \frac{k_w(T_P - T_W)}{(\delta x)_w} + S_C\Delta x + S_P T_P \Delta x = 0 \tag{4.5}$$

将离散化方程缩写成下列形式：

$$a_P T_P = a_E T_E + a_W T_W + b \tag{4.6}$$

其中：

$$a_E = \frac{k_e}{(\delta x)_e} \tag{4.6a}$$

$$a_W = \frac{k_w}{(\delta x)_w} \tag{4.6b}$$

$$a_p = a_E + a_W - S_P\Delta x \tag{4.6c}$$

$$b = S_C\Delta x \tag{4.6d}$$

方程(4.6)表示离散化方程的标准形式。在中心网格结点上的温度 T_P 出现在方程的左边，而相邻结点上的温度和常数 b 构成方程右侧的一些项。一般来说，比较方便的是将方程(4.6)看成具有如下的形式：

$$a_P T_P = \sum a_{nb} T_{nb} + b \tag{4.7}$$

式中 下标 nb——相邻结点。

4.3.2 界面上当量导热系数的确定方法

在方程(4.5)中，已经将导热系数 k_e 用来代表通过控制容积面 e 的 k 值；类似地，k_w 代表界面 w 的 k 值。在计算时，物性参数值是储存在节点位置，即往往只知道在网格点 W,P,E 上的值 k。故需要有一个如何用这些网格点值来计算界面导热系数（如 k_e）的规定。

1）算数平均

设在图4.6所示的 P,E 之间，k 与 x 成线性关系，则由 P,E 两点上的 k_P,k_E 确定 k_e 的算术平均公式：

$$k_e = k_P\frac{(\delta x)_{e+}}{(\delta x)_e} + k_E\frac{(\delta x)_{e-}}{(\delta x)_e} \tag{4.8}$$

显然,算术平均值相当于线性插值。

2)调和平均

设在图 4.6 中,控制容积 P,E 的导热系数不相等,根据界面上热流密度连续的原则,由 Fourier 定律得:

$$q_e=\frac{T_e-T_P}{\frac{(\delta x)_{e^-}}{k_P}}=\frac{T_E-T_e}{\frac{(\delta x)_{e^+}}{k_E}}=\frac{T_E-T_P}{\frac{(\delta x)_{e^-}}{k_P}+\frac{(\delta x)_{e^+}}{k_E}}$$

另一方面,界面当量导热系数的含义有:

$$q_e=\frac{k_e(T_E-T_P)}{(\delta x)_e}$$

由以上两式得:

$$\frac{(\delta x)_e}{k_e}=\frac{(\delta x)_{e^-}}{k_P}+\frac{(\delta x)_{e^+}}{k_E} \tag{4.9}$$

于是,

$$k_e=f_e k_P+(1-f_e)k_E \tag{4.10}$$

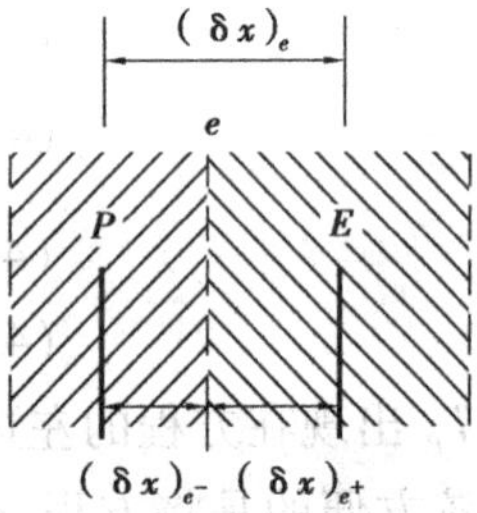

其中插入因子 f_e 是用图 4.6 所示的距离所定义的一个比值:

$$f_e\equiv\frac{(\delta x)_{e^+}}{(\delta x)_e} \tag{4.11}$$

如果界面 e 位于两个网格点之间的中点,那么 f_e 将是 0.5,而 k_e 就是 k_P 与 k_E 的算术平均值。

将方程(4.9)应用于系数的定义式(4.6a)中,可以得到 a_E 的表达式如下:

图 4.6 e 界面两侧的几何关系

$$a_E=\left[\frac{(\delta x)_{e^-}}{k_P}+\frac{(\delta x)_{e^+}}{k_E}\right]^{-1} \tag{4.12}$$

对 a_W 可以写出一个类似的表达式:

$$a_W=\left[\frac{(\delta x)_{w^-}}{k_W}+\frac{(\delta x)_{w^+}}{k_P}\right]^{-1} \tag{4.13}$$

很清楚,a_E 代表 P 点和 E 点之间的材料热导;a_W 代表 P 点和 W 点之间的材料热导。

通过下述情形分析可以看出上述两种方法的优劣。设在图 4.6 中,$k_P\gg k_E$,则按照算术平均方法,当网格均匀时有 $k_e=\frac{k_P+k_E}{2}\cong\frac{k_P}{2}$时,则表明此时 P,E 间的热阻主要由导热系数大的物体所决定,显然不符合传热学的基本原理。实际上控制体 E 构成了热阻的主要部分,P,E 间的热阻为:

$$\frac{(\delta x)_{e^-}}{k_P}+\frac{(\delta x)_{e^+}}{k_E}\cong\frac{(\delta x)_{e^+}}{k_E}$$

这与调和平均式[式(4.9)]是完全一致的。上述调和平均的公式虽然是由稳态、无内热源、导热系数呈阶梯式变化的情形导出的，但从定性上说，串联热阻叠加原则的适用性不应受上述条件的限制。并且对某些可以求得精确解的情形，采用上述两种平均的方法进行数值计算的结果表明，即使对有热源或者导热系数呈连续变化的场合，调和平均也比算术平均好些。

4.3.3　非稳态一维热传导

与稳态问题相比，瞬态问题多了与时间相关的瞬态项。一维非稳态导热的通用控制方程为：

$$\rho c\frac{\partial T}{\partial t}=\frac{\partial}{\partial x}\left[k\frac{\partial T}{\partial x}\right]+S \tag{4.14}$$

为了建立其离散形式，在$[t,t+\Delta t]$时间间隔内对控制体P(图4.4)作积分，为方便起见，ρc取t时刻之值，记为$(\rho c)_P$，将源项S分解为$S=S_C+S_PT_P$(其中，S_C是常数，S_P是与时间和T相关的系数)，则可得：

$$(\rho c)_P\Delta x(T_P^{t+\Delta t}-T_P^t)=\int_t^{t+\Delta t}\left[\frac{k_e(T_E-T_P)}{(\delta x)_e}-\frac{k_w(T_P-T_W)}{(\delta x)_w}\right]\mathrm{d}t+\int_t^{t+\Delta t}(S_C+S_PT_P)\Delta x\mathrm{d}t \tag{4.15}$$

为了将积分进行到底，需要对式(4.15)右端项中T如何随时间而变的型线作出选择。在处理瞬态项时，假定物理量T在整个控制体积P上均具有节点处值T_P，则式(4.15)中的瞬态项变为：

$$\int_t^{t+\Delta t}T\mathrm{d}t=[fT^{t+\Delta t}+(1-f)T^t]\Delta t=[fT+(1-f)T^0]\Delta t \tag{4.16}$$

为书写方便，上角标$(t+\Delta t)$删去，而上角标t则以0代替。f是在0与1之间的加权因子。据此，上述积分式(4.15)最后可化为：

$$(\rho c)_P\frac{\Delta x}{\Delta t}(T_P-T_P^0)=f\left[\frac{k_e(T_E-T_P)}{(\delta x)_e}-\frac{k_w(T_P-T_W)}{(\delta x)_w}\right]+(1-f)\left[\frac{k_e(T_E^0-T_P^0)}{(\delta x)_e}-\frac{k_w(T_P^0-T_W^0)}{(\delta x)_w}\right]+$$
$$[f(S_C+S_PT_P)+(1-f)(S_C+S_PT_P^0)]\Delta x$$

进一步化简后可得：

$$a_PT_P=a_E[fT_E+(1-f)T_E^0]+a_W[fT_W+(1-f)T_W^0]+T_P^0[a_P^0-(1-f)a_E-(1-f)a_W+(1-f)S_P\Delta x]+S_C\Delta x \tag{4.17}$$

其中：

$$a_E=\frac{k_e}{(\delta x)_e},a_W=\frac{k_w}{(\delta x)_w} \tag{4.18}$$

$$a_P^0=\frac{(\rho c)_P\Delta x}{\Delta t},a_P=fa_E+fa_W+a_P^0-fS_P\Delta x \tag{4.19}$$

式(4.17)—式(4.19)是一维非稳态导热两层格式(即离散方程中仅出现相邻两时层上的值)的一种通用形式。离散方程(4.17)的具体形式取决于f的值。当$f=0$时，只有老值(t时刻的值) T_P^0,T_W^0和T_E^0出现在方程(4.17)右端，从而可直接求出在新时刻($t+\Delta t$时刻的值)

T_P,这种方案称为显式时间积分方案。当 $0<f<1$ 时,在新时刻的未知量出现在方程(4.17)的两端,需要解若干个方程组成的方程组才能求出新时刻的 T_P,T_E 和 T_W,这种方案称为隐式时间积分方案。当 $f=1$ 时,称为全隐式时间积分方案,当 $f=1/2$ 时,称为 Crank-Nicolson 时间积分方案。

在直角坐标系中当网格均分时,无内热源、常物性导热问题的这 3 种格式分别为:

显式:
$$\frac{T_P-T_P^0}{\Delta t}=a\frac{T_E^0-2T_P^0+T_W^0}{\Delta x^2}$$

隐式:
$$\frac{T_P-T_P^0}{\Delta t}=a\frac{T_E-2T_P+T_W}{\Delta x^2}$$

C-N 格式:
$$\frac{T_P-T_P^0}{\Delta t}=\frac{a}{2}\left(\frac{T_E-2T_P+T_W}{\Delta x^2}+\frac{T_E^0-2T_P^0+T_W^0}{\Delta x^2}\right)$$

采用 von Neumann 分析方法可以证明,对于源项不随时间而变的问题,方程(4.17)当 $\frac{1}{2}\leqslant f\leqslant 1$ 时是绝对稳定的,而当 $0\leqslant f\leqslant\frac{1}{2}$ 时,稳定的条件则为 $\frac{a\Delta t}{\Delta x^2}\leqslant\frac{1}{2(1-2f)}$。详见陶文铨的《数值传热学》。

4.4 多维非稳态导热方程的全隐格式

多维导热问题的离散方程的推导其步骤与一维问题相似。本书采用控制容积积分法来推导直角坐标系中的二维问题的离散方程,并对离散方程通用化问题进行了讨论。离散方程的推导可从二维推广到三维,对于三维问题的推导本书不作详细叙述。

4.4.1 二维非稳态导热方程的离散化方程

在直角坐标系(图 4.7)中二维非稳态导热方程为:

$$\rho c\frac{\partial T}{\partial t}=\frac{\partial}{\partial x}\left(k\frac{\partial T}{\partial x}\right)+\frac{\partial}{\partial y}\left(k\frac{\partial T}{\partial y}\right)+S \tag{4.20}$$

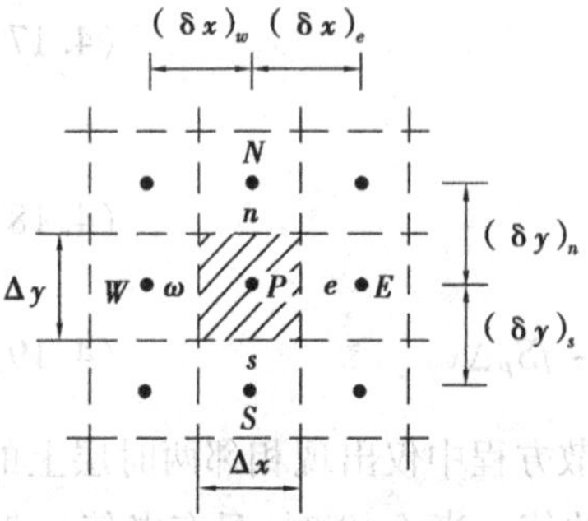

使用如图 4.7 所示的计算网格来划分整个计算域,网格中实线的交点是计算节点,由虚线所围成的小方格是控制容积。将控制容积的界面放置在两个节点中间的位置。这样,每个节点由一个控制容积所包围。

图 4.7 直角坐标二维问题的网格

用 P 来标识一个广义的节点,其东西两侧的相邻节点分别用 E 和 W 标识,南北两侧相邻节点分别用 S 和 N 标识。图中阴影线展示出了节点 P 处的控制容积 P,控制容积的东西南北界面分别用 e,w,s 和 n 标识,控制容积在 X 与 Y 方向的宽度分别用 Δx 和 Δy 表示,控制容积的体积值

$\Delta V=\Delta x\Delta y$。节点 P 到 E,W,S 和 N 的距离分别用 $(\delta x)_e$、$(\delta x)_w$、$(\delta x)_s$、$(\delta x)_n$ 表示。在时间间隔 $[t,t+\Delta t]$ 内,对图4.7中的控制容积 P 作积分,除了采用一维问题中的假设外,还假定在控制容积的界面上热流密度是均匀的。采用全隐格式,于是有:

非稳态项的积分:

$$\int_s^n\int_w^e\int_t^{t+\Delta t}\rho c\frac{\partial T}{\partial t}\mathrm{d}x\mathrm{d}y\mathrm{d}t = (\rho c)_P\times(T_P - T_P^0)\Delta x\Delta y$$

扩散项:

$$\int_t^{t+\Delta t}\int_s^n\int_w^e\frac{\partial}{\partial x}\left(k\frac{\partial T}{\partial x}\right)\mathrm{d}x\mathrm{d}y\mathrm{d}t + \int_t^{t+\Delta t}\int_w^e\int_s^n\frac{\partial}{\partial y}\left(k\frac{\partial T}{\partial y}\right)\mathrm{d}y\mathrm{d}x\mathrm{d}t = \left[k_e\frac{T_E - T_P}{(\delta x)_e} - k_w\frac{T_P - T_W}{(\delta x)_w}\right]\Delta y\Delta t + \left[k_n\frac{T_N - T_P}{(\delta y)_n} - k_s\frac{T_P - T_S}{(\delta y)_s}\right]\Delta x\Delta t$$

源项:$\int_t^{t+\Delta t}\int_s^n\int_w^e S\mathrm{d}x\mathrm{d}y\mathrm{d}t = (S_C + S_P T_P)\Delta x\Delta y\Delta t$

整理上述结果,可得:

$$a_P T_P = a_E T_E + a_W T_W + a_N T_N + a_S T_S + b \tag{4.21}$$

其中

$$a_E = \frac{\Delta y}{\frac{(\delta x)_e}{k_e}},a_W = \frac{\Delta y}{\frac{(\delta x)_w}{k_w}},a_N = \frac{\Delta x}{\frac{(\delta y)_n}{k_n}},a_S = \frac{\Delta x}{\frac{(\delta y)_s}{k_s}} \tag{4.22}$$

$$\begin{aligned} a_P &= a_E + a_W + a_N + a_S + a_P^0 - S_P\Delta x\Delta y \\ a_P^0 &= \frac{(\rho c)_P\Delta x\Delta y}{\Delta t},b = S_C\Delta x\Delta y + a_P^0 T_P^0 \end{aligned} \tag{4.23}$$

这里界面上的当量导热系数按调和平均方法计算。对二维问题,取垂直于 x-y 平面方向上的厚度为1,故 $\Delta x\Delta y$ 即为控制容积的体积。

极坐标和圆柱坐标下的二维离散方程可参见陶文铨的《数值传热学》。

4.4.2 三维问题的离散化方程

最后,我们再加进两个 z 方向的相邻点 T 和 B(顶和底)以构成三维的网格图形,可以很容易地看出离散化方程为:

$$a_P T_P = a_E T_E + a_W T_W + a_N T_N + a_S T_S + a_T T_T + a_B T_B + b \tag{4.24}$$

式中

$$a_E = \frac{k_e\Delta y\Delta z}{(\delta x)_e} \tag{4.25a}$$

$$a_W = \frac{k_w\Delta y\Delta z}{(\delta x)_w} \tag{4.25b}$$

$$a_N = \frac{k_n\Delta x\Delta z}{(\delta y)_n} \tag{4.25c}$$

$$a_S = \frac{k_s\Delta x\Delta z}{(\delta y)_s} \tag{4.25d}$$

$$a_T = \frac{k_t \Delta y \Delta x}{(\delta z)_t} \tag{4.25e}$$

$$a_B = \frac{k_b \Delta y \Delta x}{(\delta z)_b} \tag{4.25f}$$

$$a_P^0 = \frac{\rho c \Delta x \Delta y \Delta z}{\Delta t} \tag{4.25g}$$

$$b = S_C \Delta x \Delta y \Delta z + a_P^0 T_P^0 \tag{4.25h}$$

$$a_P = a_E + a_W + a_N + a_S + a_T + a_B + a_P^0 - S_P \Delta x \Delta y \Delta z \tag{4.25i}$$

4.5 源项及边界条件的处理

4.5.1 源项的线性化

本书中的源项是一个广义量,代表了那些不能包括到控制方程的非稳态项、对流项与扩散项中的所有其他各项之和。在控制方程中加入源项对于扩展所讨论的算法及相应程序的通用性具有重要意义。如果源项为常数,则在离散方程的建立过程中不会带来任何困难。当源项是所求解的未知量的函数时,对源项的处理就会显得非常重要,有时甚至是数值求解成败的关键所在。

应用较广泛的一种处理方法是把源项局部线性化,即假定在未知量微小的变动范围内,源项 S 表示成未知量的线性函数,于是在控制容积 P 内,可以表示成方程(4.4)所给出的线性形式:$S = S_C + S_P T_P$,其中 S_C 为常数部分,S_P 是 S 随 T 而变化的曲线在 P 点的斜率(图 4.8 中切线 1 的斜率)。

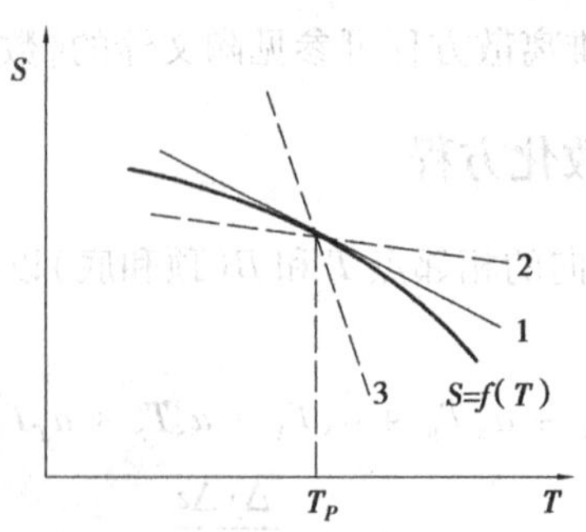

图 4.8 S_P 的含义

对有关源项线性化处理做如下说明:

①当源项为未知量的函数时,线性化的处理比假定源项 S 为常数更为合理。因为如果 $S = f(T)$,则将控制容积中的 S 作为常数处理,就是用上一次迭代计算所得 T^* 来计算 S,这样源项相对于 T 永远有一个滞后;而按式(4.4)线性化之后,式中的 T_P 是迭代计算的当前值,这样使得 S 能更快地跟上 T_P 的变化。

②线性化处理又是建立线性代数方程所必需的。如果采用二阶或高阶的多项式,则所形成的离散方程不是代数方程。

③为了保证代数方程求解的收敛,要求 $S_P \leqslant 0$。离散方程都可以写成式(4.7)的形式,即 $a_P T_P = \sum a_{nb} T_{nb} + b$,下标 nb 表示邻点,$a_P = \sum a_{nb} - S_P \Delta V$,$\Delta V$ 为控制容积的体积。线性代数方程求解收敛的一个充分条件是对角占优,即 $a_P \geqslant \sum a_{nb}$,这就要求 $S_P \leqslant 0$。

④由代数方程迭代求解的公式:

$$T_P = \frac{\sum a_{nb} T_{nb} + b}{\sum a_{nb} - S_P \Delta V} \tag{4.26}$$

可见,S_P 绝对值的大小影响到迭代过程中温度的变化速度,S_P 绝对值越大($S_P < 0$),系统的惯性越大,相邻两次迭代之间 T_P 绝对值变化越小,因而收敛速度下降,但有利于克服迭代过程的发散。在图4.8中,如 S_P 取为曲线3的斜率就属于这种情形。S_P 绝对值越小,可使变化率加快,但容易引起发散(图4.8中曲线2即代表这种情形)。

下面是几个关于源项线性化的实例。

例4.1　已知:$S = 5 - 4T$。某些可能的线性化是:

①$S_C = 5, S_P = -4$。这是最明显的形式,并且是推荐的。

②$S_C = 5 - 4T_P^*, S_P = 0$。这种做法将整个 S 都写成 S_C,而令 $S_P = 0$。但是,这种做法并不是不切实际的。当 S 的表达式很复杂时,这样做或许是唯一的选择。

③$S_C = 5 + 7T_P^*, S_P = -11$。这种情形下,给出比实际的 $S = f(T)$ 关系更陡的曲线,这样做的结果将使迭代的收敛速度减慢。

例4.2　已知 $S = 3 + 7T$。某些可能的线性化是:

①$S_C = 3, S_P = 7$。一般来说,这是不可能接受的,因为它使 S_P 为正。如果所研究的问题不用进行迭代就可以直接求解,那么这种线性化是可以给出正确的解的。但是,倘若由于某种原因(如在方程中其他一些项是非线性的)而需要采用迭代,则存在正的 S_P 就可能会导致解的发散。

②$S_C = 3 + 7T_P^*, S_P = 0$。这是在没有自然现成的 S_P 可得的情况下,应当采取的形式。

③$S_C = 3 + 9T_P^*, S_P = -2$。这是一种人为产生的负 S_P。一般说来,这样做的结果将导致收敛速度减慢。

例4.3　已知:$S = 4 - 5T^3$。某些可能的线性化是:

①$S_C = 4 - 5T_P^{*3}, S_P = 0$。这种做法不能很好地利用已知 $S = f(T)$ 的关系这一有利条件。

②$S_C = 4, S_P = -5T_P^{*2}$。这看起来像是准确的线性化,但是已知的 $S = f(T)$ 曲线要比这一关系所反映的曲线陡。

③推荐方法:

$$S = S^* + \left(\frac{\mathrm{d}S}{\mathrm{d}T}\right)^* (T_P - T_P^*) = 4 - 5T_P^{*3} - 15T_P^{*2}(T_P - T_P^*)$$

于是,

$$S_C = 4 + 10T_P^{*3}$$

$$S_P = -15T_P^{*2}$$

这一线性化表示，在 T_P^* 点，所选择的直线与 $S=f(T)$ 曲线相切。

④$S_C = 4 + 20T_P^{*3}$，$S_P = -25T_P^{*2}$。这一线性化要比已知的曲线陡，它会使收敛速度降低。

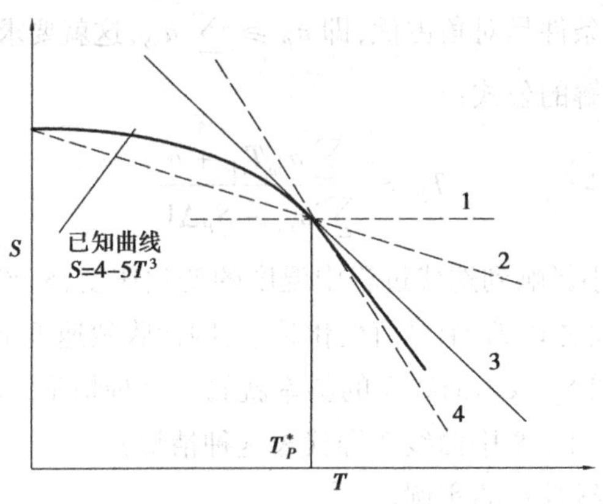

图 4.9　例 4.3 中 4 种可能的线性化

这 4 种可能的线性化与实际的 $S=f(T)$ 曲线一起示于图 4.9 中。在这样的图上，正斜率的直线会违反基本法则 3。在所有负斜率的直线中，与已知曲线相切的直线通常是最佳的选择。较陡的斜率是可以接受的，但是通常会导致收敛速度减慢。欠陡的直线是不希望采纳的，因为它不能体现已知的 S 随 T 的下降速度。

4.5.2　边界条件

对于一维问题，讨论如图 4.10 所示的网格点组，在两个边界上各有一个网格点，其余的网格点称为内点。围绕着每一个内点有一个控制容积，对每一个这样的控制容积可以写出一个像方程(4.6)那样的离散化方程。如果将方程(4.6)看作是关于 T_P 的一个方程，那么就有了对所有内网格点上未知温度所必要的方程。然而，其中有两个方程包含着边界网格点上的温度，通过处理这些边界温度，就将已知的边界条件引入数值解法中了。

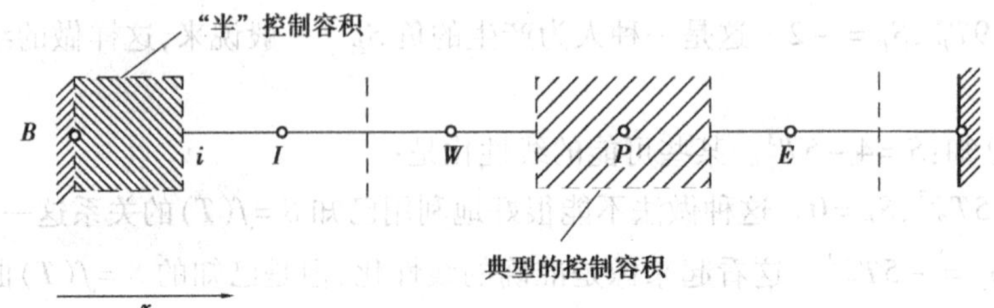

图 4.10　内点与边界点的控制容积

当计算区域的边界为第二、第三类边界条件时，边界节点的温度是未知量，为了使内部节点温度代数方程组得以封闭，有两类方法可以采用，即补充边界节点代数方程法与附加源项法。本书介绍第一种方法。附加源项法读者可参考陶文铨的《数值传热学》。

由于没有必要分别讨论两个边界点,因而就左边的边界点 B,如图 4.10 所示,该点与第一个内点 I 相邻。在热传导问题中有 3 类典型的边界条件,它们是:

①已知边界温度。

②已知边界热流密度。

③通过放热系数和周围流体的温度来规定边界的热流密度。

如果边界温度已知(即如 T_B 的值是已知的),这种情况并无任何特别的困难,处理时也不需要外加任何方程;当边界温度未知时,则需要构成一个附加的方程。可通过在图 4.10 所示的边界附近的"半"控制容积内对微分方程进行积分来建立(该控制容积只包括位于网格点 B 一侧的半个容积,因而我们将它称为"半"控制容积)。在该控制容积内对方程(4.1)进行积分,并考虑到热流密度 q 代表 $-k\mathrm{d}T/\mathrm{d}x$,就得到:

$$q_B - q_i + (S_C + S_P T_B)\Delta x = 0 \tag{4.27}$$

式中源项已按通常的型式线性化,界面热流密度 q_i 的方程 $q_i = \dfrac{k_i(T_B - T_I)}{(\delta x)_i}$ 代入式(4.27)于是:

$$q_B - \frac{k_i(T_B - T_I)}{(\delta x)_i} + [S_C + S_P T_B]\Delta x = 0 \tag{4.28}$$

这一方程的进一步表达形式与如何给定边界上的热流密度 q_B 有关。如果 q_B 值本身是已知的,则所要求的对 T_B 的方程变成:

$$a_B T_B = a_I T_I + b \tag{4.29}$$

式中

$$a_I = \frac{k_i}{(\delta x)_i} \tag{4.30a}$$

$$b = S_C\Delta x + q_B \tag{4.30b}$$

$$a_B = a_I - S_P\Delta x \tag{4.30c}$$

如果热流密度 q_B 系由放热系数 h 以及环境流体温度 T_f 规定,那么:

$$q_B = h(T_f - T_B) \tag{4.31}$$

于是对 T_B 的方程为式(4.29)形式,即:

式中

$$a_I = \frac{k_i}{(\delta x)_i} \tag{4.32a}$$

$$b = S_C\Delta x + hT_I \tag{4.32b}$$

$$a_B = a_I - S_P\Delta x + h \tag{4.32c}$$

这样就能够构成对所有未知温度的足够数量的方程,求解温度分布。

4.6 有限容积法的四项基本法则

在利用有限容积法建立离散方程时,必须遵守下述 4 条基本法则。

1)在控制容积界面上的连续性

当一个面作为两个相邻控制容积的公共面时,在这两个控制容积的离散化方程中,必须用相同的表达式来表示通过该面的热流密度、质量流量以及动量通量。

显然,通过一个特定的面,离开一个控制容积的热流密度必须与通过同一个面进入第二个控制容积的热流密度相同。否则,总的平衡就不会满足。尽管这一要求易于理解,但是稍不小心,就可能在不经意间违反了。

对于图4.4所示的控制容积,当采用通过 T_W,T_P 及 T_E 的二次曲线插值公式来计算界面上的热流密度 $k\mathrm{d}T/\mathrm{d}x$。对下一个控制容积采用同一类的公式意味着:公共界面上的梯度 $\mathrm{d}T/\mathrm{d}x$ 是由不同的控制容积有关的分布曲线算得,这样得到的 $\mathrm{d}T/\mathrm{d}x$ 不连续,为了避免出现这种情况,必须慎重选择交界面的位置。

另一种做法也可能导致热流密度的不连续性,当假定在给定的控制容积的各个表面上,热流密度完全由控制容积中心结点的导热系数 k_P 所控制。控制容积 P 的 e 界面处的热流密度将表示成 $k_P(T_P-T_E)/(\delta x)_e$,而控制容积 E 的 e 界面热流密度应为 $k_E(T_P-T_E)/(\delta x)_e$。为了避免出现这种不连续性,必须将通过界面上的热流密度看成属于界面本身,而不是属于一定的控制容积的,即采用交界面处的传热系数来计算热通量。

2)正系数原则

大多数的实际问题应该是这样的,即某个网格结点处的因变量值只是通过对流以及扩散的过程才受到相邻网格结点上的值的影响。于是,在其他条件不变的情况下,下一个网格结点处,该因变量值的增加应当导致相邻网格结点上该值的增加(而不是减少)。在方程(4.6)中,如果 T_E 的增加必然导致 T_P 增加的话,这就必然要求系数 a_E 与 a_P 具有相同的符号。换句话说,对于通用性方程(4.7),中心结点系数 a_P 与相邻节点的系数 a_{nb} 全部必须具有相同的符号。当然,可以将它们全部取为正值或者全部取为负值。推导离散化方程:使所有的系数均为正值。这样,法则2可以表述如下:所有系数必须总是正的。

3)源项的负斜率线性化原则

如果分析一下方程(4.7)中系数的定义,就可以发现,即便所有的相邻结点的系数均为正,由于 S_P 项的关系,中心结点的系数 a_P 仍可能变为负值。当然,只要 S_P 不为正值,这一危险就完全可以避免。当源项线性化为 $S=S_C+S_PT_P$ 时,系数 S_P 必须总是小于或是等于0。

这一法则看起来好像有点任意,其实并不然。大多数物理过程确实在源项与因变量之间具有负的斜率关系。实际上,如果 S_P 为正的话,物理状态就可能会变得不稳定。一个正的 S_P 意味着,当 T_P 增加时,源项也随着增加;如果这时没有有效的散热机构,即可能会反过来导致 T_P 的增加,如此反复进行下去,造成温度飞升的不稳定现象。从计算方法上讲,保持负的 S_P,使之不致产生不稳定性以及物理上的不真实解,这是至关重要的。这里要注意到:为了使计算成功,负的 S_P 原则是必不可少的。

4）系数 a_P 等于相邻结点系数之和原则

控制微分方程往往只包含有因变量的导数项，于是，如果 T 代表因变量，则函数 T 与 $T+c$（其中 c 是一个任意常数）两者均满足微分方程。微分方程所具有的这一特性也必定要反映在与之相对应的离散化方程中。因此，当 T_P 以及 T_{nb} 所有的值都增加同一常数值时，方程(4.7)应当仍然适合。由这个要求可以得出结论：a_P 必须等于所有相邻结点的系数之和。因此，法则4表述如下：为了使微分方程在因变量增加一个常数之后也仍能得到满足，则要求：

$$a_P = \sum a_{nb} \tag{4.33}$$

当源项为0或者为常数时，这一原则自然满足。方程(4.7)中当 b 不为0时，各系数不遵守该原则，但是不能认为这种情况是对该原则的违背，而应该看成是该原则对这种情况不适用。当源项与 T 有关时，T 与 $T+c$ 两者不能同时满足微分方程。因此，也就不必要求离散方程要同时满足。在这种情况下，设想方程(4.7)的一个特殊情况来应用这个法则，即取 S_P 为0时，该原则就可以应用了。

还需要说明的是，当 T 与 $T+c$ 两者不能同时满足微分方程，待求的温度场不会成为多值或不确定，T 值可以由适当的边界条件来唯一地确定。遵守第4个法则就能保证：如边界温度增加某常数，则各节点温度值都增加同样的常数；还可保证在无源项且各相邻节点温度相等的情况下，中心节点的温度 T_P 等于相邻节点的温度。

这里说明的4条原则，不仅限于温度 T，对一般变量 ϕ 都是适用的。

4.7 线性代数方程的解

至此，我们已经对求解的导热问题建立了封闭的代数方程组，为了得出各个节点上的温度值，就需要求解这一代数方程组，本节重点介绍一维导热问题的三对角矩阵算法。

4.7.1 三对角矩阵算法

无论是对一维稳态导热问题，还是一维非稳态导热的隐式格式，都必须联立求解如下式的代数方程：

$$a_P T_P = a_E T_E + a_W T_W + b \tag{4.34a}$$

这里对于非稳态问题，与 T^0 有关的项已并入 b 项中。我们将以式(4.34a)为基准来讨论一维导热问题离散方程的求解方法。

式(4.32a)表明，每个节点的代数方程中最多只包含了3个节点的未知值，可以认为其他节点上未知值的系数均为零。这样，如果将一维导热问题的离散方程组写成矩阵的形式，其系数是一个三对角矩阵——仅对角元素及其上下邻位上的元素不为零，而其他元素均为零。

对于系数矩阵为三对角矩阵的代数方程组，已经发展了多种直接解法，其中基于Gauss消元法的Thomas算法应用最广，本节只介绍Thomas算法或是TDMA（三对角矩阵算法）。

为了讨论方便,将式(4.34a)改写为:

$$A_iT_i = B_iT_{i+1} + C_iT_{i-1} + D_i \tag{4.34b}$$

假设共有 $M1$ 个节点,即 $i=1,\cdots,M1$ 显然当 $i=1,C_i=0$,而当 $i=M1,B_i=0$,即首尾两个节点的方程中仅有两个未知数。Thomas 的求解过程分为消元与回代两步。消元时,从系数矩阵的第二行起,逐一将每行中的非零元素消去一个,使原来的三元方程化为二元方程。消元进行到最后一行时,该二元方程就化为一元,可得出该未知量的值。然后逐一往前回代,由各二元方程解出其他未知值。

消元的目的是将式(4.34b)化成以下形式的方程:

$$T_{i-1} = P_{i-1}T_i + Q_{i-1} \tag{a}$$

为了找出系数 P_iQ_i 与 B_i,C_i 及 D_i 之间的关系,以 $C_i\times$(a)+(4.34b)得:

$$A_iT_i + C_iT_{i-1} = B_iT_{i+1} + C_iT_{i-1} + D_i + C_iP_{i-1}T_i + C_iQ_{i-1}$$

整理后得:

$$T_i = \frac{B_i}{A_i - C_iP_{i-1}}T_{i+1} + \frac{D_i + C_iQ_{i-1}}{A_i - C_iP_{i-1}} \tag{b}$$

与式(a)相比较得:

$$P_i = \frac{B_i}{A_i - C_iP_{i-1}},Q_i = \frac{D_i + C_iQ_{i-1}}{A_i - C_iP_{i-1}} \tag{4.35a}$$

这两个计算系数 P_i,Q_i 的通式是递归的,即要计算 P_i,Q_i,需要知道 P_{i-1},Q_{i-1},最终要知道 P_1,Q_1 之值。P_1,Q_1 可以由左端点的离散方程来确定:

$$A_1T_1 = B_1T_2 + C_1T_0 + D_1$$

其中

$$C_1T_0 = 0$$

所以

$$P_1 = \frac{B_1}{A_1},Q_1 = \frac{D_1}{A_1} \tag{4.35b}$$

当消元进入最后一行时,有:

$$T_{M1} = P_{M1}T_{M1+1} + Q_{M1},P_{M1}T_{M1+1} = 0$$

所以

$$T_{M1} = Q_{M1} \tag{4.35c}$$

从式(4.35c)出发,利用式(a)及式(4.35a),式(4.35b)便可逐步回代,得出 $T_i[(i=(M1-1,\cdots,1)]$。

上述求解方法又称三对角矩阵算法(Tridiagonal matrix method, TDMA)。与一般的矩阵方法不同,TDMA 需要的计算机储存量及计算机时间只是正比于 $M1$,而不是 $M1^2$ 或 $M1^3$。

4.7.2 代数方程的迭代法

在一维导热问题中,代数方程的系数矩阵是一个三对角阵,在二维、三维导热问题中,离散方程的系数矩阵分别是五对角阵及七对角阵。求解二维或三维问题的代数方程的直接算法是非常复杂的,并且需要大量的计算机储存量及时间。对于一个只需要一次求解代数方程的线性问题,直接法可能是可以接受的;但是对于非线性问题,因为方程必须用最新的系数来重复求解,采用直接法往往是不经济的。

代替直接解法的是求解代数方程的迭代法。从一个估计的因变量 T 的场开始,再利用某种形式的代数方程求得一个改进的场。重复进行这一算法过程最后求得一个充分接近代数方程精确的解。迭代方法通常只要求增加很少一点计算机储存量就够了,对于处理非线性问题,迭代方法有优势。

以二维矩形区域中的导热问题为例(图 4.11),无论是边界节点还是内部节点,离散方程总可以表示成以下形式:

$$a_P T_P + \sum(-a_{nb}) T_{nb} = b \tag{4.36}$$

设 x 方向共有 $L1$ 个节点,在 y 方向共有 $M1$ 个节点,边界条件是第三类的,共有 $L1 \times M1$ 个未知温度值,将这 $L1 \times M1$ 个代数方程写成矩阵形式有:

$$\boldsymbol{AT} = \boldsymbol{b} \tag{4.37}$$

式(4.37)的解可以简单记为 $\boldsymbol{T} = \boldsymbol{A}^{-1}\boldsymbol{b}$。所谓代数方程的迭代解法就是要构造多维空间中一个无限序列 $\boldsymbol{T}^{(n)}$,当 $n \to \infty$ 时,收敛于 $\boldsymbol{A}^{-1}\boldsymbol{b}$。一般来说,第 n 次迭代所得之值取决于 $\boldsymbol{A}, \boldsymbol{b}$ 及上一次迭代值 $\boldsymbol{T}^{(n-1)}$,即:

$$\boldsymbol{T}^{(n)} = f(\boldsymbol{A}, \boldsymbol{b}, \boldsymbol{T}^{(n-1)}) \tag{4.38}$$

对于代数方程的迭代求解,首先要解决如何构造迭代方式,其次是所构造的迭代序列是否收敛,如果收敛,如何提高收敛速度。

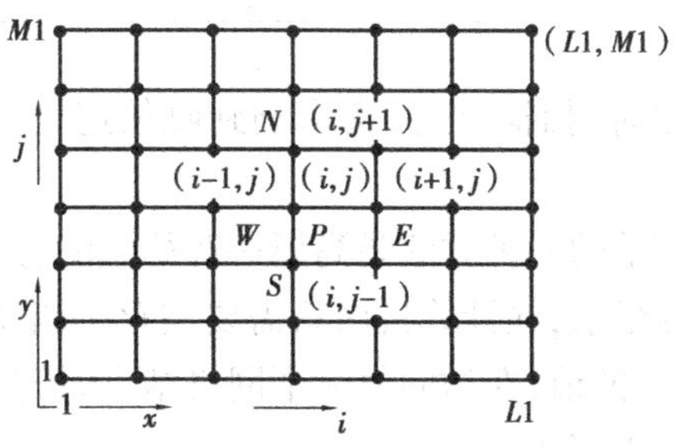

图 4.11 长方形区域的计算网格

有许多求解代数方程的迭代方法。大致可分为点迭代、块迭代、交替方向迭代法及强隐迭代法。本书只介绍其中的点迭代和块迭代两种方法。为了便于描述,以图 4.11 所示区域内的导热问题为例进行讨论。无论是稳态问题还是非稳态二维问题的隐式格式,离散方程都可以写为同一种形式:

$$a_P T_P = a_E T_E + a_W T_W + a_N T_N + a_S T_S + b \tag{4.39}$$

也可以写成紧凑形式:

$$a_{kk} T_k = \sum_{\substack{l=1 \\ l \neq k}}^{L1 \times M1} a_{kl} T_l + b_k \quad k = 1, 2, \cdots, L1 \times M1 \tag{4.40}$$

1)点迭代法

在点迭代法中,每一步计算只能改进求解区域中一个节点的值,且该值是用一个显函数形式由其余各点已知值来确定的。因而点迭代法又称为显示迭代法,下面介绍两种点迭代方法。

(1)Jacobi 迭代

在 Jacobi 迭代法中,任一点上未知值的更新是用上一轮迭代中所获得的各邻点之值来计算的,即:

$$T_k^{(n)} = \frac{\left(\sum_{\substack{l=1 \\ l \neq k}} a_{kl} T_l^{(n-1)} + b_k \right)}{a_{kk}} \quad k = 1,2,\cdots,L1 \times M1 \tag{4.41}$$

这里带括号的上角表示迭代轮数。所谓“一轮”是指将求解区域中每一节点之值都更新一次的运算环节。采用 Jacobi 迭代时,前进的方向(又称扫描方向)不影响迭代收敛速度。这种迭代速度很慢,一般比较少采用,但对于强烈非线性问题,如果两个层次的迭代之间未知量的变化过大,容易引起非线性问题迭代的发散,在规定每一层次计算的迭代轮次数的情况下,采用 Jacobi 迭代有利于非线性问题迭代的收敛。

(2)Gauss-Seidel(高斯—赛德尔)迭代

在这种迭代法中,每一步计算总是取邻点的最新值来进行。如果每一轮迭代按 T 的下标由小到大的方式进行,则可以表示为:

$$T_k^{(n)} = \frac{\sum_{i=1}^{k-1} a_{kl} T_l^{(n)} + \sum_{l=k+1}^{L1 \times M1} a_{kl} T_l^{(n-1)} + b_k}{a_{kk}} \tag{4.42}$$

此时,迭代计算进行的方向(扫描方向)会影响到收敛速度,与边界条件的影响传入区域内部的快慢有关。

在所有的迭代法中,最简单的一种方法是高斯—赛德尔法,其中按一定的顺序逐个访问每一个网格点,以计算那里的变量值,在计算机内只需要储存一组 T 值。开始,这些值代表最初的估计值或是上一次迭代所得的值,在访问每一个网格结点时,在计算机储存器中相应的 T 值交替改变如下,若将离散化方程写成:

$$a_P T_P = \sum a_{nb} T_{nb} + b \tag{4.43}$$

式中,下标 nb 代表一个相邻点,于是在被访问的网格点上的 T_p 由下式算得:

$$T_P = \frac{\sum a_{nb} T_{nb}^* + b}{a_P} \tag{4.44}$$

其中,T_{nb}^* 代表在计算机储存器中所存在的相邻点的温度值。对于那些在本次迭代过程中已经被访问过的相邻点,T_{nb}^* 是新鲜的计算值;而对于那些尚待访问的相邻点,T_{nb}^* 是由前一次迭代所得到的值,其实在任何情况下,T_{nb}^* 都是取的相邻点的最新值。当所有的网格点都按这种方式访问过一次之后,就算是完成了一次高斯—赛德尔迭代。

为了说明这个方法,下面将讨论两个非常简单的例子。

例 4.4　方程:

$$T_1 = 0.4T_2 + 0.2 \tag{4.45a}$$

$$T_2 = T_1 + 1 \tag{4.45b}$$

解

迭代的序号	0	1	2	3	4	5	…	∞
T_1	0	0.2	0.68	0.872	0.949	0.980	…	1.0
T_2	0	1.2	1.68	1.872	1.949	1.980	…	2.0

可以发现,对这个例子,不管在开始计算时,初始的估计值是多少,都可以得到精确的解。迭代方法一个有趣的特征是:在中间的计算步骤上,计算的精度可以不是很高的。由于中间的计算值只是简单地作为下一次迭代的估计值,因此在中间过程中所作的近似计算,甚至于误差,在计算结束时都将趋于消失。由下面的例子,可以进一步加深对这种迭代方法的了解。

例 4.5　方程:

$$T_1 = T_2 - 1 \tag{4.46a}$$

$$T_2 = 2.5T_1 - 0.5 \tag{4.46b}$$

解

迭代的序号	0	1	2	3	4
T_1	0	-1	-4	-11.5	-30.25
T_2	0	-3	-10.5	-29.25	-76.13

这里迭代过程已经发散了。令人惊讶的是:方程组(4.46)只是方程组(4.45)的一种简单改写形式,而对于方程组(4.45),在例 4.4 中已经得到了收敛的解。

高德—赛德尔法并不是一定可以得到收敛的解的。斯卡巴勒(Scarborough,1985)已经推导出一个准则公式,当这个公式得以满足时,高斯—赛德尔法就一定可以得到收敛。

2)斯卡巴勒准则

Jacobi 与 G-S(高斯—赛德尔法)收敛的充分条件是:

$$\frac{\sum |a_{nb}|}{|a_P|}\begin{cases} \leqslant 1 & \text{对所有的方程} \quad (4.47a) \\ < 1 & \text{对其中至少一个方程} \quad (4.47b) \end{cases}$$

①这个准则是个充分条件,而并不是个必要条件。这就是说有的时候虽然违背了这个条件,但迭代仍能收敛。

②某些基本法则(比如四项基本法则)是满足斯卡巴勒准则的。例如,负的 S_P 的存在导致 $\sum a_{nb}/a_p < 1$。也可以由正系数要求这一准则说明,如果某些系数为负时,就会导致 $\sum a_{nb} < \sum |a_{nb}|$),从而违反这一准则。

高斯—塞德尔法的主要缺点是其收敛速度太慢,特别是当网格点数目很大时尤为明显。收敛速度慢的原因是易于理解的;该方法是以一次迭代传递一个网格间距的速率来传递边界条件所给予的信息的。

3)块迭代法

采用块迭代法(block iteration method)时,即将求解区域分成若干块,每块可由一条网格线或数条网格线组成。在同一块中各节点上的值是用代数方程的直接解法来获得的,亦即同一块内各节点的值是以隐含的方式互相联系着的,但从一块到另一块的推进是用迭代的方式进行的,故又称为隐式迭代法。采用块迭代法后,为获得收敛的解所需的迭代次数大大减少,但每一轮迭代中的代数运算次数则有所增加,而总计算时间的变化则取决于两者的相对影响。对某种迭代法有效性的评价应当将为达到收敛解所需的迭代轮数与每轮迭代所需的计算工作量结合起来考虑。一般情形下采用块迭代法后,计算时间可以缩短。

块迭代法中应用较普遍的是线迭代法(line iteration),即进行直接求解的块由一条网格线组成。与上述两种点迭代法相对应,块迭代也有几种不同的实施方式,结合线迭代法分述如下。

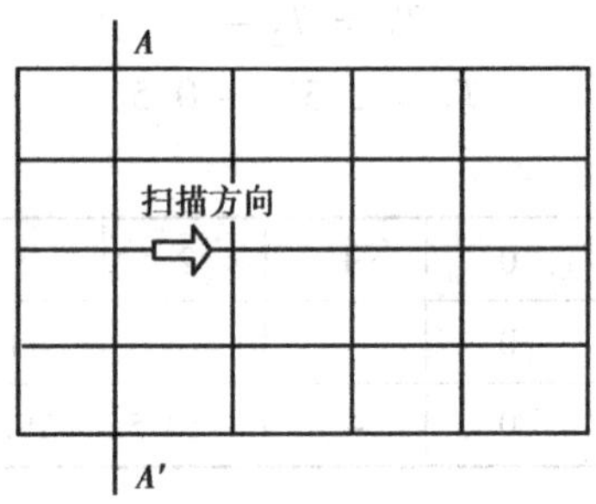

图 4.12　线迭代示意图

(1)Jacobi 块迭代

对于图 4.12 所示位于 A-A'直线上的各节点,采用 Jacobi 线迭代法时第 n 轮迭代计算的公式为:

$$a_P T_P^{(n)} = a_N T_N^{(n)} + a_S T_S^{(n)} + a_E T_E^{(n-1)} + a_W T_W^{(n-1)} + b \tag{4.48}$$

由于第$(n-1)$轮的迭代值为已知,式(4.48)中 $a_E T_E^{(n-1)}$ 及 $a_W T_W^{(n-1)}$ 可并入常数项 b 中,于是位于 A-A'线上各节点的未知值就可以用 TDMA 算法进行求解。如此逐列向前推进,在做完了全区内各列的求解后就完成了一轮迭代。

(2)Gauss-Seidel 块迭代

设扫描方向自左到右,此时有:

$$a_P T_P^{(n)} = a_N T_N^{(n)} + a_S T_S^{(n)} + a_W T_W^{(n)} + a_E T_E^{(n-1)} + b \tag{4.49}$$

4.7.3　超松弛和欠松弛

在代数方程的迭代求解过程中,或是用于处理非线性问题的整体迭代模式中,人们往往希望加快或是减慢前后两次迭代之间因变量值的变化。依因变量的变化究竟是被加速还是被减慢而定。这一过程被称为超松弛或是欠松弛。超松弛和欠松弛常常用于和点迭代法相结合,通常超松弛很少与块迭代法结合起来使用。对于非线性的问题,欠松弛是十分有用的工具。在强烈非线性方程组的迭代求解过程中,往往采用欠松弛来避免发散。

有多种引起超松弛或是欠松弛的方法。针对下列形式的通用离散化方程进行讨论。

$$a_P T_P = \sum a_{nb} T_{nb} + b \tag{4.50}$$

此外，取 T_P^* 作为前一次迭代所得到的 T_P 值。

采用一个松弛因子，方程(4.50)可写成：

$$T_P = \frac{\sum a_{nb} T_{nb} + b}{a_P} \tag{4.51}$$

如果我们在方程的右侧加上 T_P^*，再减去它，就有：

$$T_P = T_P^* + \left(\frac{\sum a_{nb} T_{nb} + b}{a_P} - T_P^* \right) \tag{4.52}$$

式中括号内的部分代表由本次迭代所产生的 T_P 的变化。这一变化可以通过引进一个松弛因子加以修改。所以：

$$T_P = T_P^* + \alpha \left(\frac{\sum a_{nb} T_{nb} + b}{a_P} - T_P^* \right) \tag{4.53a}$$

或

$$\frac{a_P}{\alpha} T_P = \sum a_{nb} T_{nb} + b + (1 - \alpha) \frac{a_P}{\alpha} T_P^* \tag{4.53b}$$

首先，应当注意到，当迭代收敛时 T_P 变成与 T_P^* 相等。方程(4.53a)意味着 T 的收敛值确实是满足原始方程(4.50)的。当然，任何一种形式的松弛都必须满足这一性质；不管是通过使用任意的松弛因子或是任何类似的手段，得到的最终收敛解都必须满足原始的离散化方程。

当方程(4.53)中的松弛因子 α 在 0 与 1 之间时，它的作用是欠松弛的；即 T_P 的值更接近于 T_P^* 一些。对一很小的 α 值，T_P 的变化变得很慢。而当 α 大于 1 时，就产生超松弛。

α 的最佳值与许多因素有关。诸如所研究的问题本身的特性，离散网格点的数目，网格点之间的间距以及所采用的迭代方法等，都是重要的影响因素。通常，可以根据经验以及对所给定的问题所作的试探性计算求得一个合适的 α 值。

在整个计算期间都保持采用相同的 α 值是没有必要的。在不同的迭代次数之间可以改变 α 值。对每一个网格点选用各自不同的 α 值，也是允许的。

对于式(4.53)，可以用以下公式表示第 n 轮迭代中节点 k 的值：

$$T_k^{(n)} = T_k^{(n-1)} + \alpha[\widetilde{T}_k^{(n)} - T_k^{(n-1)}] \tag{4.54}$$

式中 $\widetilde{T}_k^{(n)}$——第 n 轮迭代中 Jacobi 迭代或者 Gauss-Seidel 迭代所得的值；

α——松弛因子，当 $\alpha = 1$ 时，$T_k^{(n)}$ 就是 Jacobi 迭代或者 Gauss-Seidel 迭代的解；当 $\alpha > 1$ 时为超松弛迭代(SOR)；而 $\alpha < 1$ 时为逐次亚松弛迭代(SUR)。

当相邻两轮的迭代值之差永远具有相同的正负号时，采用超松弛迭代可以加速收敛过程。对于非线性问题的代数方程，多采用亚松弛迭代法，以降低未知量的变化率，避免迭代发散。对于 SOR/SUR 点迭代，只要上述点迭代收敛条件满足，且 $0 \leqslant \alpha \leqslant 2$ 则迭代必收敛。

进行超松弛或欠松弛的另一种方法是用下面的公式来代替离散化方程(4.50)：

$$(a_P + i) T_P = \sum a_{nb} T_{nb} + b + i T_P^* \tag{4.55}$$

式中 i——所谓的惯量。对于正的 i 值，方程(4.55)具有欠松弛作用，而负的 i 值则产生超松弛。

同样,这里也不存在最佳 i 值的一般法则;这个最佳值必须由对一特定问题所取得的经验确定。由方程(4.55)可以推论:i 应当与 a_P 不相上下;同时 i 的模值越大,松弛作用也越强烈。

有时一个稳态问题的解是通过应用相应的非稳态问题的离散化方程求得的。这样,其中的“时间步”就变成与前面的“迭代”的概念相同。“老的”值 T_P^0 就只不过代表上一次迭代的值 T_P^*。在这个意义上,方程(4.25h)中的项 $a_p^0 T_p^0$ 与方程(4.55)中 iT_P^* 项起着同样的作用。于是,惯量 i 类似于非稳态公式中的系数 a_p^0。这样的类比关系为我们提供了一种确定合理的 i 值的方法。另一方面,现在可以简单地认为通过非稳态公式解稳态问题的做法是一种特定类型的欠松弛。其中所选取的时间步越小,所得的欠松弛也越强。此外,一个负的时间步 Δt 值会产生超松弛。

习题 4

4.1 什么是离散化?其意义是什么?

4.2 常用的离散化方法有哪些?各有何特点?

4.3 如题 4.3 图所示的一维稳态导热问题,已知:$T_1=100, \lambda=5, S=150, T_f=20, h=15$,各量的单位都是协调的。试用数值计算确定 T_2, T_3 之值,并根据计算结果证明,即使只取 3 个节点,整个计算区域的总体守恒的要求仍然满足。

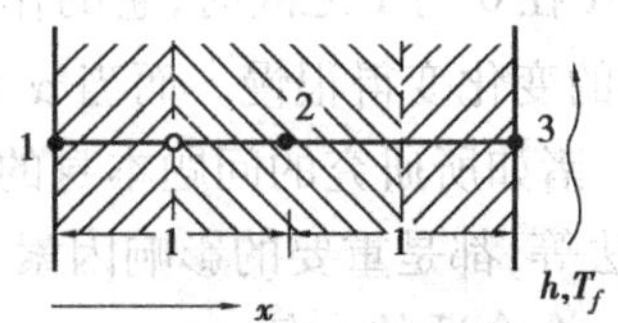

题 4.3 图

4.4 有一块厚为 $\delta=0.1$ m 的无限大平板,具有均匀内热源 $S=50\times10^3$ W/m^3,导热系数 $\lambda=10$ W/(m · ℃)。其一侧维持在 75 ℃,另一侧温度为 $T_f=25$ ℃的流体的冷却,对流换热系数 $h=50$ W/(m^2 · ℃)。试用区域离散方法 A 将平板三等分,内节点采用二阶截差格式,而端点分别采用一阶及二阶截差。求该两种情形下的数值解并与精确解比较之。

4.5 对习题 4.4 所述问题,采用区域离散方法 B 进行离散(取 3 个相等的控制容积),用附加源项法建立右端点的离散方程(内节点采用二阶截差公式),求解这一代数方程组并与精确解比较之。

4.6 在习题 4.3 中,设右端为自然对数散热,且 $h=10(T_3-T_f)^{\frac{1}{4}}$,试重新列出节点 3 的方程,用局部线性化方法使该方程成为线性代数方程,并用迭代法求解。

4.7 在习题 4.3 中,如果右端为辐射换热条件,且边界上的热流为 $q_B=\varepsilon\sigma_0(T_f^4-T_3^4)$,非线性的边界条件。试写出节点 3 源项的合适的线性化表达式。

4.8 未知量 T 的源项给定为 $S=A-B|T|T$,其中 A,B 为正的常数。试对下列线性化方案作出评价:

(1)$S_C=A-B(T_P^*)^2, S_P=0$。

(2)$S_C=A, S_P=-B|T_P^*|$

(3)$S_C=A+B|T_P^*|T_P^*, S_P=-2B|T_P^*|$

(4)$S_C=A+9B|T_P^*|T_P^*, S_P=-10B|T_P^*|$

4.9 对于变导热系数的微分方程$\frac{\mathrm{d}}{\mathrm{d}x}\left(\lambda\frac{\mathrm{d}T}{\mathrm{d}x}\right)=0$定义一个新的变量$\eta$,使$\mathrm{d}\eta=\frac{\mathrm{d}x}{\lambda}$,将上式化成以$\eta$为自变量的方程。用控制容积积分法导出其离散形式,取T对η的型线为分段线性。设节点的导热系数值代表包围该点的整个控制容积的值,试证明这样导出的离散方程是与调和平均方法相一致的。

4.10 编写一个TDMA算法的程序,并用下列方法检查其正确性:给定一组任意系数A_i, B_i及$C_i(i=1, 10)$。除B_1及C_{10}外均不应为零。然后假设一组合理的温度$T_1,\cdots,T_{10}$计算出相应的常数D_i。再据A_i, B_i, C_i及D_i之值,应用编写的程序求解T_i,并与给定值比较之。

5 对流-扩散方程的离散

描述流体流动的控制方程包括质量守恒、动量守恒及能量守恒3类方程。第2章介绍了这些方程,方程中的最高阶导数为二阶(扩散项)。第4章对扩散项的离散方法及其求解中的一些问题进行了详细的介绍。为了进行控制方程的数值求解,必须对控制方程中的两个一阶导数项的数值处理方法进行研究,即非线性的对流项与动量方程中的压力梯度项。这两项导数都是一阶,但是数值处理方法远远比二阶的扩散项要复杂得多。可以说不可压缩流场的数值求解中的主要关键问题都是由这两个一阶导数项的离散所引起的。非线性的对流项的处理涉及对流项的离散格式,而动量方程中的压力梯度项的处理则关系到压力与速度间的耦合关系问题。本章讨论对流项离散格式,第6章讨论压力与速度耦合关系的处理。

从纯数学的观点来看,对流项是一阶导数项,其离散处理似乎不存在什么困难。但从物理过程的特点来看,这是最难进行离散处理的导数项。这主要与对流作用带有强烈的方向性有关。对数值计算及其结果而言,对流项离散方式构造的形式是否合适影响到下述3方面的特性:①数值解的准确性;②数值解的稳定性;③数值解的经济性。

本章从最简单的模型方程,即一维稳态无源项的对流-扩散方程出发,给出其两点边值问题的精确解;再介绍3种对流项的常见离散格式,并与精确解相应的格式进行对比,找出这几种格式在表达方式上的共同规律,建立一维对流-扩散方程的通用离散方程。在此基础上进一步研究在有源项、多维的情形下应用上述格式出现的问题,并介绍使计算准确性得以改进的一些格式。以二维对流-扩散方程为例,导出离散方程并论述边界条件的合理表达方式。本书仅介绍对流、扩散方程离散中基本内容,对于离散格式的稳定性、数值黏性问题等未作介绍,读者可以参见陶文铨的《数值传热学》。

5.1 一维稳态对流与扩散问题的精确解

如第4章所述,这里将讨论只有对流与扩散这两项存在的情况下的一维稳态问题,即一维稳态无内热源的对流-扩散方程的守恒形式,其控制方程如下:

$$\frac{\mathrm{d}}{\mathrm{d}x}(\rho u\phi) = \frac{\mathrm{d}}{\mathrm{d}x}\left(\Gamma\frac{\partial\phi}{\partial x}\right) \tag{5.1a}$$

假定 u 及 ρ,Γ 均为已知的常数。

式(5.1a)在下列边界条件下：

$$x = 0,\phi = \phi_0;x = L,\phi = \phi_L \tag{5.1b}$$

具有下列形式的解：

$$\frac{\phi - \phi_0}{\phi_L - \phi_0} = \frac{\exp\left(\dfrac{\rho ux}{\Gamma}\right) - 1}{\exp\left(\dfrac{\rho uL}{\Gamma}\right) - 1} = \frac{\exp\left(\dfrac{Pex}{L}\right) - 1}{\exp(Pe) - 1} \tag{5.2}$$

其中 Peclet 数 $Pe = \dfrac{\rho uL}{\Gamma}$。

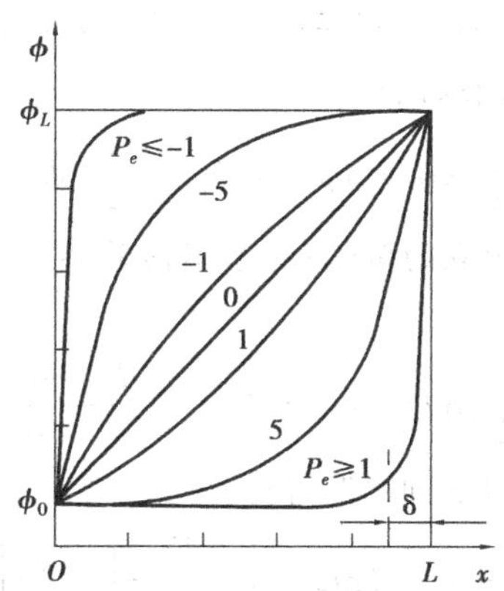

图 5.1　式(5.1)的精确解图示

在不同的 Pe 数下，ϕ 随 x 而变化的曲线如图 5.1 所示。由图可见，当 $Pe=0$ 时，ϕ 随 x 成直线分布，称为常物性的纯扩散问题。从 $Pe=0$ 增加到中等数值(如小于 5)，在整个求解区域内曲线的变化仍是相当平稳的。但 Pe 数越来越大时，例如大于 10，这一精确解越来越呈现出边界层类型问题的特性：在 $x=0$ 到 $x=L$ 的大部分范围内，上游的值 ϕ_0 占了优势，仅在靠近外边界 $x=L$ 的薄层内，ϕ 才由来流的值 ϕ_0 而迅速上升到边值 ϕ_L，而且这一“边界层”的厚度 δ 随 Pe 数的增加而减小。这是与 Pe 数的物理意义相符的。Pe 数表示了对流与扩散作用的相对大小，当 Pe 数的绝对值很大时，导热或扩散的作用就可以忽略。这时，对流的作用就是将上游的信息一直带到下游，而通过扩散向上游传递的下游的信息则几乎等于零。当 $Pe<0$ 时，流动的方向与 x 轴正向相反。上述用上、下游来叙述的结论仍然成立。关于式(5.1)的精确解变化特性的这一讨论，为下面分析某些差分格式的性能提供了比较的依据。

5.2　对流项的中心差分格式

5.2.1　定义及系数构成

应用如图 5.2 所示的三网点群，推导离散化方程。由于控制容积面 e 和 w 的实际位置并不会影响最终公式，在此假设 e 位于 P 和 E 之间的中点，w 位于 W 与 P 之间的中点。

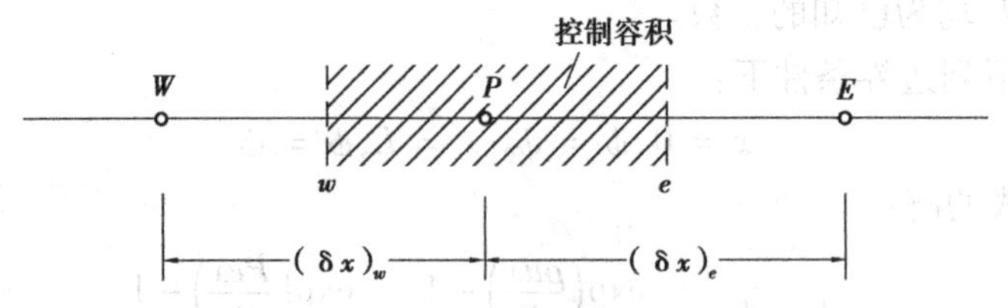

图 5.2　一维问题的典型网格

在如图 5.2 所示的整个控制容积内对方程(5.1a)进行积分,方程为:

$$(\rho u\phi)_e - (\rho u\phi)_w = \left(\Gamma\frac{\partial\phi}{\partial x}\right)_e - \left(\Gamma\frac{\partial\phi}{\partial x}\right)_w \tag{5.3}$$

第 4 章中已经知道如何由 ϕ 的一个分段性分布来表示扩散项 $\Gamma\partial\phi/\partial x$。对于对流项首先也是采用同样的分布曲线。其结果则是:

$$\phi_e = \frac{1}{2}(\phi_E + \phi_P)\ \text{及}\ \phi_w = \frac{1}{2}(\phi_P + \phi_W)$$

注:因子 1/2 出自界面位于中点的假设;对于不同的界面位置则要采用其他的内插因子。这样方程(5.3)可以写成:

$$\frac{1}{2}(\rho u)_e(\phi_E + \phi_P) - \frac{1}{2}(\rho u)_w(\phi_P + \phi_W) = \frac{\Gamma_e(\phi_E - \phi_P)}{(\delta x)_e} - \frac{\Gamma_w(\phi_P - \phi_W)}{(\delta x)_w} \tag{5.4}$$

取分段线性型线,对均分网格可得下列离散方程:

$$\phi_P\left[+\frac{1}{2}(\rho u)_e + \frac{\Gamma_e}{(\delta x)_e} - \frac{1}{2}(\rho u)_w + \frac{\Gamma_w}{(\delta x)_w}\right] = \phi_E\left[\frac{\Gamma_e}{(\delta x)_e} - \frac{1}{2}(\rho u)_e\right] + \phi_W\left[\frac{\Gamma_w}{(\delta x)_w} + \frac{1}{2}(\rho u)_w\right] \tag{5.5}$$

为了简化表达以上方程,把通过界面的流量 ρu 记为 F,界面上单位面积扩散阻力的倒数(扩导)$\frac{\Gamma}{\delta x}$记为 D,定义两个新的符号 F 与 D 如下:

$$F = \rho u, D = \frac{\Gamma}{\delta x} \tag{5.6}$$

两者具有同样的因次,F 表示对流(或流动)的强度,而 D 表示扩散传导性。需要注意的是,与 D 总是保持正值不同,F 既可以取正值也可以取负值,依流动方向而定。应用这些新的符号,离散化方程变为:

$$a_P\phi_P = a_E\phi_E + a_W\phi_W \tag{5.7}$$

式中

$$a_E = D_e - \frac{F_e}{2} \tag{5.8a}$$

$$a_W = D_w + \frac{F_w}{2} \tag{5.8b}$$

$$a_P = D_e + \frac{F_e}{2} + D_w - \frac{F_w}{2} = a_E + a_W + (F_e - F_w) \tag{5.8c}$$

由于连续性 $F_e = F_w$,可以得到 $a_P = a_E + a_W$ 这一性质。根据方程(5.8c)离散化方程只有在流场满足连续性时才具有这一性质。如果在数值计算过程中,连续性方程始终得到满足,则

a_P 仍等于各邻点系数之和。在本章中,因假定 ρ,u 为常数,这一假定自然满足;在流场的实际求解过程中的每一个迭代层次上,即使速度场尚未收敛,也要保证连续性方程是满足的。

值得指出的是,系数 a_E,a_W 包括了扩散与对流作用的影响,式(5.8)中的 D_e,D_w 部分是由扩散项的中心差分所形成,代表了扩散过程的影响;与流量有关的部分则是界面上的分段线性型线在均匀网格下的表现,体现了对流的作用。所谓不同的格式就是具体表现在对流项、扩散项这两部分表达形式的不同上。本书后面介绍的格式,如无特别的说明,扩散项均取中心差分。

5.2.2 特性分析

注意到 $F/D=\rho u\delta x/\Gamma$,这是以 δx 为特性尺度的 Pe 数,称为网格 Pe 数,记为 P_Δ。则在常物性条件下式(5.7)可写成:

$$\phi_P=\frac{\left(1-\dfrac{1}{2P_\Delta}\right)\phi_E+\left(1+\dfrac{1}{2P_\Delta}\right)\phi_W}{2} \tag{5.9}$$

离散化方程(5.7)隐含着 ϕ 分段线性分布的含义,这种形式也就是熟知的中心差分格式。下面讨论一个简单的例子,来分析中心差分的特性。

例 5.1 在一维模型方程离散求解的均匀网格中,已知 $\phi_W=100,\phi_E=200$。试对 $P_\Delta=0$,1,2 及 4 这 4 种情形,按中心差分格式计算 ϕ_P 之值,并解释所得到的结果。

解 按式(5.9)计算所得结果如图 5.3 所示。图中实线所示为精确解(按 $Pe=2P_\Delta$ 计算而得)。

讨论:图 5.3 表明,当 $P_\Delta<2$ 时,中心差分格式的计算结果与精确解相比是较一致的。但当 $P_\Delta>2$ 后,中心差分所得的解就完全失去了物理意义。

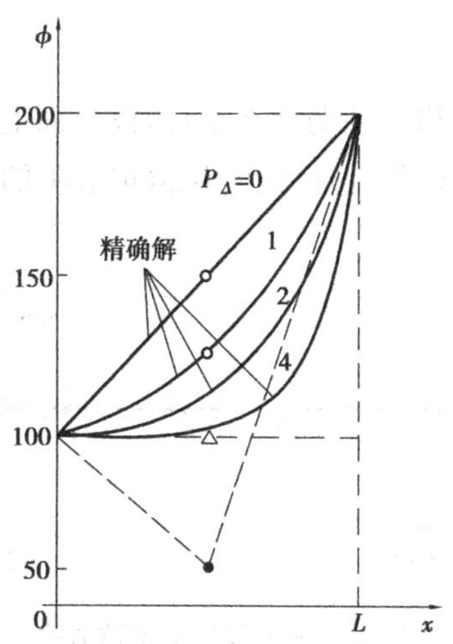

图 5.3 中心差分特性分析

从离散方程的系数来说,这是由于当 $P_\Delta>2$ 时,系数 $a_E<0$ 之故。系数 a_E,a_W 代表了邻点 E,W 的物理量通过对流及扩散作用对 P 点所产生影响的大小,当离散方程写成式(5.7)的形式时,a_E,a_W 及 a_P 都必须大于零。负的系数会导致物理上不真实的解。

假设:$D_e=D_w=1$ 及 $F_e=F_w=4$。此外,如果 ϕ_E 和 ϕ_W 的值已知,就可以由方程(5.9)得到

ϕ_P。考虑以下这样两组值:

a. 如果 $\phi_E=200$ 及 $\phi_W=100$,结果是 $\phi_P=50$。

b. 如果 $\phi_E=100$ 及 $\phi_W=200$,结果是 $\phi_P=250$。

因为 ϕ_P 实际上不能落在由其相邻点值所建立起来的范围 100 ~ 200 之外,这些结果显然是不真实的。实际上,也可以预料到这些不真实的结果,因为方程(5.9)表明系数有时可能会变为负值。当 $|F|$ 超过 $2D$ 时,与 F 是正或是负有关,存在着 a_E 或 a_W 成为负值的可能。这将违背第 4 章中的有限容积法的基本法则之一,从而产生物理上不真实的结果。此外,负系数意味着 a_P(该值等于 $\sum a_{nb}$)小于 $\sum|a_{nb}|$,从而违反斯卡巴勒准则。这样,离散化方程的逐点解就可能发散,这就是为什么所有用中心差分格式来求解对流的问题,只能限于低 Re 数(即低的 F/D 值)的原因。

在扩散项为零的情况下(即 $\Gamma=0$),中心差分格式导致 $a_P=0$。于是方程(5.8)就变得不适于用逐点法来求解了,并且也不适于采用大多数其他的迭代解法。

由于上述分析已经导致一个不可接受的离散化方程,因而必须寻找更好的公式。在下面几节中将描述可能的对流项离散格式。

5.3 对流项的迎风格式

为了克服由于对流项采用中心差分而引起的上述问题,早在 20 世纪 50 年代,就提出了迎风格式。迎风格式又称为上风格式,这种方法充分考虑了流动方向对导数差分计算式及界面上函数的取值方法的影响。

5.3.1 定义

迎风差分格式认为中心差分格式的弱点在于:假设界面上对流性质 ϕ_e 是 ϕ_E 和 ϕ_P 的平均值。因而迎风格式提出了一个较好的处理办法:保留扩散项的公式不变,而对流项则按下列假设计算。

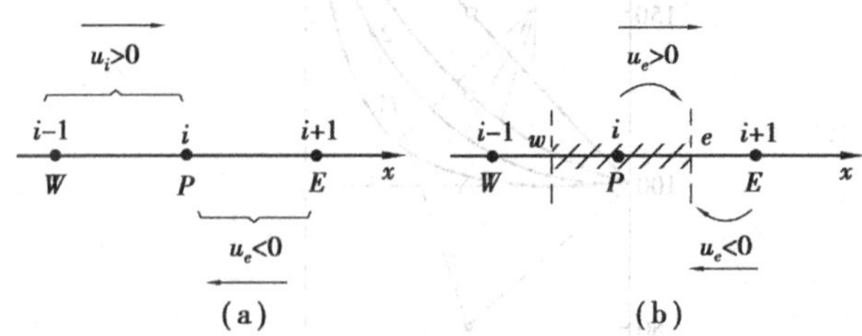

图 5.4 一阶迎风的构造方式

假设:界面上的 ϕ 值等于界面上风侧网格点上的 ϕ 值。于是,

在 e 界面上 $u_e>0,\phi=\phi_P;u_e<0,\phi=\phi_E$

在 w 界面上 $u_w>0,\phi=\phi_W;u_w<0,\phi=\phi_P$

即界面上的未知量恒取上游节点的值,而中心差分则取上、下游节点的算术平均值,这是两种格式间的基本区别。

为了表达上的简洁及便于编制程序,将按控制容积积分写出的界面上的对流通量表示成以下紧凑形式:

$$(\rho u\phi)_e = F_e\phi_e = \phi_P \max(F_e,0) - \phi_E \max(-F_e,0) = \phi_P[|F_e,0|] - \phi_E[|-F_e,0|] \quad (5.10a)$$

这里符号[| |]表示取各量中的最大值。类似的有:

$$(\rho u\phi)_w = \phi_W[|F_w,0|] - \phi_P[|-F_w,0|] \quad (5.10b)$$

5.3.2 采用迎风格式的离散形式

如前所述,采用迎风格式来离散对流项时,二阶导数项仍然采用分段线性的型线来离散。将一维模型方程式(5.1a)对图5.2所示控制容积 P 作积分,并对界面值及界面导数分别采用一阶迎风及分段线性的型线,最后仍然可得形如式(5.7)的离散方程,但其中的系数 a_E, a_W 应按下式计算:

$$\begin{aligned} a_E &= D_e + [|-F_e,0|], a_W = D_w + [|F_w,0|] \\ a_P &= a_E + a_W + (F_e - F_w) \end{aligned} \quad (5.11)$$

5.3.3 关于中心差分及一阶迎风格式的讨论

①在对流项中心差分不出现振荡的数值解的参数范围内,在相同的网格节点数下,采用中心差分的计算结果要比采用迎风差分的结果误差更小。

②一阶迎风格式离散方程系数 a_E 及 a_W[(式(5.10)]永远大于零,因而无论在任何计算条件下都不会引起解的振荡,永远可以得出在物理上看起来是合理的解。正是由于这一点,使一阶迎风格式在20世纪中得到广泛的采用。

③由于一阶迎风格式的截差阶数低,除非采用相当细密的网格,其计算结果的误差较大。近10年来,对于一阶迎风等低阶格式的应用,某些国际学术刊物已提出了限制条件,详见陶文铨的《数值传热学》。

④一阶迎风格式的使用实践也为构造性能更优良的离散格式提供了有益的启示:应当在迎风方向上获取比背风方向上更多的信息以较好地反映对流过程的物理本质。在最近20余年中发展起来的对流项离散格式,如二阶迎风、三阶迎风及QUICK格式都吸取了这一基本思想。

⑤在软件的调试过程或计算的中间过程(如多重网格的粗网格上、非线性问题的迭代过程)中,一阶迎风由于其绝对稳定的特性仍有其应用的价值。

5.4 对流-扩散方程的混合格式及乘方格式

在5.2节中已指出,用控制容积积分法来推导离散方程时,不同的格式主要表现在控制容积界面上函数的取值及其导数的构造方法上。在本章的前2节中,我们仅讨论界面上的值与界面两侧的两个节点有关的这类格式。在一维问题中,这就是三点格式,对于二维问题,将导致五点格式。对此类离散格式,一维问题的离散方程一定可以表示成 $a_P\phi_P = a_E\phi_E + a_W\phi_W + b$ 的形式。由于系数 a_P 与 a_E, a_W 之间的内存联系,可以通过定义 a_E, a_W 的表达式来表示对流-

扩散方程的离散格式,本节中将按照这一思路来分析讨论问题。需要指出的是,这样定义得出的是关于对流项与扩散项联合在一起的离散格式,而不仅仅是对流项的离散格式。

5.4.1 离散方程中系数 a_E 与 a_W 之间的内在联系

a_E 与 a_W 是反映邻点对 P 点作用的影响系数,而邻点的位置又是相对的,a_E 与 a_W 的表达方式之间必会有一定联系。如图 5.5,有节点 i 与 $(i+1)$,互为邻点。$(i+1)$ 点对 i 点的邻点是 E,i 点对 $(i+1)$ 点的邻点是 W。邻点的影响系数取决于界面上的流量与扩导,而 $a_E(i)$ 与 $a_W(i+1)$ 共享一个界面,有相同的流量与扩导,因而可以预期 $a_E(i)$ 与 $a_W(i+1)$ 之间必然有一定联系。试以对流项与扩散项均为中心差分(用 CD 表示)及对流项为一阶迎风、扩散项为中心差分(以 FUD 表示)两种情况来分析。

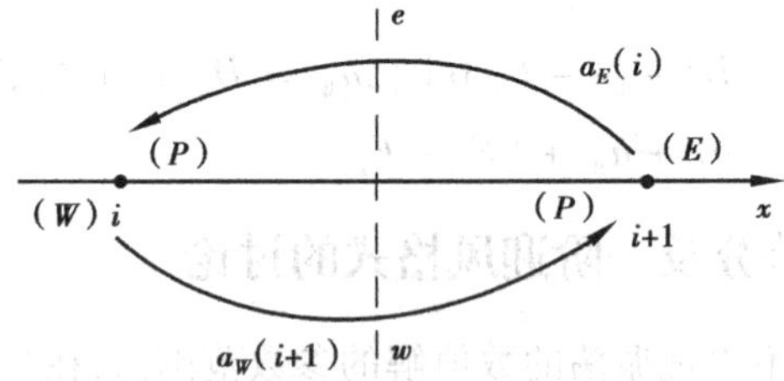

图 5.5 a_E 与 a_W 之间的联系

$$CD: a_E = D_e - \frac{1}{2}F_e = D_e\left(1 - \frac{1}{2}P_{\Delta e}\right)$$

$$a_W = D_w + \frac{1}{2}F_w = D_w\left(1 + \frac{1}{2}P_{\Delta w}\right)$$

对同一界面 $P_{\Delta e} = P_{\Delta w} = P_\Delta$,$D_e = D_w = D$ 于是有:

$$\frac{a_W(i+1)}{D} - \frac{a_E(i)}{D} = \left(1 + \frac{1}{2}P_\Delta\right) - \left(1 - \frac{1}{2}P_\Delta\right) = P_\Delta$$

$$FUD: a_E = D_e + [|-F_e, 0|] = D_e\{1 + [|-P_{\Delta e}, 0|]\}$$

$$a_W = D_w + [|F_w, 0|] = D_w\{1 + [|P_{\Delta w}, 0|]\}$$

对同一界面,有:

$$\frac{a_W(i+1)}{D} - \frac{a_E(i)}{D} = 1 + [|P_\Delta, 0|] - \{1 + [|-P_\Delta, 0|]\} = P_\Delta$$

由此可见,只要知道了 a_E/D_e 或 a_W/D_w,即可知道另一个。还需要指出的是,a_E/D_e 或 a_W/D_w 表示式中的数字“1”表示了扩散作用,而网格 Pe 数 P_Δ 则代表了对流的影响。

5.4.2 混合格式

对一维模型方程而言,对流项与扩散项均为中心差分的格式在 $P_\Delta > 2$ 时会引起解的振荡;另一方面,我们如果将一维模型方程的精确解应用于两个相邻的节点之间,则可以发现界面上的扩散作用是与 P_Δ 有关的,P_Δ 绝对值越大,扩散作用越小,即扩散作用相对于对流作用越小(图 5.1),而这一迎风作用的特点在上一节的两种离散格式中都得不到反映。1971 年 Spalding 提出了一种混合格式来离散一维模型方程。这种格式综合了中心差分和迎风作用的两方

面因素,其定义式通过 a_E/D_e 的表示式给出:

$$\frac{a_E}{D_e}=\begin{cases}0, P_{\Delta e}>2\\1-\frac{1}{2}P_{\Delta e}, -2\leqslant P_{\Delta e}\leqslant 2\\-P_{\Delta e}, P_{\Delta e}<-2\end{cases}\tag{5.12}$$

在图 5.6 中表示出了为什么这样取值的理由。

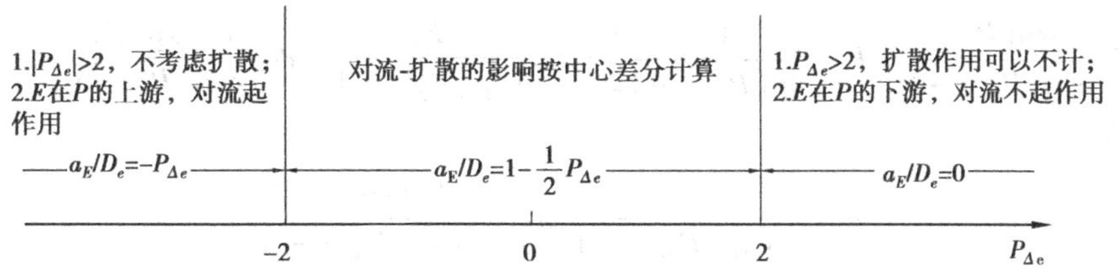

图 5.6 混合格式的定义

混合格式的定义式(5.12)可以写成以下紧凑形式:

$$\frac{a_E}{D_e}=\left[\left|-P_{\Delta e}, 1-\frac{1}{2}P_{\Delta e}, 0\right|\right]\tag{5.13}$$

5.4.3 指数格式

对于一维模型方程式(5.1a),已有了其精确解,就可以利用它来找出相邻 3 个节点间符合精确解的关系式,进而获得与式(5.1a)相应的 a_E, a_W 精确表达式,以便使不同的格式与精确解之间的比较可以在系数之间进行。下面介绍如何利用精确解式(5.2)以获得相应的系数表达式的方法。

1)对流-扩散总通量密度

所谓总通量密度 J 是指单位时间内、单位面积上由扩散及对流作用而引起的某一物理量的总转移量。对通用变量 ϕ,总通量密度为:

$$J=\rho u\phi-\Gamma\frac{\mathrm{d}\phi}{\mathrm{d}x}\tag{5.14}$$

于是式(5 .1a)就可以简单地表示为:

$$\frac{\mathrm{d}J}{\mathrm{d}x}=0;\text{或 } J=\text{const}\tag{5.15}$$

这就是一维、稳态、无源项问题的总通量守恒关系式。

2)用节点值表示的界面总通量密度计算式

在图 5.2 所示的 P 节点整个控制容积中,对方程(5.15)积分,就得到:精确解式(5.2)可以作为点 P 与点 E 之间的分布。

对 $J_e: \phi_0=\phi_P, \phi_L=\phi_E, L=(\delta x)_e$,故

$$J_e=F_e\left[\phi_P+\frac{\phi_P-\phi_E}{\exp(P_{\Delta e})-1}\right]\tag{5.16a}$$

对 $J_w:\phi_0=\phi_W,\phi_L=\phi_P,L=(\delta x)_w$，

$$J_w = F_w\left[\phi_W + \frac{\phi_W-\phi_P}{\exp(P_{\Delta w})-1}\right] \tag{5.16b}$$

3)与精确解相应格式的导出

对于控制容积 P，总通量密度守恒关系式为 $J_e=J_w$，将以上两式代入并整理，得：

$$\phi_P\left[F_e\frac{\exp(P_{\Delta e})}{\exp(P_{\Delta e})-1}+F_w\frac{1}{\exp(P_{\Delta w})-1}\right]=\phi_E\frac{F_e}{\exp(P_{\Delta e})-1}+\phi_W\frac{F_w\exp(P_{\Delta w})}{\exp(P_{\Delta w}-1)} \tag{5.17}$$

如果令：

$$a_E = \frac{F_e}{\exp(P_{\Delta e})-1};a_W = \frac{F_w\exp(P_{\Delta w})}{\exp(P_{\Delta w})-1}$$

则

$$a_P = a_E + a_W + (F_e - F_w) \tag{5.18}$$

这样又得到形如式(5.7)的离散方程式。

式(5.18)所表示的就是所谓的指数格式(ES)。在图 5.7 中画出了指数格式的 a_E/D_e 随 $P_{\Delta e}$而变化的曲线。a_E 作为 E 点对 P 点的扩散与对流的总作用系数，其值随 $P_{\Delta e}$而变化的这一曲线是与对 a_E 的物理概念上的理解完全相符的。

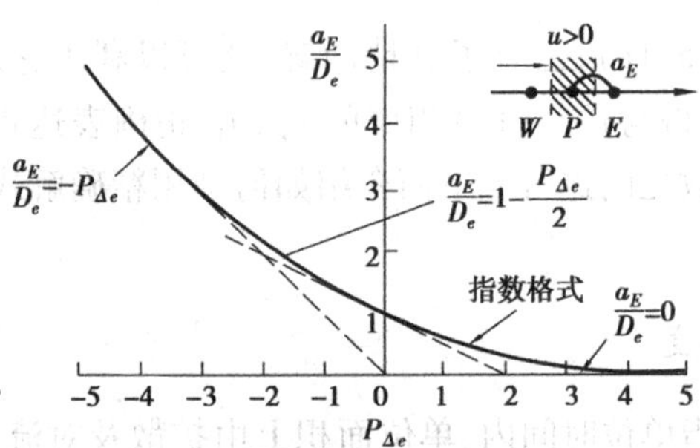

图 5.7 a_E/D_e 随 $P_{\Delta e}$的变化

5.4.4 乘方格式

由于指数的计算比较费时间，而且式(5.18)仅是式(5.1)的精确解，对其他情形，也仅能看成是一种离散化的方式，因而没有必要拘泥于指数计算。Patankar 在 1979 年提出了与指数格式十分接近而计算工作量又较小的乘方格式。

$$\frac{a_E}{D_e} = \begin{cases} 0,P_{\Delta e} > 10 \\ (1-0.1P_{\Delta e})^5,0 \leqslant P_{\Delta e} \leqslant 10 \\ (1+0.1P_{\Delta e})^5 - P_{\Delta e},-10 \leqslant P_{\Delta e} \leqslant 0 \\ -P_{\Delta e},P_{\Delta e} < -10 \end{cases} \tag{5.19}$$

式(5.19)的紧凑表达式为：

$$\frac{a_E}{D_e} = [\![0,(1-0.1|P_{\Delta e}|)^5]\!] + [\![0,-P_{\Delta e}]\!] \tag{5.20}$$

在式(5.19)、式(5.20)中用乘方运算代替了指数格式的指数运算,因而称为乘方格式。在图5.8中画出了乘方格式中不同 Pe 数区间内上述定义的理由。

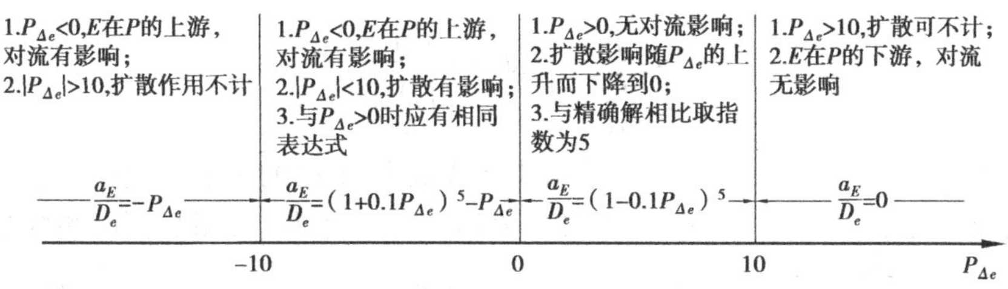

图5.8　乘方格式的定义

5.4.5　5种3点格式系数计算式的汇总

至此,已介绍了5种关于对流-扩散方程的离散格式,其中混合格式、指数格式、乘方格式在给出定义时,对流与扩散作用是放在一起来考虑的,而中心与迎风差分则是分别由相应的对流项离散格式加上扩散项的中心差分格式而构成的。对一维模型方程(5.1),这5种格式所形成的离散方程形式均相同,即式(5.7),所不同的仅是 a_E,a_W 的表达式。本小节的讨论只要规定$\frac{a_E}{D_e}$的表达式就确定了格式,汇总在表5.1中。

表5.1　一维问题的5种3点格式

格　式	中心差分	迎风差分
定　义	$1-\frac{1}{2}P_{\Delta e}$	$1+[\|-P_{\Delta e},0\|]$
混合格式	乘方格式	指数格式
$\left[\left\|-P_{\Delta e},1-\frac{P_{\Delta e}}{2},0\right\|\right]$	$[\|0,(1-0.1\|P_{\Delta e}\|)^5\|]+[\|0,-P_{\Delta e}\|]$	$\frac{P_{\Delta e}}{\exp(P_{\Delta e})-1}$

5.5　对流-扩散方程5种3点格式系数特性的分析

在一维对流-扩散问题中守恒定律是上述的对流与扩散总通量(密度)处处相同。上节从 J 的平衡式导出了以 a_E,a_W 表示的离散形式。在讨论系数 a_E,a_W 间的关系时,是以 a_E/D_e 及 a_W/D_w 的形式来进行的。如果引入与 a_E/D_e 或 a_W/D_w 相对应的通量密度,则该通量密度的离散表达式的系数之间必会有简单而明确的关系。本节介绍对5种3点格式都适用的系数表达式。

5.5.1　通量密度 J^* 及其离散表达式

根据 a_E/D_e 的构造方式,相应的通量密度 J^* 定义为在

的定义式中除以 $D=(\Gamma/\delta x)$，即：$J=\rho u\phi-\Gamma\frac{\mathrm{d}\phi}{\mathrm{d}x}=\frac{\Gamma}{\delta x}\left[P_\Delta\phi-\frac{\mathrm{d}\phi}{\mathrm{d}\left(\frac{x}{\delta x}\right)}\right]$

$$J^*=\frac{J}{\frac{\Gamma}{\delta x}}=P_\Delta\phi-\frac{\mathrm{d}\phi}{\mathrm{d}\left(\frac{x}{\delta x}\right)} \tag{5.21}$$

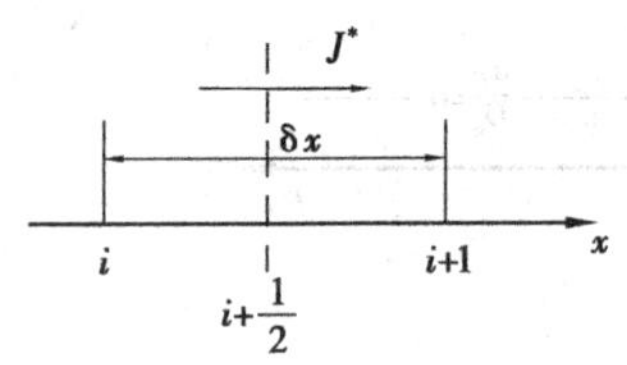

图 5.9　界面上 J^* 通量密度的图示

现在来考虑界面上的 J^* 的离散表达式问题。在 3 点格式中，任一界面上的总通量密度由界面两侧两个节点上的值来表示。如图 5.9 所示，在界面$\left(i+\frac{1}{2}\right)$处的 J^* 可以表示为：

$$J^*=B\phi_i-A\phi_{i+1} \tag{5.22}$$

界面后的项为 $B\phi_i$，界面前的项为 $A\phi_{i+1}$。

这里的所谓“前”、“后”是以坐标轴的正方向为依据的。系数 A,B 与格式有关，它们是 P_Δ 的函数。

5.5.2　通量密度中系数 A/B 间关系的分析

从物理意义方面来分析，A,B 间应具有下述特性。

1）和差特性

当 $\phi_i=\phi_{i+1}$时，界面上的扩散通量为零，J^* 完全由对流作用所造成。将式(5.21)分别应用于节点 i 及 $i+1$，得：

$$J^*=P_\Delta\phi_i=P_\Delta\phi_{i+1}$$

所以

$$B-A=P_\Delta \tag{5.23}$$

2）对称特性

如果将坐标轴反一个方向，则按坐标轴的方向而言，原来两个点的“前”“后”位置就要发生变化。为表达上的清楚起见，在图 5.10 中，特意在两个节点下标记了与方向无关的字母 C 及 D。对坐标系Ⅰ，C 位于界面之后，而 D 位于界面之前，于是有：

$$J^*=B(P_\Delta)\phi_C-A(P_\Delta)\phi_D$$

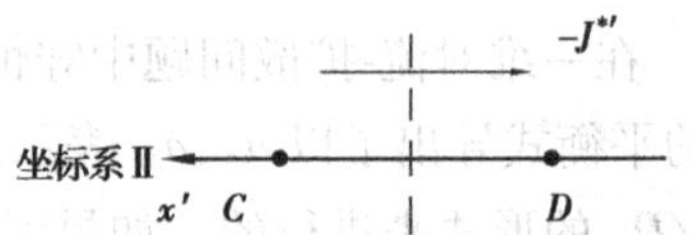

图 5.10　证明对称特性的坐标系

对坐标系Ⅱ，D 点位于界面之后而 C 点位于界面之前，因而有：

$$J^{*\prime}=B(-P_\Delta)\phi_D-A(-P_\Delta)\phi_C \tag{5.24}$$

因为 J^* 与 $J^{*\prime}$是同一物理量在两种坐标系中的描述，应有：

$$J^*=-J^{*\prime}$$

于是得：

$$B(P_\Delta)\phi_C - A(P_\Delta)\phi_D = -[B(-P_\Delta)\phi_D - A(-P_\Delta)\phi_C]$$

即：

$$\phi_C[B(P_\Delta) - A(-P_\Delta)] = \phi_D[A(P_\Delta) - B(-P_\Delta)]$$

要使此式对任何 ϕ_C,ϕ_D 的组合都成立，只有：

$$\begin{aligned} &B(P_\Delta) - A(-P_\Delta) = 0, \text{即} B(P_\Delta) = A(-P_\Delta) \\ &A(P_\Delta) - B(-P_\Delta) = 0, \text{即} A(P_\Delta) = B(-P_\Delta) \end{aligned} \tag{5.25}$$

因而对指数格式有：

$$B(P_\Delta) = \frac{P_\Delta \exp(P_\Delta)}{\exp(P_\Delta) - 1}, A(P_\Delta) = \frac{P_\Delta}{\exp(P_\Delta) - 1} \tag{5.26}$$

在图 5.11 中直观地表示了此两式的和差性与对称性。

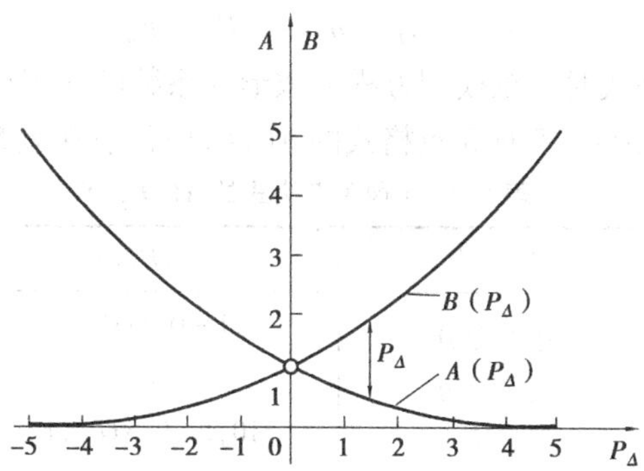

图 5.11　两个特性的图示

5.5.3　系数特性的重要推论

应用系数 A,B 的上述两个特性，可以证明，对 5 种 3 点格式中的任何一种，若在 $P_\Delta>0$ 时，$A(P_\Delta)$ 的计算式为已知，则在 $-|P_\Delta|\leqslant P_\Delta\leqslant|P_\Delta|$ 的范围内，$A(P_\Delta),B(P_\Delta)$ 的计算式均可得出。

首先证明它对于 $A(P_\Delta)$ 是成立的。这是因为有：

$$A(P_\Delta) = B(P_\Delta) - P_\Delta = A(-P_\Delta) - P_\Delta = A(|P_\Delta|) + |P_\Delta|$$

因为 $A(|P_\Delta|)$ 为已知，故此时 $A(P_\Delta)$ 也可算出。这样无论 $P_\Delta>0$ 或 $P_\Delta<0$，可有：

$$A(P_\Delta) = A(|P_\Delta|) + [|-P_\Delta, 0|] \tag{5.27a}$$

其次，上述命题对 $B(P_\Delta)$ 也成立，因为：

$$\begin{aligned} B(P_\Delta) &= A(P_\Delta) + P_\Delta = A(|P_\Delta|) + [|-P_\Delta, 0|] + P_\Delta \\ &= A(|P_\Delta|) + [|P_\Delta, 0|] \end{aligned} \tag{5.27b}$$

这一推论表明，对于这 5 种 3 点格式，可以进一步把注意力集中到 $A(|P_\Delta|)$ 上。

5.5.4　离散方程中 a_E,a_W 的通用表达式

利用上述两个特性及推论来导出适用于 5 种 3 点格式的一维模型方程的通用离散形式。对图 5.5 所示的控制体 P 可写出：

$$J_e^* = B(P_{\Delta e})\phi_P - A(P_{\Delta e})\phi_E$$
$$J_w^* = B(P_{\Delta w})\phi_W - A(P_{\Delta w})\phi_P$$

将此两式代入 J 通量密度守恒方程 $J_e - J_w = D_e J_e^* - D_w J_w^* = 0$，整理得：

$$\phi_P\{D_e B(P_{\Delta e}) + D_w A(P_{\Delta w})\} = D_e A(P_{\Delta e})\phi_E + D_w B(P_{\Delta w})\phi_W$$

利用系数 A,B 的特性，把上式中所有 A,B 均用 $A(|P_\Delta|)$ 来表示：

$$A(P_{\Delta e}) = A(|P_{\Delta e}|) + [|-P_{\Delta e,0}|]$$

$$B(P_{\Delta w}) = A(|P_{\Delta w}|) + P_{\Delta w} = A(|P_{\Delta w}|) + [|P_{\Delta w},0|]$$

$$B(P_{\Delta e}) = A(|P_{\Delta e}|) + [|P_{\Delta e},0|]$$

$$A(P_{\Delta w}) = A(|P_{\Delta w}|) + [|-P_{\Delta w},0|]$$

代入上式，整理后可得形如式(5.7)的离散方程，其中各系数为：

$$a_E = D_e A(P_{\Delta e}) = D_e\{A(|P_{\Delta e}|) + [|-P_{\Delta e},0|]\} \tag{5.28a}$$

$$a_W = D_w B(P_{\Delta w}) = D_w\{A(|P_{\Delta w}|) + [|P_{\Delta w},0|]\} \tag{5.28b}$$

$$a_P = a_E + a_W + (F_e - F_w) \tag{5.28c}$$

这是采用5种3点格式时一维模型方程离散形式系数的通用计算式。不同格式的区别仅在于 $A(|P_{\Delta e}|)$ 的计算式不同。5种3点格式的 $A(|P_\Delta|)$ 汇总在表5.2中，并表示在图5.12中。

表5.2　5种3点格式的 $A(|P_\Delta|)$

格　式	$A(\|P_\Delta\|)$
中心差分	$1-0.5\|P_\Delta\|$
迎风差分	1
混合格式	$[\|0,1-0.5\|P_\Delta\|\|]$
指数格式	$\|P_\Delta\|/[\exp(\|P_\Delta\|)-1]$
乘方格式	$[\|0,(1-0.1\|P_\Delta\|)^5\|]$

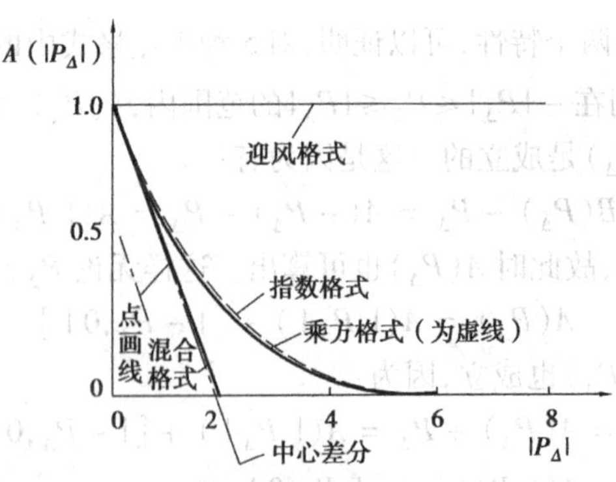

图5.12　不同格式的 $A(|P_\Delta|)$ 变化曲线

（点画线与其邻近的实线应重合，为表示的方便，分别画出）

5.5.5　关于格式定义与系数特性的进一步说明

1)从一维到多维的推广

以上的讨论虽然都是对一维对流-扩散方程作出的，但其结果可以容易地推广到多维问题中去,在每一个坐标方向上都按上述一维问题的方式处理即可。

2)系数表达式(5.28)的意义

采用式(5.28)的表达方式易于编制对格式有一定通用性的程序。只要专门设置一个模块(或子程序)用来确定 $A(|P_\Delta|)$,其余部分的程序对不同的格式完全一样。该模块的输入参数是界面上的流量与扩导,输入就是 $A(|P_\Delta|)$,系数 a_E,a_W 即可据式(5.28)得出。而且这两个系数也只要按定义计算其中一个,另一个则可利用下面介绍的关系得出。

3)系数 $a_W(i+1)$ 与 $a_E(i)$ 间的关系

根据式(5.28a)及式(5.28b)并参看图5.5,可有:

$$a_W(i+1) = \{D_w[A(|P_{\Delta w}|)] + [|P_{\Delta w},0|]\}_{i+1}$$

$$a_E(i) = \{D_e[A(|P_{\Delta e}|)] + [|-P_{\Delta e},0|]\}_i$$

由于$(i+1)$点与 i 点共享一个界面,所以 $P_{\Delta e}=P_{\Delta w}$,$D_e=D_w$,于是有:

$$\begin{aligned}&a_W(i+1)-a_E(i)\\&=D_wA(|P_{\Delta w}|)+[|F_w,0|]-D_eA(|P_{\Delta e}|)-[|-F_e,0|]\\&=F\end{aligned}\tag{5.29}$$

这就是5.3节中所提到的系数 a_E,a_W 间的内在联系。利用这一关系,当采用上述5种格式之一时,如果已由定义计算得出了 $a_W(i+1)$,则 $a_E(i)$ 就可由式(5.29)直接得出,从而有效地节省了系数的计算工作量。

5.6　高阶离散格式

5.6.1　对流项离散格式假扩散特性

任何数值计算的格式总会引起误差,从数值解的物理特性方面来说,包括迁移特性、守恒特性是否遭破坏。假扩散是对流项离散过程中所引入的另一个重要误差。由于对流-扩散方程中一阶导数项的离散格式的截差首项包含有二阶导数,使数值计算结果中的扩散作用被人为放大了,相当于引入了人工黏性或数值黏性。因而,假扩散、人工黏性、数值黏性通常是作为同义词使用。

为克服或减轻数值计算中的假扩散误差,应当采用截差阶数较高的格式;减轻流线与网线之间的倾斜交叉现象或者在构造格式时考虑来流方向的影响。

有关假扩散的含义及造成的原因本书不作介绍,读者可以参考陶文铨的《数值传热学》。

5.2节中讨论的中心差分格式、迎风格式和混合格式均只具有一阶精度。使用迎风格式虽然可保证计算的稳定,且满足迁移性要求,但一阶精度将导致数值上的扩散误差(假扩散),而高阶离散格式可明显降低这种误差。在高阶离散格式中,引入了更多的相邻节点,且考虑了流动方向性的影响。本节将介绍二阶迎风格式和QUICK格式。

5.6.2 二阶迎风格式

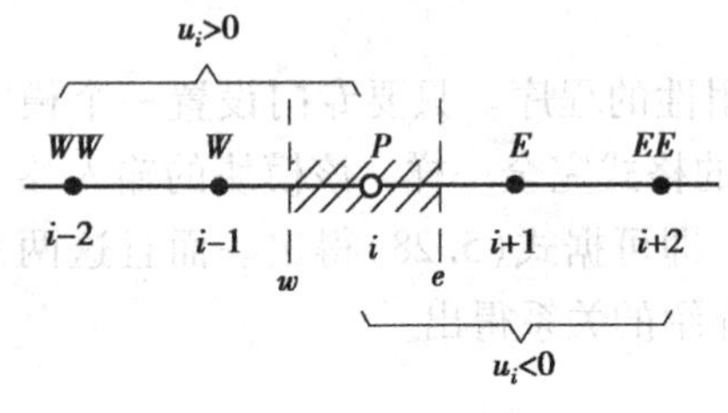

图 5.13 二阶迎风格式图

二阶迎风格式与一阶迎风格式的相同点在于:二者都通过上游单元节点的物理量来确定控制容积界面的物理量。但二阶迎风格式不仅要用到上游最近一个节点的值,还要用到另一个上游节点的值。采用 Taylor 展开法定义时,一阶导数具有二阶截差的差分格式。对图 5.13 的均分网格,可以定义为如下内容。

$$u\frac{\partial\phi}{\partial x}\bigg|_i \cong \begin{cases}\dfrac{u_i}{2\Delta x}(3\phi_i - 4\phi_{i-1} + \phi_{i-2}), u_i > 0 & (5.30a)\\[2ex] \dfrac{u_i}{2\Delta x}(-3\phi_i + 4\phi_{i+1} - \phi_{i+2}), u_i < 0 & (5.30b)\end{cases}$$

为了进一步理解这个格式,对 $u_i>0$ 改写为:

$$u\frac{\partial\phi}{\partial x}\bigg|_P \cong u_P\left(\frac{\phi_P-\phi_W}{\Delta x}+\frac{\phi_P-2\phi_W+\phi_{WW}}{2\Delta x}\right) \tag{5.31a}$$

括号中的第一项就是一般的迎风差分,第二项则可以看成是曲率修正,如图 5.14 所示。

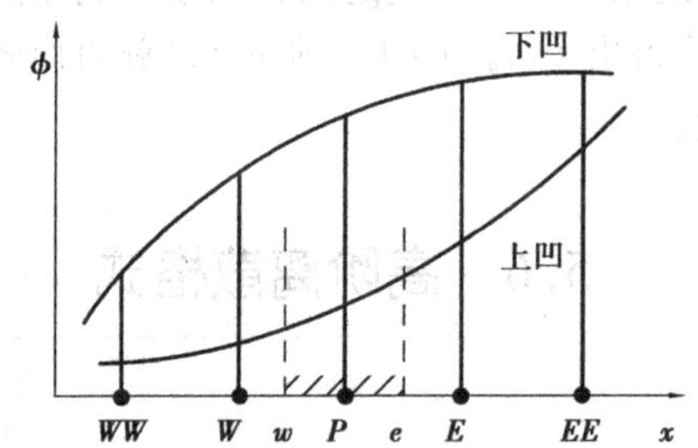

图 5.14 说明二阶迎风格式曲率修正的图示

当实际的变化率曲线向上凹时,以 P 控制容积的 w 界面的导数$\left(\dfrac{\phi_P-\phi_W}{\Delta x}\right)$来代替 P 点的导数将得到偏低的结果,但此时式(5.31a)中的第二项$(\phi_P-2\phi_W+\phi_{WW})$大于零,因而相当于作了一定的修正。而当 ϕ 的变化曲线向下凹时,情况正好相反,此时括号中的第二项相当于修正了用 w 界面上的斜率代替 P 点的斜率所带来的偏离误差。类似地,$u<0$ 时,式(5.30b)可以写成

$$u\frac{\partial\phi}{\partial x}\bigg|_P \cong u_P\left(\frac{\phi_E-\phi_P}{\Delta x}-\frac{\phi_P-2\phi_E+\phi_{EE}}{2\Delta x}\right) \tag{5.31b}$$

这里括号中的第二项可以看作是对用 e 界面上的梯度来代替 P 点的梯度所引入误差的修正。

二阶迎风的界面插值定义如下(以 ϕ_w 为例子):

$$\phi_w = \begin{cases}1.5\phi_W - 0.5\phi_{WW}, u_w > 0 & (5.32a)\\ 1.5\phi_P - 0.5\phi_E, u_w < 0 & (5.32b)\end{cases}$$

这一插值的方式如图 5.15 所示。按这一定义,在控制容积 P 内,一阶导数积分平均值的

离散形式为：

$$\frac{1}{\Delta x}\int_w^e\left(\frac{\partial\phi}{\partial x}\right)\mathrm{d}x = \frac{\phi_e-\phi_w}{\Delta x} \overset{u>0}{=\!=} \frac{(1.5\phi_P-0.5\phi_W)-(1.5\phi_W-0.5\phi_{WW})}{\Delta x}$$

$$\overset{u>0}{=\!=} \frac{3\phi_P-4\phi_W+\phi_{WW}}{2\Delta x} = \frac{3\phi_i-4\phi_{i-1}+\phi_{i-2}}{2\Delta x} \tag{5.33}$$

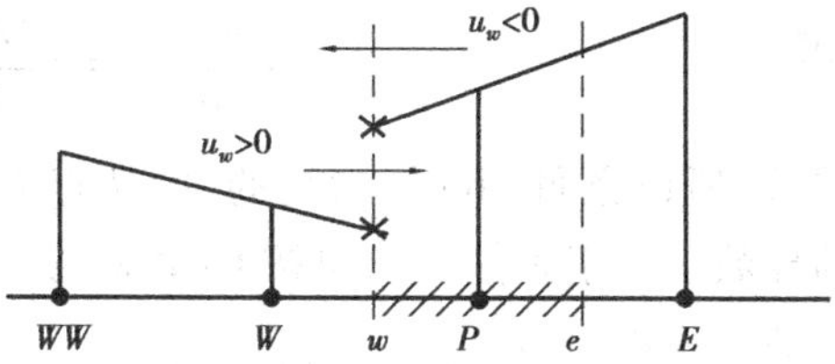

图 5.15　二阶迎风的界面插值定义

显然与式(5.30a)中定义的一阶导数离散表达式有相同的形式。但由于式(5.30a)代表节点上导数的离散形式，而式(5.33)代表的是控制容积 P 中的平均值，因而两式的截差阶数一样，但首项的系数则有所差别。

当对流项采用二阶迎风格式，扩散项采用中心差分格式时，容易证明此时离散方程具有二阶精度的截差。从控制容积积分法导出的二阶迎风格式具有守恒特性。

5.6.3　QUICK 格式

QUICK 格式是"Quadratic Upwind Interpolation of Convective Kinematics"的缩写，意为"对流运动的二阶迎风差值"，是一种改进离散方程截差的方法。

1）QUICK 格式的数学描述

QUICK 格式是通过提高界面上插值函数的阶数来提高格式截断误差的。

对图 5.16 所示的情形，在控制容积右界面上的值 ϕ_e 如采用分段线性方式插值（即中心差分），有 $\phi_e=(\phi_P+\phi_E)/2$。但由该图可知，当曲线上凹时，实际的 ϕ 要小于此值，而当曲线下凹时则又要大于这一插值。一种更合理的方法是在分段线性插值基础上引入一个曲率修正。Leonard 提出的方法为：

$$\phi_e = \frac{\phi_P+\phi_E}{2}-\frac{1}{8}Curv \tag{5.34}$$

其中符号 $Curv$ 代表曲率修正，其计算方式为：

$$Curv = \begin{cases}\phi_E-2\phi_P+\phi_W, u>0 & (5.35\text{a})\\ \phi_P-2\phi_E+\phi_{EE}, u<0 & (5.35\text{b})\end{cases}$$

ϕ_w 的计算式可仿式(5.34)、式(5.35)写出。

所谓"二次"是相对于线性插值（"一次"）而言的。"迎风"指的是曲率修正 $Curv$ 总是由界面两侧的两个点及迎风方向的另一个点所组成。对流项的 QUICK 格式具有三阶精度的截差，但扩散项一般仍采用二阶截差的中心差分格式。

QUICK 格式具有守恒特性，可以证明这一点。从控制容积积分方法来说，只要证明从任一界面两侧的节点来写出的该界面上的函数值及一阶导数的表达式都是一样的即可（界面上

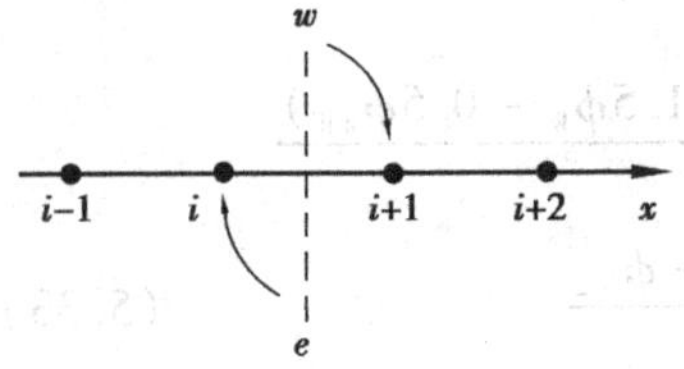

图 5.16　QUICK 格式的守恒性

的物性值从两侧节点来写出时也应相同)。这样当对各相邻控制容积求和时界面上的总流通量可以互相抵消,而只剩下边界上的有关的量。也就是说,守恒的格式应满足(图 5.16):

$$(\phi_i)_e = (\phi_{i+1})_w \tag{a}$$

$$\left(\frac{\partial \phi_i}{\partial x}\right)_e = \left(\frac{\partial \phi_{i+1}}{\partial x}\right)_w \tag{b}$$

因为扩散项仍取中心差分,所以条件(b)是满足的,即从点 i 写出的 e 界面导数等于从 $(i+1)$ 点写出的 w 界面上的导数。至于条件(a),可按 QUICK 的定义来证明。设 $u>0$,则有:

$$(\phi_i)_e = \frac{\phi_{i+1}+\phi_i}{2} - \frac{1}{8}(\phi_{i+1} - 2\phi_i + \phi_{i-1}) = (\phi_{i+1})_w$$

对 $u<0$ 的情形同样可证明条件(a)是成立的。

将上述 QUICK 格式的表达式合并,假如沿流动方向有 3 个节点 $i-2$、$i-1$ 和 i,则在节点 $i-1$和 i 之间的界面处的物理量为:

$$\phi_{face} = \frac{6}{8}\phi_{i-1} + \frac{3}{8}\phi_i - \frac{1}{8}\phi_{i-2} \tag{5.36}$$

例如,当流动沿着正方向,即 $u_w>0, u_e>0(F_w>0, F_e>0)$时,存在:

$$\phi_w = \frac{6}{8}\phi_W + \frac{3}{8}\phi_P - \frac{1}{8}\phi_{WW}, \phi_e = \frac{6}{8}\phi_P + \frac{3}{8}\phi_E - \frac{1}{8}\phi_W \tag{5.37}$$

将式(5.36)代入方程(5.3),有:

$$\left(D_w - \frac{3}{8}F_w + D_e + \frac{6}{8}F_e\right)\phi_P = \left(D_w + \frac{6}{8}F_w + \frac{1}{8}F_e\right)\phi_W + \left(D_e - \frac{3}{8}F_e\right)\phi_E - \frac{1}{8}F_w\phi_{WW} \tag{5.38}$$

同样,可写出当流动沿负方向时的界面物理量表达式,相应的离散方程如下:

$$\left(D_w - \frac{6}{8}F_w + D_e + \frac{3}{8}F_e\right)\phi_P = \left(D_w + \frac{3}{8}F_w\right)\phi_W + \left(D_e - \frac{6}{8}F_e - \frac{1}{8}F_w\right)\phi_E + \frac{1}{8}F_e\phi_{EE} \tag{5.39}$$

综合正负两个方向的结果,即式(5.38)及式(5.39),得出 QUICK 格式下的离散方程:

$$a_P\phi_P = a_W\phi_W + a_{WW}\phi_{WW} + a_E\phi_E + a_{EE}\phi_{EE} \tag{5.40}$$

式中:

$$\left.\begin{aligned}
a_P &= a_E + a_W + a_{EE} + a_{WW} + (F_e - F_w)\\
a_W &= D_w + \frac{6}{8}a_wF_w + \frac{1}{8}a_wF_e + \frac{3}{8}(1-a_w)F_w\\
a_E &= D_e - \frac{3}{8}a_eF_e - \frac{6}{8}(1-a_e)F_e - \frac{1}{8}(1-a_e)F_w\\
a_{WW} &= -\frac{1}{8}a_wF_w\\
a_{EE} &= \frac{1}{8}(1-a_e)F_e
\end{aligned}\right\} \tag{5.41}$$

其中,当 $F_w>0$ 时有 $a_w=1$;当 $F_e>0$ 时有 $a_e=1$;当 $F_w<0$ 时有 $a_w=0$;当 $F_e<0$ 时有 $a_e=0$。

2)QUICK 格式的特点及其改进格式

这里,之所以称这种格式为 QUICK 格式,是相对于对流项而言,其插值格式采用的是二次的,而其中的"迎风"指的是曲率修正值 C 总是由曲面两侧的两个点及迎风方向的另一个点所决定。QUICK 格式对应的离散方程组不是三对角方程组。对流项的 QUICK 格式具有三阶精度的截差,但扩散项因采用中心差分格式而具有二阶截差。不难证明,QUICK 格式具有守恒特性。

对于与流动方向对齐的结构网格而言,QUICK 格式将可产生比二阶迎风格式等更精确的计算结果,因此,QUICK 格式常用于六面体(或二维问题中的四边形)网格。对于其他类型的网格,一般使用二阶迎风格式。

在 QUICK 格式所建立的离散方程中,系数不总是正值。例如,当流动方向为正,即 $u_w>0$ 及 $u_e>0$ 时,在中等的 P_e 数($P_e>8/3$)下,东部系数 a_E 为负;当流动方向相反时,西部系数 a_W 为负。这样,就会出现解不稳定的问题。因此,QUICK 格式是条件稳定的。

为了解决 QUICK 的稳定性问题,多位学者提出了改进 QUICK 算法。如 Hayase 等人于 1992 年提出的改进 QUICK 算法规定:

$$\phi_w = \phi_W + \frac{1}{8}[3\phi_P - 2\phi_W - \phi_{WW}] \quad (\text{对于 } F_w > 0) \tag{5.42a}$$

$$\phi_e = \phi_P + \frac{1}{8}[3\phi_E - 2\phi_P - \phi_W] \quad (\text{对于 } F_e > 0) \tag{5.42b}$$

$$\phi_w = \phi_P + \frac{1}{8}[3\phi_W - 2\phi_P - \phi_E] \quad (\text{对于 } F_w < 0) \tag{5.42c}$$

$$\phi_e = \phi_E + \frac{1}{8}[3\phi_P - 2\phi_E - \phi_{EE}] \quad (\text{对于 } F_e < 0) \tag{5.42d}$$

相应的离散方程为:

$$a_P\phi_P = a_W\phi_W + a_E\phi_E + \bar{S} \tag{5.43}$$

式中:

$$\left.\begin{aligned}
&a_P = a_E + a_W + (F_e - F_w)\\
&a_W = D_w + a_wF_w\\
&a_E = D_e - (1 - a_e)F_e\\
&\bar{S} = \frac{1}{8}(3\phi_P - 2\phi_W - \phi_{WW})a_wF_w + \frac{1}{8}(\phi_W + 2\phi_P - 3\phi_E)a_eF_e +\\
&\frac{1}{8}(3\phi_W - 2\phi_P - \phi_E)(1 - a_w)F_w + \frac{1}{8}(2\phi_E + \phi_{EE} - 3\phi_P)(1 - a_e)F_e
\end{aligned}\right\} \tag{5.44}$$

其中,当 $F_w>0$ 时有 $a_w=1$;当 $F_e>0$ 时有 $a_e=1$;当 $F_w<0$ 时有 $a_w=0$;当 $F_e<0$ 时有 $a_e=0$。

式(5.44)对应的方程系数总是正值,因此在求解方程组时总能得到稳定解。这种改进的 QUICK 格式与标准的 QUICK 格式得到相同的收敛解。

3)FLUENT 中的广义 QUICK 格式

在 FLUENT 软件中,为了编程方便,给出了广义 QUICK 格式的表示方式:

$$\phi_e = \theta\left[\frac{S_d}{S_e + S_d}\phi_P + \frac{S_e}{S_e + S_d}\phi_E\right] + (1 - \theta)\left[\frac{S_u + 2S_e}{S_u + S_e}\phi_P - \frac{S_e}{S_u + S_e}\phi_W\right] \tag{5.45}$$

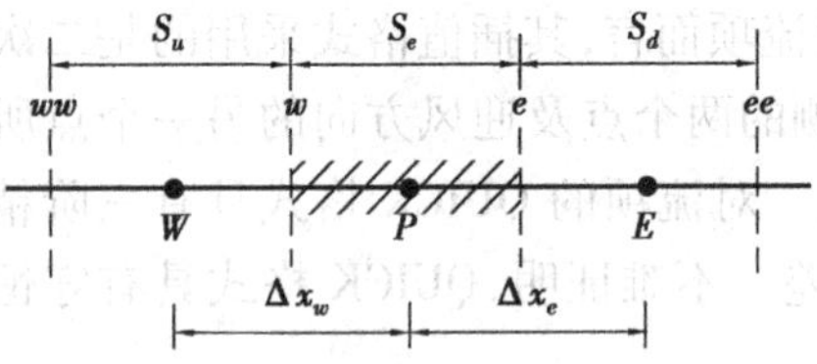

图 5.17　一维问题中的控制体积

式中　S_u, S_e, S_d——与计算节点 W, P, E 相对应的控制体积的边长，如图 5.17 所示。

当 $\theta = 1$ 时，式(5.45)即转化为二阶的中心差分格式；当 $\theta = 0$ 时，式(5.45)转化为二阶迎风格式；当 $\theta = 1/8$ 时，式(5.45)转化为标准的 QUICK 格式。

5.6.4　采用高阶格式时近边界点的处理

需要指出的是，无论二阶迎风还是 QUICK 格式，对一维问题，都是 5 点格式，对二维问题是 9 点格式，亦即任一节点 P 离散方程中可能会出现近邻的 N, E, W, S 4 个节点及远邻的 WW, SS, EE 及 NN 4 个节点，如图 5.18 所示。

这就带来两个问题：①第一个内节点的离散方程如何建立？②所形成的离散方程怎样求解？先讨论第一个问题。以一维情形的左端点为例，如图 5.19 所示，设节点 2 的左界面流速大于零，则无法按二阶迎风或 QUICK 的规定从上游取得另一个节点以构成曲率修正。常见的处理方法是：

①在边界上采用二次插值。设上游方向有一虚拟节点 0，其上之值 ϕ_0 满足：

$$\phi_0 + \phi_2 = 2\phi_1, \text{或 } \phi_0 = 2\phi_1 - \phi_2 \tag{5.46}$$

②采用一阶迎风或混合格式来处理边界条件，这样就不再需要上游方向的第二个节点。

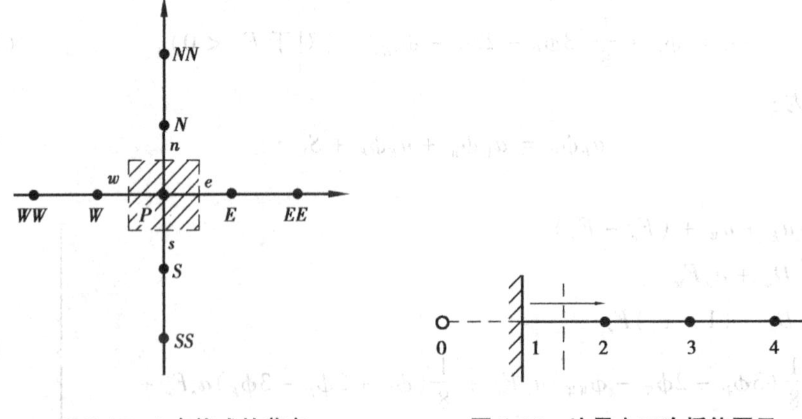

图 5.18　9 点格式的节点　　　　图 5.19　边界上二次插值图示

5.6.5　高阶格式所形成的离散方程的求解方法

由于受计算机资源的限制，对二维问题一般采用 5 点格式，这样在每一个坐标方向都只有相邻的 3 个节点出现在同一个代数方程中，可以方便地在每一个方向上使用 TDMA(称为交替方向 TDMA)。引入 QUICK 等高阶格式后，二维问题成了 9 点格式，每一个坐标方向上有 5 个相邻的点需要同时求解，这样 TDMA 不能直接用来求解这些离散方程。因而自 QUICK 格式提出后不少作者研究如何用TDMA 来求解由 QUICK 等格式离散的方程。目前文献中用来求解由 QUICK 等高阶格式所形成的代数方程的方法有下述两大类。

①采用交替方向五对角阵算法(pentadiagonal matrix algorithm,PDMA)。PDMA 是用直接解法求解五对角阵的算法,在不同坐标方向交替地使用这一方法就可迭代式地获得代数方程的解,有兴趣的读者可参见相关参考文献。

②采用延迟修正方法(deferred correction method)。所谓延迟修正是指将界面上函数的插值表述成以下方式的实施方法:

$$\phi_e^H = \phi_e^L + (\phi_e^H - \phi_e^L)^* \tag{5.47}$$

式中 上标 H,L——分别表示高阶与低阶格式,如一阶迎风;

$*$——上一层次的迭代值,在进行当前层次的计算时是已知的,因而在形成离散方程时,ϕ_e^L 部分进入影响系数,而带"$*$"部分则进入代数方程的源项。

这样做可以保证所求解的代数方程满足对角占优的条件,增加了代数方程组求解过程的稳定性;同时又可以采用交替方向 TDMA 来求解代数方程,有关这部分内容读者可参考相关书籍。

5.7 对流-扩散方程离散形式的稳定性分析

稳定性是对流-扩散方程离散形式的重要特性之一。本节简要地说明了稳定性含义及其对流项离散格式特性。对于分析稳定性的方法读者可以参考相关的书籍。

5.7.1 常见的不稳定性问题

在数值计算中,会遇到下述 3 种不稳定性问题。

1)代数方程迭代求解过程的不稳定性

在用迭代法求解代数方程组时,如果迭代收敛的条件不满足,导致迭代过程发散,称为代数方程求解的不稳定性。

2)初值问题显示格式的不稳定性

在用显示格式求解抛物型方程时,由于时间步长取得过大而引起振荡的解,称为初值问题的不稳定性。

3)对流离散格式的不稳定性

在采用某些格式求解对流-扩散方程时,由于空间步长过大或者流速过高,即使在稳定的情况下也会导致振荡的解,称为对流项离散格式的不稳定性。

5.7.2 对流项离散格式的稳定性

将所分析的离散格式应用于一维稳态无源项的模型方程,通过对离散方程稳定性的分析,找出该格式稳定性条件,即找出使数值解不出现振荡的网格 Peclet 数的极限值(称为临界

Peclet数)。

分析对流项离散格式稳定性的方法有:①正型系数法;②离散方程精确解分析法;③反馈灵敏度分析法;④"符合不变"原则。有关处理对流项不稳定方法的详细介绍,读者可以参考相关参考书籍。

对于任一种离散格式,都希望其既具有稳定性又有较高的精度,同时又能适应不同的流动形式,但是实际上这种理想的离散格式不存在。有的文献提出了对现有离散格式进行组合的方法,但是代数方程的求解工作量比非组合格式大。表 5.3 对各种离散格式的性能进行对比,可以归纳如下几点:

①在满足稳定性条件的范围内,一般来说,对于截差较高的格式,解的精确度要高一些。

②稳定性与准确性常常是相互矛盾的。准确性较高的格式,如 QUICK 格式都不是无条件稳定的,而假扩散现象相对严重的一阶迎风格式则是无条件稳定的。

表 5.3 常见离散格式的性能对比

离散格式	稳定性及稳定条件	精度与经济性
中心差分	条件稳定 $P_e \leqslant 2$	在不发生振荡的参数范围内,可以获得较准确的结果
一阶迎风	绝对稳定	虽然可以获得物理上可接受的解,但当 P_e 数较大时,假扩散较严重。为避免此问题,常需要加密计算网格
二阶迎风	绝对稳定	精度较一阶迎风高,但仍有假扩散问题
混合格式	绝对稳定	当 $P_e \leqslant 2$ 时,性能与中心差分格式相同;当 $P_e > 2$ 时,性能与一阶迎风格式相同
指数格式、乘方格式	绝对稳定	主要适用于无源项的对流-扩散问题。对有非常数源项的场合,当 P_e 数较高时有较大误差
QUICK 格式	条件稳定 $P_e \leqslant 8/3$	可以减少假扩散误差,精度较高,应用较广泛。但主要用于六面体或四边形网格
改进的 QUICK 格式	绝对稳定	性能同标准 QUICK 格式,只是不存在稳定性问题

5.8 多维对流-扩散方程的离散及边界条件的处理

5.8.1 二维对流-扩散方程的离散

1)直角坐标系二维对流-扩散方程

在二维直角坐标系中,对流-扩散方程的通用形式为:

$$\frac{\partial(\rho\phi)}{\partial t}+\frac{\partial(\rho u\phi)}{\partial x}+\frac{\partial(\rho v\phi)}{\partial y}=\frac{\partial\left(\Gamma_{\phi}\frac{\partial\phi}{\partial x}\right)}{\partial x}+\frac{\partial\left(\Gamma_{\phi}\frac{\partial\phi}{\partial y}\right)}{\partial y}+S_{\phi} \tag{5.48}$$

这里 ϕ 是通用变量,Γ_ϕ 与 S_ϕ 是与 ϕ 相对的广义扩散系数及广义源项。为书写的简便,以下将略去它们的下标 ϕ。对于 Navier-Stokes 方程,我们把压力梯度项暂时放到源项 S 中去。

引入在 x 及 y 方向的对流-扩散总通量密度,上式可改写成为:

$$\frac{\partial(\rho\phi)}{\partial t}+\frac{\partial\left(\rho u\phi-\Gamma\frac{\partial\phi}{\partial x}\right)}{\partial x}+\frac{\partial\left(\rho v\phi-\Gamma\frac{\partial\phi}{\partial y}\right)}{\partial y}=S$$

式中

$$\rho u\phi-\Gamma\frac{\partial\phi}{\partial x}=J_x$$

$$\rho v\phi-\Gamma\frac{\partial\phi}{\partial y}=J_y$$

即:

$$\frac{\partial(\rho\phi)}{\partial t}+\frac{\partial J_x}{\partial x}+\frac{\partial J_y}{\partial y}=S \tag{5.49}$$

2)用控制容积积分法进行离散

将式(5.49)对图 5.20 所示的 P 控制容积作时间与空间的积分,并假设:

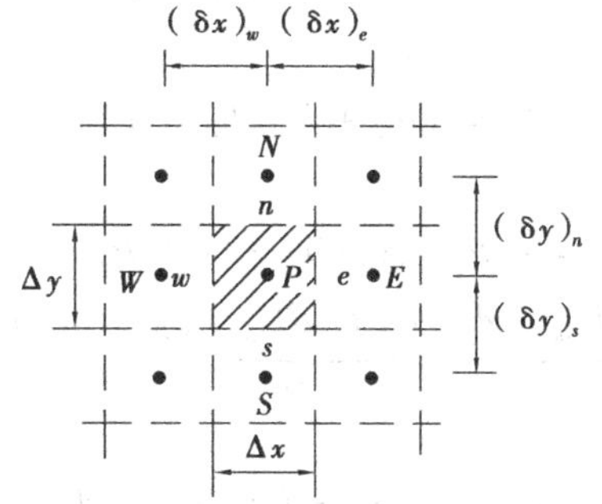

图 5.20 直角坐标的网格系统

①以$\dfrac{(\rho\phi)_P-(\rho\phi)_P^0}{\Delta t}$近似地代替$\dfrac{\partial(\rho\phi)}{\partial t}$。

②在 x 及 y 方向上的总通量密度 J_x,J_y 在各自的界面 e,w 及 n,s 是均匀的,于是有:

$$\int_s^n\int_w^e\frac{\partial J_x}{\partial x}\mathrm{d}x\mathrm{d}y=\int_s^n(J_x^e-J_x^w)\mathrm{d}y\cong(J_x^e-J_x^w)\Delta y=J_e-J_w$$

式中 J_x^e,J_x^w——分别代表 x 方向上在 e 界面及 w 界面处单位面积上的转移量(总通量密度),而 J_e,J_w 则是总面积 Δy 上的转移量(总通量)。

③$S=S_C+S_P\phi_P(S_P\leqslant 0)$,则可得:

$$\frac{(\rho\phi)_P-(\rho\phi)_P^0}{\Delta t}\Delta V+(J_e-J_w)+(J_n-J_s)=(S_C+S_P\phi_P)\Delta V \tag{5.50}$$

式中 ΔV——为控制容积的体积,$\Delta V=\Delta x\Delta y$。

至此,除时间项外尚未引入离散格式。为使式(5.50)最终化为相邻节点上未知值间的代数方程,需要对界面上的总通量 J 建立起其节点值的表达式,这就要涉及离散格式。界面上的总通量可以表示成对流与扩散部分之和。界面上导数离散方式及函数插值方式的不同也就形成了多种格式。除了指数及乘方格式外,界面上扩散项的导数大都采用分段线性的型线来构造,因而主要的区别在于界面函数的插值方法。在这里采用延迟修正的方式来处理 QUICK 等高阶格式,即将界面插值表示成式(5.47)的形式,其中低阶格式取为一阶迎风。这样可以先导出采用 5 种 3 点格式来离散时的通用控制方程,然后再加上高阶格式的修正部分。

3)5 种 3 点格式的界面总通量表达式

在 5.4 节中,利用了 3 点格式系数 A,B 的两个特点,导出了 J^* 通量的表达式,然后将 J^* 通量乘扩导获得了 J 通量密度的计算式。显然一维问题中的这一导出过程对二维问题的每一个坐标仍是成立的。所区别的仅是一维问题中是对总通量密度(单位面积上的转移量)来推导的,而在二维场合则是对总通量(一定大小面积上的转移量)来分析的。

于是有:

$$J_e = J_e^* D_e = [B(P_{\Delta e})\phi_P - A(P_{\Delta e})\phi_E]D_e = \{[A(P_{\Delta e}) + P_{\Delta e}]\phi_P - A(P_{\Delta e})\phi_E\}D_e$$
$$= \underbrace{[D_e A(P_{\Delta e})]}_{a_E}\phi_P + \underbrace{(D_e P_{\Delta e})}_{F_e}\phi_P - \underbrace{[D_e A(P_{\Delta e})]}_{a_E}\phi_E$$

即:

$$J_e = (a_E + F_e)\phi_P - a_E\phi_E \tag{5.51a}$$

类似地可得:

$$J_n = (a_N + F_n)\phi_P - a_N\phi_N \tag{5.51b}$$

对 J_w 有:

$$J_w = J_w^* D_w = [B(P_{\Delta w})\phi_W - A(P_{\Delta w})\phi_P]D_w = \{B(P_{\Delta w})\phi_W - [B(P_{\Delta w}) - P_{\Delta w}]\phi_P\}D_w$$
$$= \underbrace{[D_w B(P_{\Delta w})]}_{a_W}\phi_W + \underbrace{(D_w BP_{\Delta w})}_{a_W}\phi_P - \underbrace{[D_w B(P_{\Delta w})]}_{F_w}\phi_P$$

即:

$$J_w = a_W\phi_W - (a_W - F_w)\phi_P \tag{5.51c}$$

类似地可得:

$$J_s = a_S\phi_S - (a_S - F_s)\phi_P \tag{5.51d}$$

4)五点格式的通用离散方程

将以上 J_e,J_w,J_n,J_s 的表达式代入式(5.50),归并同类项,得

$$a_P\phi_P = a_E\phi_E + a_W\phi_W + a_N\phi_N + a_S\phi_S + b \tag{5.52}$$

式中

$$a_E = D_e A(P_{\Delta e}) = D_e A(|P_{\Delta e}|) + [|-F_e,0|] \tag{5.53a}$$

$$a_W = D_w B(P_{\Delta w}) = D_w A(|P_{\Delta w}|) + [|F_w,0|] \tag{5.53b}$$

$$a_N = D_n A(P_{\Delta n}) = D_n A(|P_{\Delta n}|) + [|-F_n,0|] \tag{5.53c}$$

$$a_S = D_s B(P_{\Delta s}) = D_s A(|P_{\Delta s}|) + [|F_s,0|] \tag{5.53d}$$

$$b = S_C\Delta V + a_P^0\phi_P^0 \tag{5.53e}$$

$$a_P = a_E + a_W + a_N + a_S + a_P^0 - S_P\Delta V \tag{5.53f}$$

$$a_P^0 = \frac{\rho_P\Delta V}{\Delta t} \tag{5.53g}$$

5)纳入其他高阶格式的方法

采用延迟修正的方式来纳入高阶格式(扩散项仍为分段线性的型线),则容易证明,最后所得的离散方程为:

$$a_P\phi_P = a_E\phi_E + a_W\phi_W + a_N\phi_N + a_S\phi_S + b + b_{ad}^* \tag{5.54}$$

式中,系数 a_P,a_E,a_W,a_N,a_S 及源项 b 均按照一阶迎风格式计算,由于采用延迟修正而引入的源项则为:

$$b_{ad}^* = (b_{ad}^*)_w + (b_{ad}^*)_e + (b_{ad}^*)_s + (b_{ad}^*)_n \tag{5.55a}$$

式中

$$\begin{aligned}(b_{ad}^*)_w &= F_w[(\phi_w^*)^H - (\phi_w^*)^{FUS}]\\(b_{ad}^*)_e &= F_e[-(\phi_e^*)^H + (\phi_e^*)^{FUS}]\\(b_{ad}^*)_s &= F_s[(\phi_s^*)^H - (\phi_s^*)^{FUS}]\\(b_{ad}^*)_n &= F_n[-(\phi_n^*)^H + (\phi_n^*)^{FUS}]\end{aligned} \tag{5.55b}$$

由于采用延迟修正而引入的附加源项 b_{ad}^*之所以带上"＊"是为了强调这样一个事实:包含在其中的所有界面上之值均按照上一层次迭代所得之值计算。

例如对于 QUICK 格式采用如图 5.21 所示的局部坐标来定义节点 P 与其 4 个邻点之间的距离,设控制容积 P 的宽度为 f,则附加源项的计算如下:

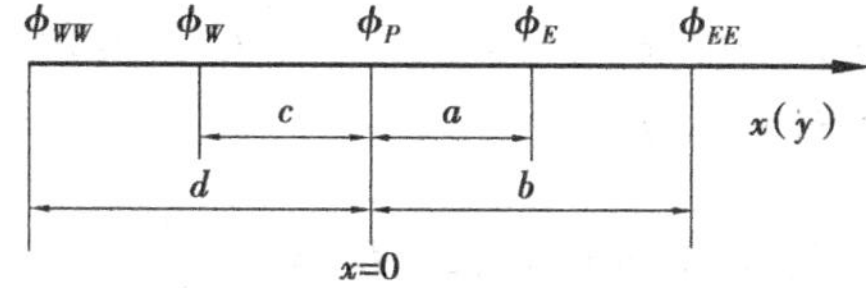

图 5.21 节点间距离的定义

$$F_e > 0,(b_{ad}^*)_e = -\frac{F_e}{4}\left\{\frac{f(f-2a)}{c(c-a)}\phi_W^* - \left[4 - \frac{(f-2c)(f-2a)}{ca}\right]\phi_P^* + \frac{f(f-2c)}{a(a-c)}\phi_E^*\right\}$$

$$F_e < 0,(b_{ad}^*)_e = -\frac{F_e}{4}\left\{\frac{f(f-2a)(f-2b)}{ab}\phi_P^* - \left[4 - \frac{(f-2b)}{a(a-b)}\right]\phi_E^* + \frac{f(f-2a)}{b(b-a)}\phi_{EE}^*\right\}$$

$$F_w > 0,(b_{ad}^*)_w = \frac{F_w}{4}\left\{\frac{f(f+2c)}{d(d-c)}\phi_{WW}^* - \left[4 - \frac{f(f+2d)}{c-(c-d)}\right]\phi_W^* + \frac{(f+2d)(f+2c)}{dc}\phi_P^*\right\}$$

$$F_w < 0,(b_{ad}^*)_w = \frac{F_e}{4}\left\{\frac{f(f+2a)}{c(c-a)}\phi_W^* - \left[4 - \frac{(f+2c)(f+2a)}{ca}\right]\phi_P^* + \frac{f(f+2c)}{a(a-c)}\phi_E^*\right\}$$

$$F_n > 0,(b_{ad}^*)_n = -\frac{F_w}{4}\left\{\frac{f(f-2a)}{c(c-a)}\phi_S^* - \left[4 - \frac{(f-2c)(f-2a)}{ca}\right]\phi_P^* + \frac{f(f-2c)}{a(a-c)}\phi_N^*\right\}$$

$$F_n < 0,(b_{ad}^*)_n = -\frac{F_n}{4}\left\{\frac{(f-2a)(f-2b)}{ab}\phi_P^* - \left[4 - \frac{f(f-2b)}{a(a-b)}\right]\phi_N^* + \frac{f(f-2a)}{b(b-2a)}\phi_{NN}^*\right\}$$

$$F_s > 0,(b_{ad}^*)_s = \frac{F_S}{4}\left\{\frac{f(f+2c)}{d(d-c)}\phi_{SS}^* - \left[4 - \frac{f(f+2d)}{c-(c-d)}\right]\phi_S^* + \frac{(f+2d)(f+2c)}{dc}\phi_P^*\right\}$$

$$F_s < 0,(b_{ad}^*)_s = \frac{F_S}{4}\left\{\frac{f(f+2a)}{c(c-a)}\phi_S^* - \left[4 - \frac{(f+2c)(f+2a)}{ca}\right]\phi_P^* + \frac{f(f+2c)}{a(a-c)}\phi_N^*\right\} \tag{5.56}$$

需要指出的是,a,b,c,d 代表以 P 点为原点的局部坐标,因而本身带有正、负号。

5.8.2 三维对流-扩散方程的离散形式

从二维向三维的推广是直截了当的。以直角坐标系为例,设增加第三个坐标 Z,它在控制容积两个界面上分别用 t(top)及 b(bottom)表示,相应的两个邻点则记为 T 及 B,则离散方程为:

$$a_P\phi_P = a_E\phi_E + a_W\phi_W + a_N\phi_N + a_S\phi_S + a_T\phi_T + a_B\phi_B + b \tag{5.57}$$

式中

$$a_E = D_eA(|P_{\Delta e}|) + [|-F_e,0|] \tag{5.58a}$$

$$a_W = D_wA(|P_{\Delta w}|) + [|F_w,0|] \tag{5.58b}$$

$$a_N = D_nA(|P_{\Delta n}|) + [|-F_n,0|] \tag{5.58c}$$

$$a_S = D_sA(|P_{\Delta s}|) + [|F_s,0|] \tag{5.58d}$$

$$a_T = D_tA(|P_{\Delta t}|) + [|-F_t,0|] \tag{5.58e}$$

$$a_B = D_bA(|P_{\Delta b}|) + [|F_b,0|] \tag{5.58f}$$

$$b = S_C\Delta x\Delta y\Delta z + a_P^0\phi_P^0 \tag{5.58g}$$

$$a_P^0 = \frac{\rho\Delta x\Delta y\Delta z}{\Delta t} \tag{5.58h}$$

$$a_P = a_E + a_W + a_N + a_S + a_T + a_B - S_P\Delta x\Delta y\Delta z \tag{5.58i}$$

界面上的流量及扩散与扩导的计算式为:

$$F_e = (\rho u)_e\Delta y\Delta z \quad D_e = \frac{\Gamma_e\Delta y\Delta z}{(\delta x)_e} \tag{5.59a}$$

$$F_w = (\rho u)_w\Delta y\Delta z \quad D_w = \frac{\Gamma_w\Delta y\Delta z}{(\delta x)_w} \tag{5.59b}$$

$$F_n = (\rho v)_n\Delta z\Delta x \quad D_n = \frac{\Gamma_n\Delta z\Delta x}{(\delta x)_n} \tag{5.59c}$$

$$F_s = (\rho v)_s\Delta z\Delta x \quad D_W = \frac{\Gamma_s\Delta z\Delta x}{(\delta x)_s} \tag{5.59d}$$

$$F_t = (\rho w)_t\Delta x\Delta y \quad D_t = \frac{\Gamma_t\Delta x\Delta y}{(\delta x)_t} \tag{5.59e}$$

$$F_b = (\rho w)_b\Delta x\Delta y \quad D_b = \frac{\Gamma_b\Delta x\Delta y}{(\delta x)_b} \tag{5.59f}$$

对于各种不同的方案,函数 $A(|P|_\Delta)$ 列于表 5.2 中。幂函数公式为:

$$A(|P|_\Delta) = [|0,(1-0.1|P|_\Delta)^{0.5}|] \tag{5.60}$$

5.8.3 边界条件的处理

下面以图 5.22 所示的突扩通道中有回流的流动为例,来讨论边界条件的合适提法。一般来说,可以将计算区域的边界分成 4 种类型:

①入口边界。入口边界上的条件必须给定，一般是规定了入口边界上 ϕ 的分布。

②中心线（对称轴）。

$$v = 0, \frac{\partial u}{\partial y} = 0, \frac{\partial \phi}{\partial y} = 0$$

③固体壁面。固体边界上又可分一、二、三这3类边界条件。当固体壁面为非渗透性时，壁面上 $u = v = 0$。第三类边界条件规定了边界上的 ϕ 值与 $\partial\phi/\partial n$（n 为法线）之间的关系。当计算区域中的流体与分隔壁外的流体有热交换，且壁面很薄时就属于这一类型。

④出口边界。这是最难处理的边界条件。按微分方程理论，应当给定出口截面上的条件，但除非能用实验方法测定，否则我们对出口截面上的信息一无所知，有时，这正是计算所想要知道的内容。目前广泛采用的一种处理方法是假定出口截面上的节点对第一个内节点已无影响，因而可以令边界节点对内节点的影响系数为零。这样出口截面上的信息对内部节点的计算就不起作用，也就不需要知道出口边界上的值了。这种处理的物理实质相当于假定出口截面上流动方向的坐标是局部单向的。

如图5.23所示，与出口边界上 E 点相邻的第一个内节点 P 与 E 之间的关系是通过 P 点的系数 a_E 来规定的。如果对流作用比较强烈，则扩散作用可以不计；又因为 E 在 P 的下游 E 对 P 的影响也可忽略。所以，局部单向化的假定导致 $a_E = 0$。为了在数值计算中应用这一简化处理方法而又不致引起过大误差，应做到：①在出口截面上无回流；②出口截面应离开分析的计算区域比较远。在实际计算中，可以通过改变出口截面的位置并检查主要计算结果是否受到影响，而判断所取的位置是否合适。

上述局部单向化假设的处理方法只适用于出口边界位于没有回流的地方。当计算区域的出口边界必须位于有回流的地区时，以及当被求解的变量本身为速度时，如何处理出口速度边界条件将在第6章中进行讨论。

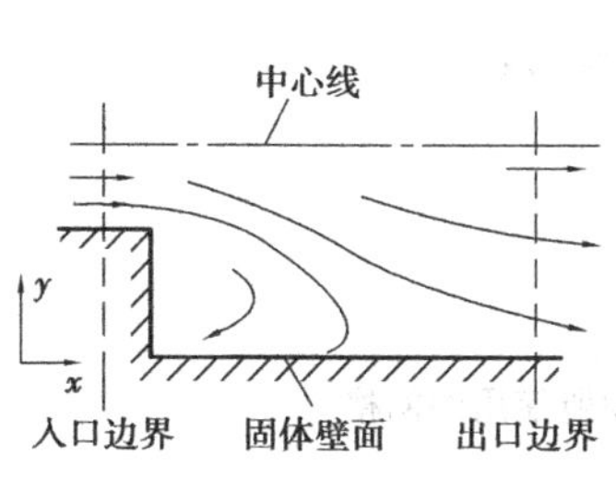

图5.22　突扩通道

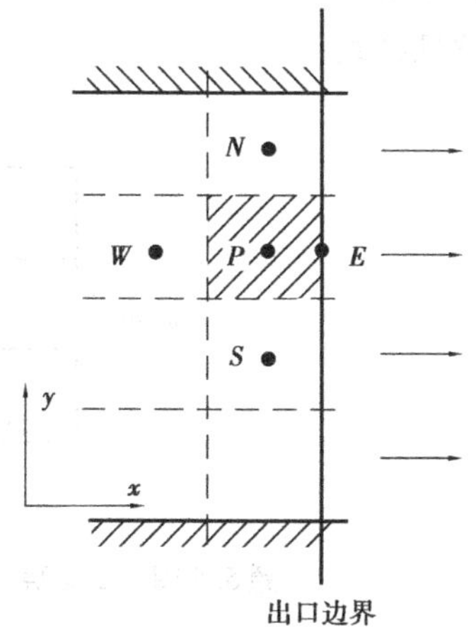

图5.23　出口截面与内节点的关系

习题 5

5.1 分析比较中心差分格式、一阶迎风格式、混合格式、指数格式、二阶迎风格式、QUICK 格式各自的特点及适用场合。

5.2 一维非稳态对流-扩散方程的隐式中心差分格式为：

$$\frac{\phi_i^{n+1}-\phi_i^n}{\Delta t}+u\frac{\phi_{i+1}^{n+1}-\phi_{i-1}^{n+1}}{2\Delta x}=\left(\frac{\Gamma}{\rho}\right)\frac{\phi_{i+1}^{n+1}-2\phi_i^{n+1}+\phi_{i-1}^{n+1}}{\Delta x^2}$$

试证明：①它是相容的。

②它是无条件稳定的。

5.3 试证明扩散项的中心差分格式具有守恒性。

5.4 对方程 $K\frac{\mathrm{d}^2T}{\mathrm{d}x^2}+\frac{\mathrm{d}K\mathrm{d}T}{\mathrm{d}x\,\mathrm{d}x}+S=0$，采用均匀网格[$\Delta x=\delta x_e=(\delta x)_w$]推导有限体积法的离散方程。其中 K 是 x 的函数，$\frac{\mathrm{d}K}{\mathrm{d}x}$为已知，可令$\frac{\mathrm{d}T}{\mathrm{d}x}=\frac{T_E-T_W}{2\Delta x}$。

5.5 有一个二维稳态的对流-扩散问题，其网格形式如题图 5.5 所示。变量 ϕ 受下列方程支配：

$$\frac{\partial(\rho u\phi)}{\partial x}+\frac{\partial(\rho v\phi)}{\partial y}=\frac{\partial}{\partial x}\left(\Gamma\frac{\partial\phi}{\partial x}\right)+\frac{\partial}{\partial y}\left(\Gamma\frac{\partial\phi}{\partial y}\right)+a-b\phi$$

式中，$\rho=1,\Gamma=1,a=10,b=2$，流场流速为 $u=1,v=4$，网格间距 $\Delta x=\Delta y=1$，在 4 条边界上的 ϕ 值为已知。试分别利用下列方案计算节点 1,2,3 和 4 上的 ϕ 值。

①中心差分格式。

②指数格式。

③一阶迎风格式。

④二阶迎风格式。

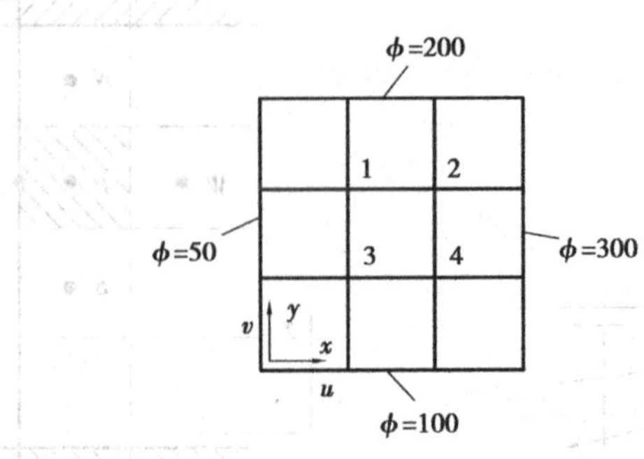

题 5.5 图　二维稳态对流-扩散问题所使用的网格

6

流场的计算

6.1 流场数值解法概述

6.1.1 常规解法存在的主要问题

一个标量型变量(如温度 T)的对流传输取决于当地速度场的大小和方向。在本书第 2 章中,已经详细讨论了描写流体流动问题的控制方程组,并将各个守恒定律的数学表达式都写成了式(2.23)的形式,为方便起见,重新引列如下:

$$\frac{\partial \rho\phi}{\partial t} + \frac{\partial \rho u_j \phi}{\partial x_j} = \frac{\partial}{\partial x_j}(\Gamma_\phi \frac{\partial \phi}{\partial x_j}) + S_\phi \tag{6.1}$$

可以设想,如果通用微分方程中的通用变量 ϕ 用温度 T 代替。在流场(u,v,w)已知的情况下,直接求解温度 T 的微分方程组,可得到 T 的分布。但是,一般来讲,速度场并不总是已知的,有时会是我们求解的对象之一。例如,对于工程界中典型的自然对流问题,流场的求解与温度场的计算必须同时进行。因此,必须有专门的办法来求解流场中的速度值。本章的重点就是解决如何求解速度未知量。

每个坐标方向上的速度分量的输运方程,即动量方程,可通过在通用微分方程(6.1)中将变量 ϕ 分别用 u,v 和 w 替代来得到。当然速度场也必须满足连续性方程。

现在来分析一个二维层流稳定流动的基本控制方程:

①x 动量方程:

$$\frac{\partial(\rho u)}{\partial t} + \frac{\partial(\rho uu)}{\partial x} + \frac{\partial(\rho uv)}{\partial y} = \frac{\partial}{\partial x}\left(\mu\frac{\partial u}{\partial x}\right) + \frac{\partial}{\partial y}\left(\mu\frac{\partial u}{\partial y}\right) - \frac{\partial p}{\partial x} + S_u \tag{6.2}$$

②y 动量方程:

$$\frac{\partial(\rho v)}{\partial t} + \frac{\partial(\rho vu)}{\partial x} + \frac{\partial(\rho vv)}{\partial y} = \frac{\partial}{\partial x}\left(\mu\frac{\partial v}{\partial x}\right) + \frac{\partial}{\partial y}\left(\mu\frac{\partial v}{\partial y}\right) - \frac{\partial p}{\partial y} + S_v \tag{6.3}$$

③连续方程:

$$\frac{\partial \rho}{\partial t} + \frac{\partial(\rho u)}{\partial x} + \frac{\partial(\rho v)}{\partial y} = 0 \tag{6.4}$$

在式(6.2)和式(6.3)中,压力梯度也应该在源项中,但由于其在动量方程中占有重要地位,为了下面讨论方便,我们将压力梯度项从源项中分离出来,单独写出。

第 4 章研究了导热问题微分方程离散化的过程,很容易想到用求解温度 T 的离散方程的同样办法来求解速度未知量 u 和 v。但若用数值方法直接求解由式(6.2)、式(6.3)和式(6.4)所组成的控制方程,将会出现如下两个主要问题:

第一,动量方程中的对流项包含非线性量,如动量方程式(6.2)中的第二项是 ρu^2 对 x 的导数。

第二,由于每个速度分量既出现在动量方程中,又出现在连续方程中,这样,导致各方程错综复杂地耦合在一起。同时,更为复杂的是压力项的处理,它出现在两个动量方程中,但却没有可用以直接求解压力的方程。

对于第一个问题,实际上可以通过迭代的办法加以解决。迭代法是处理非线性问题经常采用的方法。从一个估计的速度场开始,我们可以迭代求解动量方程,从而得到速度分量的收敛解。

对于第二个问题,如果压力梯度已知,我们就可按标准过程依据动量方程生成速度分量的离散方程,就如同第 4 章构造标量(如温度 T)的离散方程时的过程。但在一般情况下,压力场也是待求的未知量,在求解速度场之前,p 是不知道的。考虑到压力场间接地通过连续性方程规定,因此,最直接的想法是求解由动量方程与连续方程所推导得出的整个离散方程组,这一离散方程组在形式上是关于(u,v,p)的复杂方程组。这种方法虽然是可行的,但即便是单个因变量的离散化方程组,也需要大量的内存及时间。因此,解如此大且复杂的方程组,只有对小规模问题才可以使用。

如果流动是可压的,可将密度 ρ 视作连续方程中的独立变量进行求解,即以连续方程作为一个普通的关于密度 ρ 的输运方程,而在方程式(6.2)、式(6.3)和式(6.4)之外,将能量方程作为另一个关于温度 T 的输运方程,从而按第 4 章介绍的方法生成相对简单的离散方程组,求解关于 u,v,p,T 共 4 个变量的方程组,而压力 p 根据气体的状态方程 $p=p(\rho,T)$ 来得到。可是,对于不可压缩流动,如水的流动问题,密度是常数,这样,就不可能将密度与压力相联系。因此,将密度 ρ 作为基本未知量的方法不可行。只能想办法找到确定压力场的方法。

为了解决因压力所带来的流场求解难题,人们提出了若干从控制方程中消去压力的方法。这类方法称为非原始变量法,这是因为求解未知量中不再包括原始未知量(u,v,p)中的压力项 p。例如,在二维问题中,通过交叉微分,从两个动量方程中可消去压力,然后可取涡量和流函数作为变量来求解流场。涡量-流函数方法成功地解决了直接求解压力所带来的问题,且在某些边界上,可较容易地给定边界条件,但它也存在一些明显的弱点。如壁面上的涡量值很难给定,计算量及存储空间都很大,对于三维问题,自变量为 6 个,其复杂性可能超过上述直接求解(u,v,p)的方程组。因此这类方法在目前工程中使用并不普遍,而使用最广泛的是求解原始变量(u,v,p)的分离式解法。基于原始变量的分离式解法的主要思路是:顺序地、逐个地求解各变量代数方程组,这是相对于联立求解方程组的耦合式解法而言的。目前使用最广泛的是 1972 年由 Patanker 和 Spalding 提出的 SIMPLE 算法,这种方法将是本章重点介绍的方法。

6.1.2 流量数值计算的主要方法

流场计算的基本过程是在空间上用有限容积法或其他类似方法将计算域离散成许多小的体积单元,在每个体积单元上对离散后的控制方程组进行求解。流场计算方法的本质就是对离散后的控制方程组的求解。根据上面的分析,对离散后的控制方程组的求解可分为耦合式解法和分离式解法,如图6.1所示。

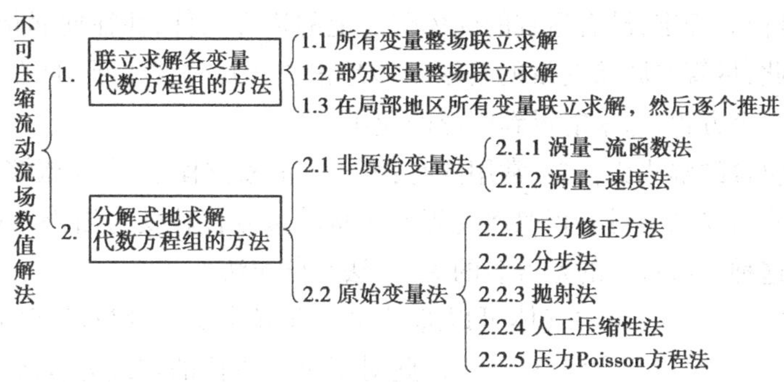

图6.1 不可压缩流场数值解法分类树

1)耦合式解法

耦合式解法同时求解离散化的控制方程组,联立求解出各变量(u,v,w,p 等),其求解过程如下:

①假定初始压力和速度等变量,确定离散方程的系数及常数项等。

②联立求解连续方程、动量方程、能量方程。

③求解湍流方程及其他标量方程。

④判断当前时间步上的计算是否收敛。若不收敛,返回到第②步,迭代计算。若收敛,重复上述步骤,计算下一时间步的物理量。

耦合式解法可以分为所有变量整场联立求解(隐式解法)、部分变量整场联立求解(显隐式解法)、在局部地区(如一个单元上)对所有变量联立求解(显式解法),对于第三种联立求解方法,是在一个单元上求解所有变量后,逐一地在其他单元上求解所有的未知量。这种方法在求解某个单元时,要求相邻单元的变量解是已知的。

当计算中流体的密度、能量、动量等参数存在相互依赖关系时,采用耦合式解法具有很大优势,如在3.1.1节中提到的求解关于 u,v,ρ,T 共4个变量的方程组。其主要应用包括高速可压流动、有限速率反应模型等。耦合式求解中,所有变量整场联立求解应用较为普遍,求解速度较快,而在局部对所有变量联立求解仅用于声变量动态性极强的场合,如激波捕捉。

设计算区域内的节点数为 N,则每一时间步内须求解 $4N$ 个方程构成的代数方程组(3个速度方程及一个压力或密度方程)。总体而言,耦合式解法计算效率较低、内存消耗大。

2)分离式解法

分离式解法不直接解联立方程组,而是顺序、逐个地求解各变量代数方程组。依据是否直接求解原始变量 u,v,w 和 p,分离式解法分为原始变量法和非原始变量法。

涡量-速度法与前面介绍的涡量-流函数法是两种典型的非原始变量法。涡量-流函数法不直接求解原始变量 u,v,w 和 p,而是求解旋度 ω 和流函数 ψ。涡量-速度法不直接求解流场的原始变量 p,而是求解旋度 ω 和速度 u,v,w。这两种方法的本质、求解过程和特点基本一致,共同优点是:方程中不出现压力项,从而避免了因求压力带来的问题。另外,涡量-流函数法在某些条件下,容易给定旋度值,比给定速度值要容易。这类非原始变量法的缺点是:不易扩展到三维情况,因为三维水流不存在流函数;当需要得到压力场时,需要额外的计算;对于固体壁面边界,其上的旋度极难确定,没有适宜的固体壁面上的边界条件,往往使涡量方程的数值解发散或不合理。因此,尽管非原始变量的解法巧妙地消去了压力梯度项,且在二维情况下涡量-流函数法要少解一个方程,却未能得到广泛的应用。

原始变量法包含的解法比较多,常用的有:解压力泊松方程法、人为压缩法和压力修正法。解压力泊松方程法需要采用对方程取散度等方法将动量方程转变为泊松方程,然后对泊松方程进行求解。与这种方法对应的是著名的 MAC 法和分布法。

人为压缩法主要是受可压的气体可以通过联立求解速度分量与密度的方法来求解的启发,引入人为压缩性方程和人为状态方程,以此对不可压流体的连续方程施加干扰,将连续方程写为包含有人为密度的项,而人为密度前有一个极小的系数,这样,方程可转化为求解人为密度的基本方程。但是,这种方法要求时间步长必须很小,因此,限制了它的广泛应用。

目前工程上使用最为广泛的流场数值计算方法是压力修正法。压力修正法的实质是迭代法。在每一时间步长的运算中,先给出压力场的初始猜测值,据此求出猜测的速度场。再求解根据连续方程导出的压力修正方程,对猜测的压力场和速度场进行修正。如此循环往复,可得出压力场和速度场的收敛解。其基本思路是:

①假定初始压力场。

②利用压力场求解动量方程,得到速度场。

③利用速度场求解连续方程,使压力场得到修正。

④根据需要,求解湍流方程及其他标量方程。

⑤判断当前时间步长的计算是否收敛。若不收敛,返回到第②步,迭代计算。若收敛,重复上述步骤,计算下一时间步的物理量。

压力修正法有多种实现方式,其中,压力耦合方程组的半隐式方法(SIMPLE 算法)应用最为广泛,也是各种商用 CFD 软件普遍采纳的算法。在这种算法中,流过每个单元面上的对流量是根据所谓的"猜测"速度来估算的。首先使用一个猜测的压力场来解动量方程,得到速度场;接着求解通过连续方程所建立的压力修正方程,得到压力场的修正值;然后利用压力修正值更新速度场和压力场;最后检查结果是否收敛,若不收敛,以得到的压力场作为新的猜测的压力场,重复该过程。为了启动该迭代过程,需要提供初始的、带有猜测性的压力场与速度场。随着迭代的进行,这些猜测的压力场与速度场不断改善,所得到的压力与速度分量值逐渐逼近真解。

6.2 压力梯度项的离散

如果采用常规的方法来建立网格——将 u,v 及 p 均存于同一套网格的节点上,则在数值计算中会遇到以下问题。

以一维流动为例,稳态时有:

$$\rho u \frac{\mathrm{d}u}{\mathrm{d}x} = -\frac{\mathrm{d}p}{\mathrm{d}x} + \eta \frac{\mathrm{d}^2 u}{\mathrm{d}x^2} \tag{6.5}$$

对于图 6.2(a)所示的均分网格，将此式中的各项均取中心差分，得差分方程为：

$$\rho u_i \frac{u_{i+1} - u_{i-1}}{2\delta x} = -\frac{p_{i+1} - p_{i-1}}{2\delta x} + \eta_i \frac{u_{i+1} - 2u_i + u_{i-1}}{(\delta x)^2} \tag{6.6}$$

式(6.6)表明，对 i 点的离散方程不包括 p_i，而是将被 i 点隔开的两邻点的压力联系了起来，为叙述的方便，称之为 2-δ 压差。当采用式(6.6)这样带有 2-δ 压差项的动量离散方程来求解流场时，就会引起这样的问题：如果在流场迭代求解过程的某一层次上，在压力场的当前值中加上了一个锯齿状的压力波，如图 6.2(b)所示。则动量方程的离散形式无法将这一不合理的分量检测出来，它一直会保留到迭代过程收敛而且被作为正确的压力场输出，如图 6.2(b)中的虚线所示。

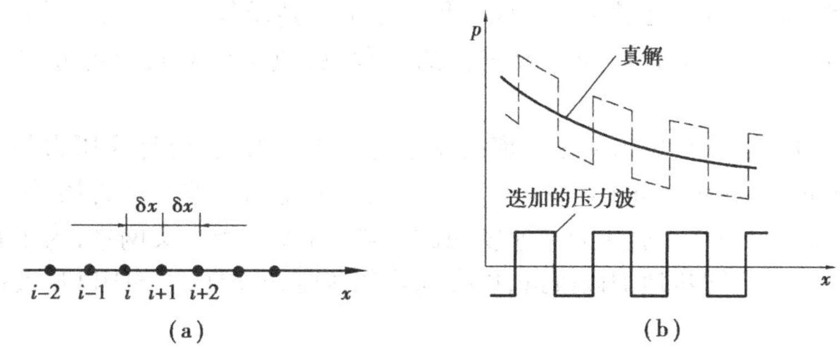

图 6.2 一般网格系统无法检测出不合理的分量

这种情形在二维下可能导致动量离散方程无法检测出所谓的棋盘形压力场。在二维的均分网格中，i 点在 x 方向的动量方程中包含$(p_{i+1,j} - p_{i-1,j})$，在 y 方向的动量方程中包含$(p_{i,j+1} - p_{i,j-1})$，这样如果在迭代计算过程的某一步中叠加进入一个棋盘形的压力场——即无论 x 还是 y 方向每两倍节点间距的位置上压力相同的分布，则这一分布将始终保留在压力场内，而无法被衰减掉。图 6.3 中示意性地画出了这种棋盘形的压力场，这里具体的数字并不重要，每隔一个节点压力必须相等是其特点。

80	100	80	100	80
10	15	10	15	10
80	100	80	100	80
10	15	10	15	10
80	100	80	100	80
10	15	10	15	10
80	100	80	100	80

y
x

图 6.3 棋盘形压力场举例

应当建立怎样的网格系统,使动量方程的离散形式能检测出上述不合理的波形或棋盘形的压力场呢?显然,如果动量方程中压力梯度的离散形式是以相邻两点间的压力差(称为 1-δ 压差)来表示的,则上述问题就不存在了。因此,为了获得合理的压力场,对于动量方程要采用能使其具有 1-δ 压差的网格系统。

压力的一阶导数以源项的形式出现在动量方程中,采用分离式求解各变量的离散方程时,由于压力没有独立的方程,需要设计一种专门的方法,以使在迭代求解过程中压力的值能不断地得到改进。

如 6.1 节所述,所谓分离式求解法,就是 u,v,p 各类变量独立地、有序地进行求解的方法。即在一组给定的代数方程的系数下,先用迭代法求解一类变量而保持其他变量为常数,如此逐一依次求解各类变量。这样求解时,遇到的一个问题是:压力本身没有控制方程,它是以源项的形式出现在动量方程中的。压力与速度的关系隐含在连续方程中,如果压力场是正确的,则据此压力场而解得的速度场必满足连续性方程。如何构造求解压力场的方程,或者说在假定初始压力分布后,如何构造计算压力改进值的方程,就成了分离式求解方法中的一个关键问题。

上述两个关键问题都与压力梯度的离散及压力的求解有关,统称为压力与速度的耦合问题(coupling between pressure and velocity)。如果数值解得出了波形压力场,则称为压力与速度失耦(decoupling)。为了克服压力与速度间的失耦,可以采用交叉网格;为了在采用分离式求解方法时各类变量能同步地加以改进,以提高收敛速度,发展出了 SIMPLE 系列算法。

6.3 交叉网格及动量方程的离散

本节将就交叉网格中速度分量位置的安排、交叉网格上动量方程的离散及有关问题进行讨论。

6.3.1 交叉网格上速度分量位置的安排

所谓交叉网格就是指将速度 u,v 及压力 p(包括其他所有标量场及物性参数)分别存储于 3 套不同网格上的网格系统。其中速度 u 存于压力控制容积的东、西界面上,速度 v 存在于压力控制容积的南、北界面上,u,v 各自的控制容积则是以速度所在位置为中心的,如图 6.4 所示。由图可知,u 控制容积与主控制容积(即压力的控制容积)之间在 x 方向有半个网格步长的错位,而 v 控制容积与主控制容积之间则在 y 方向上有半个步长的错位,交错网格这一名称由此而来。

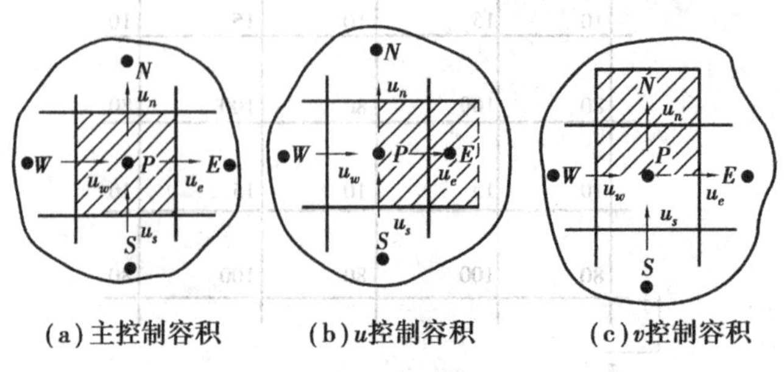

(a)主控制容积　(b)u控制容积　(c)v控制容积

图 6.4　交叉网格

在交错网格系统中，关于 u，v 的离散方程可通过对 u，v 各自的控制容积作积分而得出。这时压力梯度的离散形式对 u_e 为"$(p_E-p_P)/(\delta x)_e$"，对 v_n"为 $(p_N-p_P)/(\delta y)_n$"亦即相邻两点间的压力差构成了 $\frac{\partial p}{\partial x}$，$\frac{\partial p}{\partial y}$，这样就从根本上解决了采用一般网格系统时所遇到的困难。

6.3.2 交叉网格上动量方程的离散

在交错网格中，一般 ϕ 变量的离散过程及结果与第 5 章中所述的一样。但对动量方程而言，则带来一些新的特点，主要表现在以下两方面。

①积分用的控制容积不是主控制容积而是 u，v 各自的控制容积。

②压力梯度项从源项中分离出来。例如对 u_e 的控制容积，该项积分为：

$$\int_s^n\int_P^E\left(-\frac{\partial p}{\partial x}\right)\mathrm{d}x\mathrm{d}y=-\int_s^n\left(p\,\big|_P^E\right)\mathrm{d}y\cong(p_P-p_E)\Delta y \tag{6.7}$$

这里假设 u_e 在控制容积的东、两界向上压力是各自均匀的，分别为 p_E 及 p_P。于是关于 u_e 的离散方程便具有以下形式：

$$a_e u_e=\sum a_{nb}u_{nb}+b+(p_P-p_E)A_e \tag{6.8}$$

式中 u_{nb}——u_e 的邻点速度(图 6.5 中的 u_{ee}，u_n，u_w 及 u_s)；

b——不包括压力在内的源项中的常数部分，对非稳态问题为 $b=S_C\Delta v+a_e^0u_e^0$；

$A_e=\Delta y$ 是压力差的作用面积；

系数 a_{nb} 的计算公式取决于所采用的格式，见第 5 章所述。

类似地，对 v_n 的控制容积作积分可得：

$$a_n v_n=\sum a_{nb}v_{nb}+b+(p_P-p_N)A_n \tag{6.9}$$

6.3.3 交叉网格上的插值

在交叉网格上采用控制容积积分法来导出离散方程时，各控制容积界面上的流量、物性参数等常需要通过插值的方式来确定。需要插值的量有下述 3 类。

1)界面上的流量

例如 u_e 控制容积的西界面上的流量 F_P 可以按 u_e，u_w 位置上的流量 F_e，F_w 插值而得，如图 6.5 所示：

$$F_P=F_e\frac{(\delta x)_{w+}}{\Delta x_P}+F_w\frac{(\delta x)_{e-}}{\Delta x_P}=(\rho u)_e\Delta y\frac{(\delta x)_{w+}}{\Delta x_P}+(\rho u)_w\Delta y\frac{(\delta x)_{e-}}{\Delta x_P} \tag{6.10}$$

而 u_e 的北界面上的流量 F_{n-e} 则可看成分别由 v_n 及 v_{ne} 在各自的流动截面内的流量叠加而成：

$$F_{n-e}=(\rho v)_n(\delta x)_{e-}+(\rho v)_{ne}(\delta x)_{e+} \tag{6.11}$$

以上两式中界面上的密度都要经过插值才能确定。

2)界面上的密度

界面上的密度可以采用线性插值法确定。如 ρ_e 可表示为：

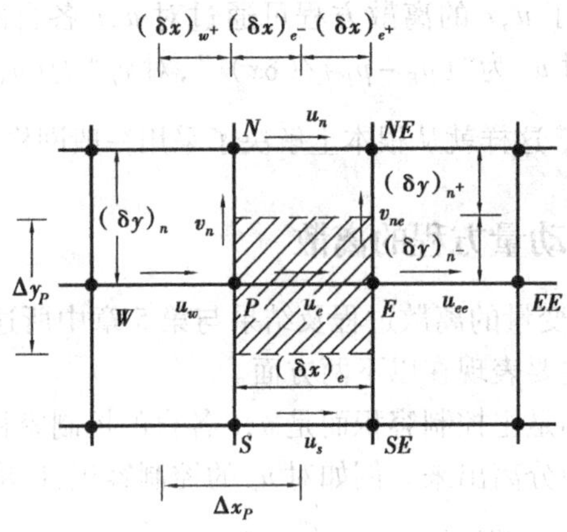

图 6.5　u_e 的 4 个邻点

$$\rho_e = \rho_E \frac{(\delta x)_{e^-}}{(\delta x)_e} + \rho_P \frac{(\delta x)_{e^+}}{(\delta x)_e} \tag{6.12}$$

3)界面上的扩散系数(或扩导)

利用传热学中热阻串、并联的概念可方便地得出界面上扩导的计算式。例如 u_e 北界面上的扩导 $D_{n\text{-}e}$ 可以表示为:

$$D_{n\text{-}e} = \underbrace{\frac{(\delta x)e^-}{\dfrac{(\delta y)_n}{\Gamma_n}} + \frac{(\delta x)e^+}{\dfrac{(\delta y)_n}{\Gamma_{ne}}}}_{\text{并联的扩导}} = \underbrace{\frac{(\delta x)e^-}{\dfrac{(\delta y)_{n^-}}{\Gamma_P} + \dfrac{(\delta y)_{n^+}}{\Gamma_N}}}_{\text{串联的阻力}} + \underbrace{\frac{(\delta x)e^+}{\dfrac{(\delta y)_{n^-}}{\Gamma_E} + \dfrac{(\delta y)_{n^+}}{\Gamma_{NE}}}}_{\text{串联的阻力}} \tag{6.13}$$

式中　$\Gamma_E, \Gamma_N, \Gamma_P$ 及 Γ_{NE}——节点上的扩散系数。

6.3.4　采用交叉网格时的注意事项

采用交错网格建立离散方程及编制程序时,还应注意以下几个问题:

①三类变量的节点编号方法如图 6.6 所示,一般以速度矢量箭头所指向的主节点的编号为该速度的编号。也就是说,对主节点(i,j),其控制容积西界面上的流速为 $u_{i,j}$,南界面上的流速为 $v_{i,j}$。设 x 方向主节点下标由 1 变到 $L1$,y 方向由 1 到 $M1$,则对区域离散方法 B,相应的 u,v 变量位置如图 6.7 及图 6.8 所示。

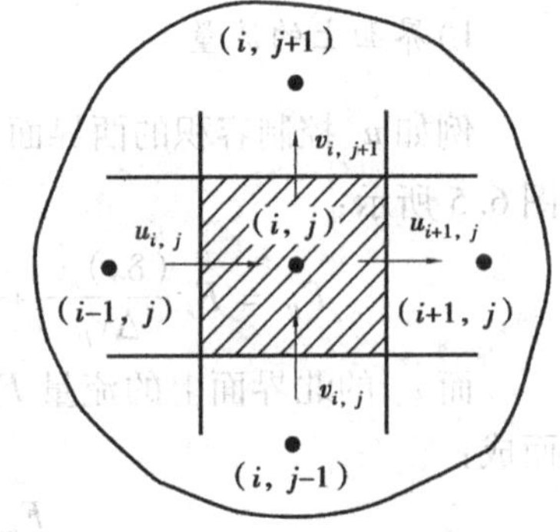

图 6.6　u,v 节点的编号方法

②与边界相邻接的速度控制容积与内部速度控制容积的不同如图 6.9 所示。在图 6.9 中画出了交错网格系统中 6 种类型的控制容积。由图可知,与计算区域的东边界相邻接的 u 控制容积要比内部的长一些,与南边界相邻接的 v 控制容积也要比内部的长一些。这是因为对离散方法 B,与边界节点相对应的控制容积为零,必须把 u,v 的第一个内点控制容积略加延伸,才能覆盖整个计算区域。

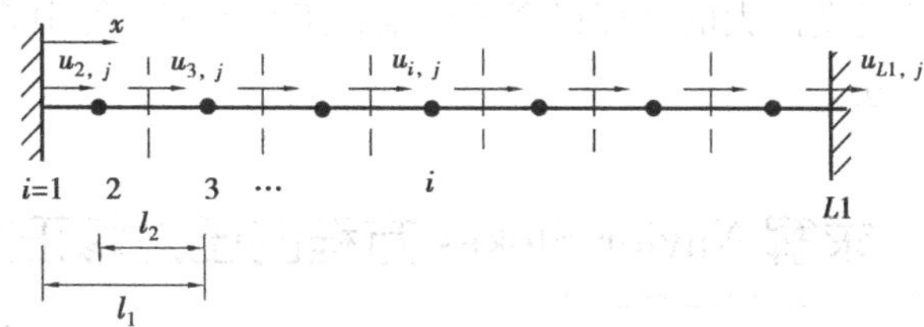

图 6.7 u 速度的编号方法

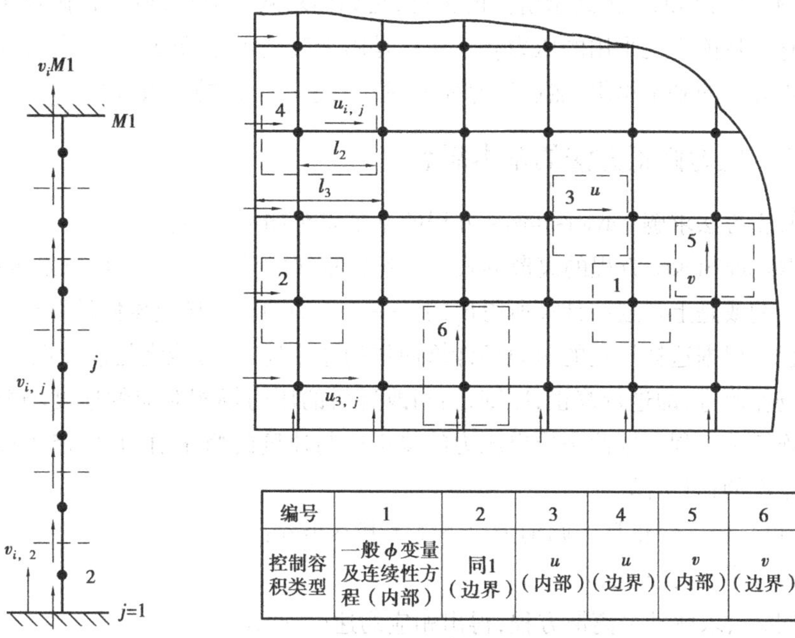

编号	1	2	3	4	5	6
控制容积类型	一般 ϕ 变量及连续性方程（内部）	同1（边界）	u（内部）	u（边界）	v（内部）	v（边界）

图 6.8 v 速度的编号方法

图 6.9 6 种类型的控制容积

③与边界相邻接的速度控制容积中的压差计算。对图 6.9 中的速度 $u_{3,j}$，其离散方程中的压差应该是($p_{1,j}-p_{3,j}$)，但采用分离式求解法(例如 SIMPLE 算法)时，边界上的压力是在迭代收敛后通过外推方法而获得的，在迭代过程中并不计算。对于这种情形，可以通过对($p_{2,j}-p_{3,j}$)作线性外推而获得计算 $u_{3,j}$所需的压差：

$$p_{1,j}-p_{3,j}\cong(p_{2,j}-p_{3,j})\left(\frac{l_1}{l_2}\right) \tag{6.14}$$

采用交错网格时无论是程序的编制还是数值计算都比较费时，尤其是对三维复杂区域中的问题，这一矛盾更加突出。近 10 年来，在交叉网格成功应用经验的基础上已发展出一种非交叉网格，其中各种变量均置于同一套网格上而又可防止压力与速度间的失耦，这种网格称为同位网格，有兴趣的读者可以参考陶文铨的《数值传热学》一书。

在获得动量方程的离散形式后，如果采用 u,v,p 同时求解的方法，则需将连续性方程在主控制体上离散(采用交错网格时速度均在主控制的界面上，不必插值)，然后用直接解法计算在给定的一组系数下各节点上的 u,v,p 之值。根据计算所得的新值，改进代数方程的系数，再用直接法解出与新的系数相应的 u,v,p 值。如此反复，直到收敛。这种 u,v,p 在全域范围内同时求解的方法由于要耗费巨大的计算机资源尚未在工程数值计算中获得应用。本书下一节着重介绍分离式求解方法。

6.4 求解 Navier-Stokes 方程的压力修正方法

u,v,p 代数方程的分离式求解法的关键,是如何求解压力场,或者在假定了一个压力场后如何改进它。目前广泛采用的压力修正法就是用来改进压力场的一类计算方法。本节首先说明压力修正方法的基本思想,然后讨论如何建立改进压力值的代数方程。

6.4.1 压力修正方法的基本思想

压力修正方法求解 Navier-Stokes 方程的基本思想如下所述。

在对 Navier-Stokes 方程的离散形式进行迭代求解的任一层次上,可以给定一个压力场,它可以是假定的或是上一层次计算所得出的。一个正确的压力场应该使计算得到的速度场满足连续性方程。但据这样给定的压力场计算而得的速度场,未必能满足连续性方程,因此要对给定的压力场作改进,即进行修正,原则是:与改进后的压力场相对应的速度场能满足这一迭代层次上的连续性方程。据此来导出压力的修正值与速度的修正值,并以修正后的压力与速度开始下一层次的迭代计算。

据此,可将压力修正算法归纳为以下 4 个基本步骤:

①假设一个压力场,记为 p^*。

②利用 p^*,求解动量离散方程,得出相应的速度 u^*,v^*。

③利用质量守恒方程来改进压力场,要求与改进后的压力场相对应的速度场能满足连续性方程。为叙述的简洁与方便,用上角标“′”表示修正量,即用 p',u'和 v'分别表示压力与速度的修正量,称之为压力修正值与速度修正值。

④以 (p^*+p') 及 (u^*+u'),(v^*+v') 作为本层次的解并据此开始下一层次的迭代计算。

由以上讨论可见,这一方法中的两个关键问题是:

①如何获得压力修正值 p',使与 (p^*+p') 相对应的 (u^*+u'),(v^*+v') 能满足连续性方程?

②获得了 p'后,如何确定 u',v'?

6.4.2 速度修正值的计算公式

为讨论的方便,先讨论如何由 p'来确定相应的 u'与 v'。

首先认为改进后的压力场与速度场也满足这一迭代层次上的动量离散方程,即线性化了的动量方程,于是有:

$$a_e(u_e^*+u_e') = \sum a_{nb}(u_{nb}^*+u_{nb}') + b + [(p_P^*+p_P') - (p_E^*+p_E')]A_e$$

注意到 u^*,v^* 是据 p^* 之值从这一离散方程解出的,因而它们满足:

$$a_e u_e^* = \sum a_{nb} u_{nb}^* + b + (p_P^* - p_E^*) A_e$$

这里,我们假定由源项构成的 b 的值保持不变,于是将此两式相减就得:

$$a_e u'_e = \sum a_{nb} u'_{nb} + (p'_P - p'_E) A_e \tag{6.15}$$

式(6.15)表明,任意一点上速度的改进值由两部分组成:一部分是与该速度在同一方向上的相邻两节点间压力修正值之差,这是产生速度修正值的直接动力;另一部分是由邻点速度的修正值所引起的,这又可以视为四周压力的修正值对所讨论位置上速度改进的间接影响。

如果直接按式(6.15)来确定速度修正值将导致计算过程十分复杂,这里认为在上述两个影响因素中压力修正的直接影响是主要的,四周邻点速度修正值的影响可近似地不予考虑,这就相当于假设在 $\sum a_{nb} u'_{nb}$ 中系数 $a_{nb} = 0$。于是得速度修正方程:

$$a_e u'_e = (p'_P - p'_E) A_e$$

或

$$u'_e = \left(\frac{A_e}{a_e}\right)(p'_P - p'_E) = d_e (p'_P - p'_E) \tag{6.16a}$$

类似地可得:

$$v'_n = d_n (p'_P - p'_N), d_n = \frac{A_n}{a_n} \tag{6.16b}$$

于是改进后的速度为:

$$u_e = u_e^* + d_e (p'_P - p'_E), v_n = v_n^* + d_n (p'_P - p'_N) \tag{6.17}$$

为什么在获得压力的改进值 $p = p^* + p'$ 后,不直接利用这一改进值及 u^*, v^* 去开始下一层次的迭代,而是要先计算这一层次上的修正值 u', v' 呢?这是因为 u^*, v^* 不满足连续性方程,如果用它们去确定新的系数,开始下一层次的迭代,则会影响迭代收敛速度,并且也使 $a_p = \sum a_{nb}$ 的关系得不到保证(注意在式(5.28c)这一类表达式中包括($F_e - F_w$)项),会使代数方程组系数矩阵对角占优的条件遭到破坏。

6.4.3 求解压力修正值的代数方程

现在来导出确定压力修正值 p' 的代数方程。压力修正值 p' 应当满足的条件是:根据 p' 而改进的速度场能满足连续性方程。为此,将式(6.17)代入连续性方程的离散形式,即可获得能满足上述条件 p' 的代数方程。

现在将连续性方程:

$$\frac{\partial \rho}{\partial t} + \frac{\partial (\rho u)}{\partial x} + \frac{\partial (\rho v)}{\partial y} = 0 \tag{6.18a}$$

在时间间隔 Δt 内对主控制体作积分,如图6.4(a)所示,且以 $\frac{\rho_P - \rho_P^0}{\Delta t}$ 代 $\frac{\partial \rho}{\partial t}$

采用全隐格式,可得:

$$\frac{\rho_P - \rho_P^0}{\Delta t} \Delta x \Delta y + [(\rho u)_e - (\rho u)_w] \Delta y + [(\rho v)_n - (\rho v)_s] \Delta x = 0 \tag{6.18b}$$

将式(6.17)代入并整理成关于p'的代数方程,可得:

$$a_P p'_P = a_E p'_E + a_W p'_W + a_N p'_N + a_S p'_S + b \tag{6.19}$$

其中:

$$a_E = \rho_e d_e \Delta y, a_W = \rho_w d_w \Delta y, a_N = \rho_n d_n \Delta x, a_S = \rho_s d_s \Delta x \tag{6.20a}$$

$$a_P = a_E + a_W + a_N + a_S \tag{6.20b}$$

$$b = \frac{(e_P^0 - e_P)\Delta x \Delta y}{\Delta t} + [(\rho u^*)_w - (\rho u^*)_e]\Delta y + [(\rho v^*)_s - (\rho v^*)_n]\Delta x \tag{6.20c}$$

式(6.19)就是确定压力修正值的代数方程。关于这一方程及其求解要作下述几点说明。

①如果速度场的当前值u^*,v^*能使式(6.20c)的右端等于零,则说明该速度场已满足连续性条件,迭代也已收敛。因而b的数值代表了一个控制容积不满足连续性的剩余质量的大小。可以用各控制容积的剩余质量的绝对值最大值,作为速度场迭代是否收敛的一个判据或指标。一种常用的方法是以各控制容积b的绝对值最大值及各控制容积的b的代数和作为判据,当速度场迭代收敛时,这两个数值都应为小量。

②根据p'计算而得的u',v'能使$u = u^* + u'$,$v = v^* + v'$满足连续性方程,于是这样的u,v就作为本层次上速度场的解,并用它去改进离散方程系数,从而开始下一层次的迭代计算。关于如何判断流场迭代求解过程的收敛性问题,将在下一节中讨论。

6.4.4 压力修正值方程的边界条件

为了求解式(6.19)还必须对压力修正值的边界条件作出说明。在一般工程流场计算中,所见的边界条件是边界上的法向速度已知或边界上压力分布已知。当边界压力已知时,显然边界上的$p' \equiv 0$;下面研究边界上法向速度为已知的情形。设在图6.10中,控制容积P的u_e为已知,则对此控制容积列出连续性方程时可以直接将已知的u_e代入,不必再用$(u_e^* + u_e')$或者相当于已知的u_e代替u_e^*。而令$u_e' \equiv 0$,正是由于未知的u_e'才需要引入p_P'及p_E',既然u_e(或者说u_e')为已知,就不必再引入p_E'。这相当于在所形成的p_P'的代数方程中$a_E P_E' \equiv 0$,也就是$a_E \equiv 0$。由此可见,无论是边界压力为已知还是法向速度为已知,都没有必要引入关于边界上压力修正值的信息。在计算中,可令与边界相邻的主控制容积的p'方程相应的影响系数为零。上述推理关系可用箭头指向的方式表示如下:

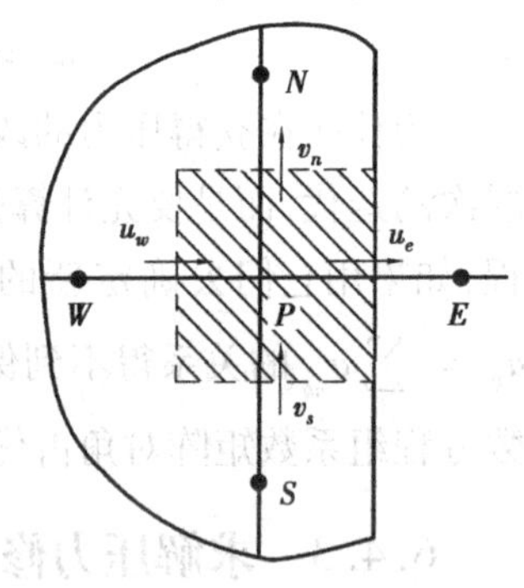

图6.10 边界主控制容积

边界法向速度 u_e 已知,$\xrightarrow[u_e^*\text{ 用已知值}]{u_e = u_e^* + u_e'} u_e' = 0 \xrightarrow{u_e' = d_e \Delta p_e'} d_e \Delta p_e' = 0 \xrightarrow{\text{相当于}} d_e = 0 \xrightarrow{a_E = p_e d_e A_e}$ $a_E = 0$。

边界压力已知,$\xrightarrow[p_E^*\text{ 取已知值}]{p_E = p_E^* + p_E'} p_E' = 0 \xrightarrow[\text{以 } a_E P_E' \text{形式出现}]{\text{在压力修正值方程中}} a_E p_E' = 0 \xrightarrow{\text{相当于}} a_E = 0$。

本节所介绍的方法是压力修正法中最基本的一种,也是学习、掌握压力修正法的很好的起点。这种分离式求解方法在文献中称为 SIMPLE 算法。下一节将对这一算法作进一步的归纳,并给出应用例题。

6.5 SIMPLE 算法的计算步骤及算例

6.5.1 SIMPLE 算法的计算步骤

上述数值求解不可压缩流场的方法是 Patankar 与 Spalding 在 1972 年提出的，称为 SIMPLE(Semi-Implicit Method for Pressure Linked Equations)，即求解压力耦合方程的半隐方法。所谓半隐是指在式(4.54)中忽略了 $\sum a_{nb}u'_{nb}$、$\sum a_{nb}v'_{nb}$ 这些项的处理方法。前已指出，在式(4.49)中，$(p'_P-p'_E)A_e$ 代表了压力修正对 u'_e 的直接影响，而 $\sum a_{nb}u'_{nb}$ 则反映了压力修正对 u'_e 的间接的或隐含的影响。去掉了这一项就称为“半隐”，而保留这一部分时，方程就是一个“全隐”的代数方程，即网格各点上的 u'_e 必须同时计算出，不像 SIMPLE 中那样可以进行逐点计算。

SIMPLE 算法计算步骤如下所述:

①假定一个速度分布，记为 u^0，v^0，以此计算动量离散方程中的系数及常数项;

②假定一个压力场 p^*;

③依次求解两个动量方程，得 u^*，v^*;

④求解压力修正值方程，得 p';

⑤据 p' 改进速度值;

⑥利用改进后的速度场求解那些通过源项物性等与速度场耦合的 ϕ 变量，如果 ϕ 变量并不影响流场，则应在速度场收敛后再求解;

⑦利用改进后的速度场重新计算动量离散方程的系数，并用改进后的压力场作为下一层次迭代计算的初值，重复上述步骤，直到获得收敛的解。

6.5.2 SIMPLE 算法的应用举例

SIMPLE 算法自 1972 年问世以来在世界各国计算流体力学及计算传热学界得到广泛的应用，这一算法及其后的各种改进方案已成为计算不可压缩流场的主要方法，已成功地推广到可压缩流场的计算中，已成为一种可以计算具有任何流速的流动的数值方法。它的基本思想也被其他数值方法所采纳，将其应用于有限元法，在有限分析法等。我国的计算流体及计算传热学者也广泛应用这一系列算法来求解流动与传热问题，近年来的部分应用实例可见相关参考文献。鉴于这一算法的重要性，本书下一节中还将就一些问题深入开展讨论，关于向可压缩流场计算的推广可参见相关文献，下面不再展开。这里先举两个算例，以加深读者的理解。

例 6.1 在图 6.11 所示的情形中，已知 $p_W=60$，$p_S=50$，$u_e=20$，$v_n=7$。又给定 $u_w=0.7(p_W-p_P)$，$v_s=0.6(p_S-p_P)$，以上各量的单位都是协调的。试采用 SIMPLE 算法确定 p_P、u_w 及 v_s 之值。

解 假设 $p_P=20$，则可以利用给定的 u_w，v_s 的计算式(即 u，v 动量方程离散形式在控制容积上的具体表达式)获得 u_w^*，v_s^* 之值:

$$u_w^* = 0.7(60-20) = 28$$

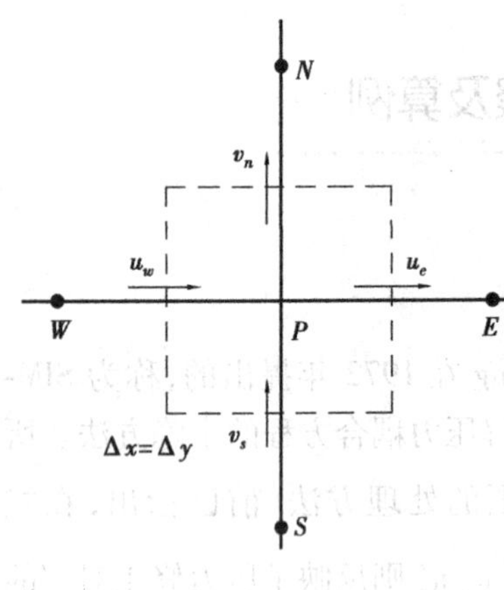

图 6.11　例 6.1 图

$$v_s^* = 0.6(40 - 20) = 12$$

设在 w,s 两界面上满足连续性条件的速度为 u_w 及 v_s，则连续性方程为：

$$u_w + v_s = u_e + v_n$$

按 SIMPLE 算法，u_w,v_s 可表示为：

$$u_w = u_w^* + d_w(p'_W - p'_P)$$

$$v_s = v_s^* + d_s(p'_S - p'_P)$$

按已知条件，$d_w = 0.7, d_s = 0.6, p'_W = 0, p'_S = 0$（因为 p_W，p_S 为已知），得：

$$u_w = 28 - 0.7p'_P$$

$$v_s = 12 - 0.6p'_P$$

将此两式代入连续性方程得 p'_P 方程，得：

$$40 - 1.3p'_P = 27$$

$$p'_P = 10$$

由此得：

$$p_P = p_P^* + p'_P = 20 + 10 = 30$$

$$u_w = u_w^* - 0.7p'_P = 28 - 7 = 21$$

$$v_s = v_s^* - 0.6p'_P = 12 - 6 = 6$$

讨论：此时连续性方程也已满足，而且给定的动量离散方程都是线性的，即本例给出的 $u_w = 0.7(p_W - p_P)$，$v_s = 0.6(p_S - p_P)$ 的表达式中不包含与所求解的变量有关的量，因而上述之值即为所求之解。在实际求解方程 Navier-Stokes 时，由于动量方程离散形式中的各个系数均取决于流速本身，是非线性的，因而，在获得了本层次质量守恒的速度场后还必须用新得到的速度去更新动量方程的系数并重新求解动量方程，只有同时满足质量守恒方程又满足更新后的动量方程的速度场才是所求的速度场。

例 6.2　设流经某多孔介质的一维流动的控制方程为 $C|u|u + \mathrm{d}p/\mathrm{d}x = 0$ 及 $\mathrm{d}(uF)/\mathrm{d}x = 0$，其中系数 C 与空间位置有关，F 为流道的有效流动截面积。对于图 6.12 所示的均匀网格系统，已知：

$$C_B = 0.25, C_C = 0.2, F_B = 5$$

$$F_C = 4, p_1 = 200, p_3 = 38, \Delta x = 2$$

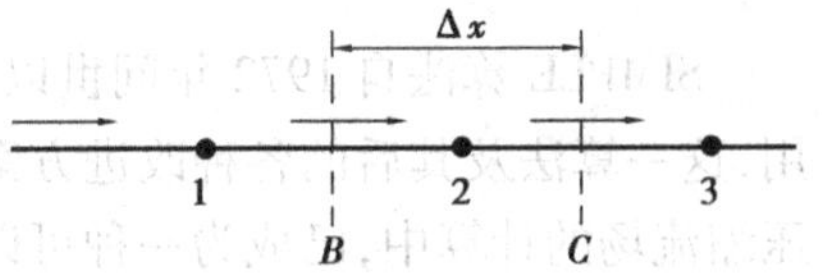

图 6.12　例 6.2 图

以上各量的单位都是协调的。试应用 SIMPLE 算法的计算方法求解 p_2, u_B, u_C。

解　由于在一维无源的流动中要使连续性方程得到满足，不同几何位置上的流速必是同向的，故 $|u|u$ 实际上是群 u^2 项。在作数值计算时变量的平方项需作线性化处理。为加速迭代过程收敛，采用如下线性化方法：设 u^0 为假定值或上一次迭代值，u 为本次计算值，则：

$$u^2 \cong 2u^0u - (u^0)^2$$

此式的导出过程与导出 Newton 迭代法求根公式相类似。于是对于 B,C 界面有：

$$u_B^* = \frac{u_B^0}{2} - \frac{p_2 - p_1}{2u_B^0 C_B \Delta x} \tag{a}$$

$$u_C^* = \frac{u_C^0}{2} - \frac{p_3 - p_2}{2u_C^0 C_C \Delta x} \tag{b}$$

而与压力修正值 p_2 相应的速度修正值则为：

$$u'_B = \frac{-p_2}{2u_B^0 C_B \Delta x} \tag{c}$$

$$u'_C = \frac{p'_2}{2u_C^0 C_C \Delta x} \tag{d}$$

利用这些公式即可进行关于 u_B, u_C 及 p_2 的迭代计算。设 $u_B^0 = u_C^0 = 15, p_2^0 = 120$，则由式(a)、(b)得：

$$u_B^* = \frac{15}{2} - \frac{-80}{0.5 \times 15 \times 2} = 7.5 + 5.333 = 12.833$$

$$u_C^* = \frac{15}{2} - \frac{-82}{0.2 \times 4 \times 15} = 7.5 + 6.833 = 14.333$$

此两速度值不满足连续性方程。计算修正后的速度为：

$$u_B = u_B^* + u'_B = 12.833 - \frac{p'_2}{0.25 \times 4 \times 15} = 12.833 - 0.066\ 66 p'_2$$

$$u_C = u_C^* + u'_C = 14.333 + \frac{p'_2}{0.2 \times 4 \times 15} = 14.333 + 0.083\ 33 p'_2$$

代入连续性方程得：

$5(12.833 - 0.066\ 66p'_2) = 4(14.333\ 3 + 0.083\ 33p'_2)$

$0.666\ 6p'_2 = 6.833$

故 $p'_2 = 10.251$

$u_B = 12.833 - 10.251 \times 0.066\ 66 = 12.150$

$u_C = 14.333 + 10.251 \times 0.083\ 33 = 15.187$

虽然这两个速度值已可使连续性方程得以满足，但由于动量方程的非线性（离散时作了局部线性化的处理），还需以 $p_2^0 = 130.251, u_B^0 = 12.150, u_C^0 = 15.187$ 开始进行第二个层次的迭代，直到连续性方程与动量方程的离散形式均满足为止。迭代过程所得结果列于表 6.1 中。这一问题的收敛解为 $p_2 = 128, u_B = 12, u_C = 15$。

表 6.1　例 6.2 的求解结果

迭代层次	1	2	3
u_B^0	15	12.150	128.003
u_C^0	15	15.187	12.001
p_2^0	120	130.251	15.002
u_B^*	12.833	11.816	11.999 8
u_C^*	14.833	15.186	15.000 3

续表

迭代层次	1	2	3
p_2'	10.251	−2.248 5	−0.002 93
u_B'	−0.683 3	0.185 1	0.000 244
u_C'	0.854 2	−0.185 1	−0.000 244
u_B	12.150	12.001	12.000 0
u_C	15.187	15.002	15.000 0
p_2	130.251	128.003	128.000 0

讨论：本例表明 SIMPLE 算法的基本思想对于求解其他非线性的耦合题也是一种有效的迭代求解算法，除了本例以外管路系统中各段流量及压降的迭代计算也可应用这一思想，本章例题中有这种练习。由于在导出式(c)、(d)时没有作任何简化，因而计算 p'时也不必作亚松弛处理。

6.6 SIMPLE 算法的讨论及流场迭代求解收敛

6.6.1 SIMPLE 算法的讨论

1) SIMPLE 算法中采取的简化假定

在 SIMPLE 算法中引入了以下 3 方面的假定：

①速度场 $u^{(0)}$，$v^{(0)}$ 的假定与 p^* 的假定是各自独立进行的，两者间无任何联系。而实际上如果给定了一个速度场其相应的压力场就可随之而定，独立地设定一个压力场将会与给定的速度场不匹配。

②在导出速度修正值计算式时没有计算邻点速度修正值的影响。尽管要严格地保留邻点速度修正值的影响最终会导致每一点的压力修正值与流场中其他各点的压力修正值相关的这一复杂情况，从而使得压力修正值方程很难处理，但是如果在略去邻点修正值时设法对在等号前面的项作些相应的变化，可以使略去邻点修正值的影响减少。

③采用线性化的动量离散方程，即在一个层次的计算中，动量离散方程中的各个系数(a_E，a_W，…)及源项 b 假定均为定值。实际上无论系数或源项一般均与被求解的流速有关，流速变化后，它们的值均应作相应的变化，不过作为非线性问题迭代式的求解方法，在每一迭代层次上，它们的值均被固定了下来，所谓一个“层次”也就是指在一套固定的系数与源项下的计算过程。但是如果在速度进行修正时，能对其中源项 b 考虑作些相应的变化，可能会使源项与速度场之间的同步性得到改善。

自 SIMPLE 算法提出后的 30 余年来，相继提出了一系列的改进方案，这些改进方案大致是沿着上述3个方面作出的。关于研究者提出的改进SIMPLE算法,读者可以参考陶文铨的《数值传热学》一书。

2)上述简化处理不会影响收敛的解,但要影响收敛的快慢

任何以迭代方式进行的求解过程都必须满足一个基本的要求,即迭代模式的组织不能影响最终得到的收敛的解,SIMPLE算法中所采用的一些简化处理方法都能满足这一基本要求。首先,$u^{(0)}$,$v^{(0)}$与p^*之间独立的假设,可能造成速度场与压力场之间的不协调,但随着迭代过程的进行,只要迭代过程是收敛的,这种小协调性会随着迭代的进行而逐渐减轻以至消失。其次,略去$\sum a_{nb}u'_{nb}$对最终的收敛解也是没有影响的,因为如果迭代趋近于收敛,则u'趋近于零,因而$\sum a_{nb}u'_{nb}$自然也应趋近于零。最后,当迭代趋近于收敛时,两个迭代层次之间的u,v也趋于各自对应相等,因而离散方程的系数及源项自然也就保持不变。但是SIMPLE算法中所采用的这些简化处理方式会影响到速度场与压力场之间的协调和同步发展,因而会影响收敛速度。

3)p'方程边界条件的处理方式要求计算区域满足总体质量守恒条件

上节已指出,对于p'方程,不论是已知边界上的法向流速或已知压力,均令压力修正值方程与边界相应的系数为零。从传热学的观点来看,这相当于切断了计算区域内部与外界的任何联系,是一种“绝热”型的边界条件。在相关的文献中通过实例详细地证明了,当压力修正值方程采用“绝热型”边界条件时,压力修正值方程组是线性相关的,其系数矩阵是奇异的。要使系数矩阵为奇异的代数方程组有解,必须满足相容的条件,反映在压力修正值方程上就要求计算区域必须满足总体质量守恒的条件。压力修正值方程组的这一特点,可以从导热问题的求解来加深理解:可以证明压力场满足Poisson方程,而p'方程组相当于一个扩散方程的离散形式,其边界条件的处理相当于绝热。显然,一个绝热的体系只有其源项的总和为零时才能维持稳定的温度场,这就相当于要求计算区域满足总体质量守恒。如果总体质量不守恒,就相当于有内部的源或汇,对导热问题就无法维持稳定的温度场。

在国际计算流体力学及计算传热学界对于p'方程边界条件的这种处理方式在理论上曾经有过争议。目前对这一问题已有了比较一致的看法:这就是SIMPLE算法所采取的做法相当于采用了齐次Neumann条件,即$\frac{\partial p}{\partial n}=0$($n$为外法线)。例如,对计算区域边界上流速均为给定的情形,不可压缩流场的控制方程及其边界条件可以写成为:

$$U\cdot\nabla U=-\frac{1}{\rho}\nabla p+v\nabla^2 U$$

$$\nabla\cdot U=0\quad(\text{在所有计算边界上流速给定})$$

在这种情形下要获得Navier-Stokes方程的解只要知道∇p即可,而不要求知道p的绝对值,而齐次Neumann条件就能满足这一要求。

在相关的文献中通过计算实例证明了,在流场的迭代求解过程中如果每一迭代层次上能保证总体质量守恒满足,可以大大加快收敛的速度。至于如何保证在每一迭代层次上总体质量守恒得以满足,将在下一小节进行讨论。

4)压力参考点的选取

对于不可压缩流体的流场计算,我们所关心的是流场中各点之间的压力差而不是其绝对值。流体的绝对压力常比流经计算区域的压差要高几个数量级,如果维持在压力绝对值的水平上进行数值计算,则压差的计算就会导致较大的相对误差。为了减少 p' 计算中的舍入误差,可以适当地选择流场中某点的绝对压力为零,而所有其他点的压力都是对该参考点而言的。采用这种做法时,数值计算所得的压力场会出现局部地区压力小于零的情形,这说明参考点并不位于压力最低的地方,对于压差的计算毫无影响。

从压力修正方程的结构来分析其解的特点。在边界上的法向速度或压力为已知的条件下,前已指出,不需要给出边界上关于 p' 的任何信息,这样 p' 值的确定可以相差任意一个常数。这好像是边界上均为给定热流的导热问题,只能确定其中的温度分布而不能确定温度的水平。在这种情形下,p' 迭代收敛值的水平取决于所假设的初值。如果选定了流场中某参考点的压力为零,则该处的修正值也必为零,在数值计算中可通过对参考点的压力修正方程系数作特殊处理来实现($a_P = 1, a_E = a_W = a_N = a_S = b = 0$)。但应当指出,在所有边界条件均为第二类的情形下,不对区域中任一点的值作出规定,而由求解过程本身去搜索解的数值水平的方法,比规定某点之值的方法要收敛得更快一些。Van Doormaal 及 Raithby 等曾对方形区域内带移动顶盖的空穴流作过上述两种情形下收敛快慢的比较。图 6.13 示出了两种情形下误差的范数与迭代次数间的关系,这里误差的范数是指各点 p' 方程的余量平方和的平方根。曲线 1 对计算区域右上角第一个内节点的 p' 值作了规定($p' = 0$),而曲线 2 则未作规定。由图可知,两种情形下收敛速度相差很大。

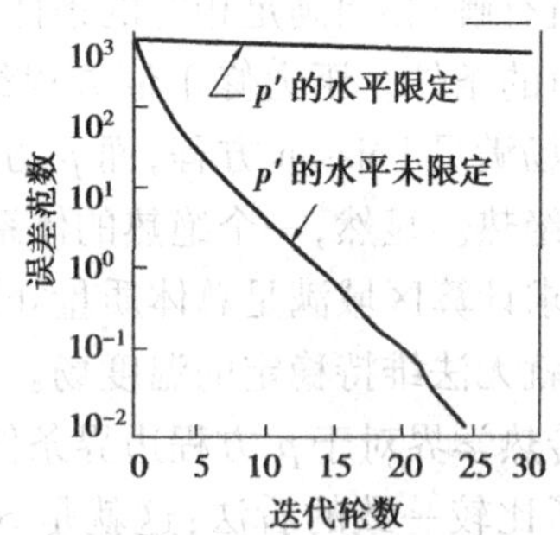

图 6.13 参考点选取与否对迭代收敛速度的影响

5)速度与压力修正值的亚松弛

在实施 SIMPLE 算法的过程中,速度与压力的修正值都应作亚松弛处理,但实施的方式有所不同。对压力由于在速度修正值公式中略去了邻点的影响,所解得的 p' 修正速度是合适的,但对压力修正值本身,则是被夸大了,因而要亚松弛,直接对 p' 进行亚松弛处理,也即作为这一迭代层次的解是:

$$p = p^* + a_P p' \tag{6.21}$$

这里 a_P 是压力亚松弛因子。

对速度,为限制相邻两层次之间的变化,以利于非线性问题迭代收敛,也要求亚松弛。一般都将亚松弛过程组织到代数方程的求解过程中,兹说明如下。所谓亚松弛就是将本层次计算结果与上一层次结果的差值作适当减缩,以避免由于差值过大而引起非线性迭代过程的发散,用通用变量 ϕ 来写出时,有:

$$\phi_P = \phi_P^0 + \alpha\left(\frac{\sum_{nb} a_{nb}\phi_{nb} + b}{a_P} - \phi_P^0\right) \tag{6.22a}$$

式中　ϕ_P^0——上一层次之解;

α——松弛因子。

将此式改写后可得:

$$\left(\frac{a_P}{\alpha}\right)\phi_P = \sum_{nb} a_{nb}\phi_{nb} + b + (1-\alpha)\frac{a_P}{\alpha}\phi_P^0 \tag{6.22b}$$

作为最后求解的代数方程,其主对角元的系数是$\left(\frac{a_P}{\alpha}\right)$而不是 a_P,作为代数方程源项的是$\left[b+(1-\alpha)\frac{a_P}{\alpha}\phi_P^0\right]$而不仅仅是 b。这样代数方程求解所得的已经是亚松弛的解。这是目前许多研究者及商业软件中采用的做法。

6.6.2　流场迭代求解收敛的判据

1)两种迭代收敛问题

在流场的数值求解过程中我们会碰到两种迭代收敛问题,这就是在同一层次上代数方程迭代求解的收敛及非线性问题从一个层次向另一个层次推进的收敛问题。代数方程组的求解有直接解法与迭代法两种。在非线性问题的求解过程中,一直到获得收敛解之前,离散方程的系数及源项都是有待于改进的,因而没有必要将相应于一组临时的系数与源项的代数方程的准确解求出来。采用迭代法可以适时地停止迭代,及时地用所得到的解去更新系数与源项,以进入下一层次的计算,因此代数方程组的求解多采用迭代法。关于代数方程组迭代法的实施方式及其收敛的条件读者可以参阅相关数值计算书籍。上述两种不同意义上的迭代如图 6.14 所示。其中在一组确定的系数及源项下的迭代常称为内迭代,而从一个层次改进系数及源项后向下一层次的推进又称外迭代。一般文献中所谓"经过多次迭代后收敛"指的都是外迭代的次数。下面介绍文献中采用的中止内迭代与外迭代收敛的常用判据。

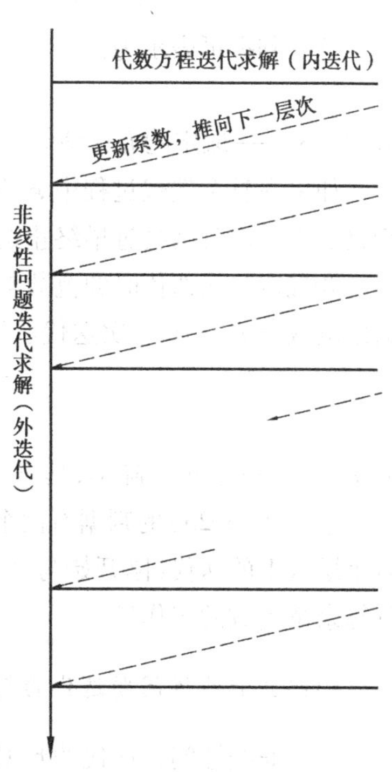

图 6.14　内迭代与外迭代

2)终止内迭代的判据

在内迭代中,p'方程求解是关键,常常占了内迭代的大部分时间,因而终止内迭代常常以p'方程为依据来讨论。

在每一层次的迭代上,如果p'方程迭代求解停止得太早,则所获得的速度修正值不能使连续性方程得到较好的满足。由于这一改进值是要用于确定下一层次迭代的代数方程系数的,于是误差就会传播开去,以致使迭代发散;反之,若p'方程迭代终止得太晚,也常是不经济的。p'方程的求解时间有时会高达整个计算时间的80%。所以选择合适的终止迭代的判据是很重要的。

一般有3种方法来终止每一层次上p'方程的迭代求解。

①简单地规定实施交替方向线迭代与块修正运算的轮数。如果将实施一次交替方向线迭代及一次交替方向块修正作为一轮迭代,则一般经过2~4轮迭代后即可终止计算。这一方法易于实施,但在刚开始计算时,终止迭代也许过早了,而当接近于收敛时,又可能终止得晚了一些。

②规定p'方程余量的范数小于某一数值。设经k次迭代后p'方程余量的范数为$R_p^{(k)}$,则按Euclid范数的定义,有:

$$R_p^{(k)} = \left\{ \sum_{\text{对控制容积求和}} \left[(a_E p'_E + a_W p'_W + a_N p'_N + a_S p'_S + b - a_P p'_P)^{(k)} \right]^2 \right\}^{\frac{1}{2}} \tag{6.23}$$

这一判据可表示为:

$$R_p^{(k)} \leqslant \varepsilon_p \tag{6.24}$$

式中　ε_p——取定的允许值。

如果在整个迭代过程中ε_p保持不变,则在刚开始计算中可能也会要求过多的迭代次数,而接近于收敛时则会过早终止迭代。

③规定终止迭代时的范数与初始范数之比小于允许值。设某一层次迭代中开始解p'方程时之范数为$R_p^{(0)}$,经k次迭代后的范数为$R_p^{(k)}$。则当下列条件满足时可停止这一层次的迭代:

$$\frac{R_p^{(k)}}{R_p^{(0)}} \leqslant r_P \tag{6.25}$$

式中　r_P——余量下降率,其值一般取为0.25~0.05。

采用式(6.25)的判据有两个优点:①余量下降率之值对大多数问题都大致相同;②对于各个层次上的迭代(刚开始与接近收敛时),所需迭代次数近似地相同,此法之不足是增加了计算余量范数的工作量。

3)终止非线性问题迭代的判据

终止非线性问题迭代的判据大致有下述一些形式。

①特征量在连续若干个层次迭代中的相对偏差小于允许值。这里的特征量可以是被求解的速度、温度或者是经过处理的某种平均值,如平均Nusselt数、阻力系数等。例如:

$$\left|\frac{Nu_m^{(k+n)} - Nu_m^{(k)}}{Nu_m^{(k+n)}}\right| \leqslant \varepsilon \tag{6.26}$$

这里将相隔 n 层次的两个平均 Nusselt 数作比较，n 值可为 1 ~ 100。

②要求在内节点上连续性方程余量的代数和（R_{sum}）及节点余量的最大绝对值（R_{max}）小于一定的数值；由于不同的流动情况，流量的绝对值差别会很大，因而更合理的判据是它们的相对值应小于一定值。设参考质量流量为 q_m，则可要求：

$$\frac{R_{sum}}{q_m} \leqslant \varepsilon, \frac{R_{max}}{q_m} \leqslant \varepsilon \tag{6.27}$$

对于开口系统 q_m 可取为入口的质量流量；对于闭口系统，例如，顶盖驱动空穴流［图 6.15（a）］及方形空腔中的自然对流［图 6.15（b）］，均可取流场中任一截面 ab 作以下数值积分：

$$q_m = \int_a^b \rho |u| \mathrm{d}y; q_m = \int_a^b \rho |v| \mathrm{d}x \tag{6.28}$$

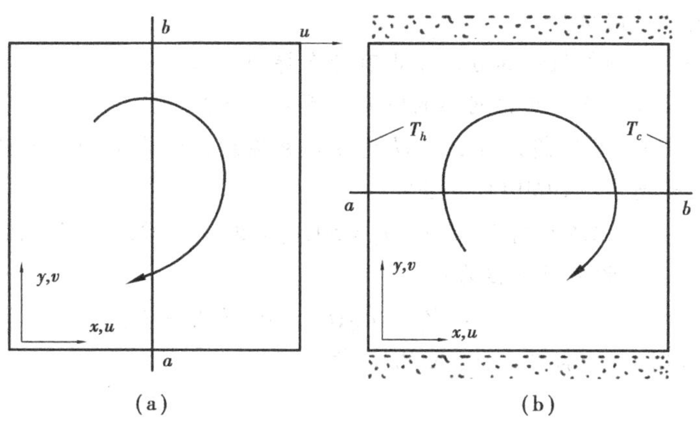

图 6.15　参考质量流量的获取方法

需要指出的是，在开口流场计算中，总体质量守恒的条件在迭代计算过程中往往是通过人为的手段来达到的，在这种情况下迭代的任何阶段 R_{sum} 可能就很小，此时并不能表明流场迭代计算已收敛；但如 R_{sum}/q_m 大于允许值，则迭代肯定不收敛。

③要求连续性方程余量范数的相对值小于允许值。连续性方程的余量即 p' 方程中的源项，为避免混淆，这里记为 b^p，则上述要求可表示为：

$$\frac{\sqrt{\sum\limits_{\text{内点求和}} (b^p)^2}}{q_m} \leqslant \varepsilon \tag{6.29}$$

④要求在整个求解区域内动量方程余量之和或其范数与参考动量之比小于一定值，例如对开口系统，可有：

$$\frac{\left(\sum\limits_{\text{内点求和}} \left\{a_e u_e - \left[\sum\limits_{nb} a_{nb} u_{nb} + b + A_e(p_P - p_E)\right]\right\}^2\right)^{\frac{1}{2}}}{\rho u_m^2} \leqslant \varepsilon \tag{6.30}$$

应当指出，还可以几个判据同时采用，以确保收敛判断的可靠性。允许的误差数值与具体的问题有关,也受网格节点数及计算机字长的影响。对网格较密、计算机字长位数较多的情形,允许的误差应取较小值。作为允许的相对偏差 ε,一般应在 $10^{-3} \sim 10^{-5}$的范围内。

SIMPLE 算法是一个用于压力场和速度场计算的迭代过程,改进的算法如 SIMPLER、SIMPLEC、PISO 都明显加快了收敛速度,为了避免采用交错网格时存在的编程复杂等困难,提出了基于同位网格的 SIMPLE 算法,非结构网格上的 SIMPLE 算法。本书仅简要介绍了 SIMPLE 算法。对于其他算法,感兴趣的读者可以参阅相关参考书。

习题 6

6.1 流场数值计算的目的是什么?其包括哪些常见的内容?常用的计算方法如何分类?

6.2 可压缩与不可压缩流动在数值解法上各有何特点,为何不可压缩流动在求解时反而比可压流动有更多的困难?

6.3 压力修正法在流场数值计算方法中占有什么样的地位?

6.4 为何要使用交错网格?交错网格的特点及用法如何?

6.5 SIMPLE 算法的基本思想是什么?动量方程和连续方程在其中是如何得到满足的?在交错网格上如何实施 SIMPLE 算法?

6.6 对图 6.11 所示二维流动情形,已知:$u_w = 50, u_s = 20, P_N = 0, P_E = 10$,流动是稳态的,且密度为常数。$u_e, v_n$ 的离散方程为:

$$u_e = P_P - P_E; v_n = 0.7(P_P - P_N)$$

试利用 SIMPLE 算法求解 u_e, v_n 及 P_P 之值。

7

CFD 应用分析

7.1 常用的计算流体动力学(CFD)商用软件

计算流体动力学(Computational Fluid Dynamics,CFD)是通过计算机数值计算和图像显示,对包含有流体流动等相关物理现象的系统所做的分析。CFD 的基本思想可以归纳为:把原来在时间域或空间域上连续的物理量的场,如速度场和压力场,用系列有限离散点上的变量值的集合来代替,通过一定的原则和方法建立起关于这些离散点上变量之间的代数方程组,然后求解代数方程组获得变量的近似解。

CFD 可以看成是在流动基本方程(质量守恒方程、动量守恒方程、能量守恒方程)控制下对流动的数值模拟,通过这种数值模拟,可以得到极其复杂问题的流场内各个位置上的基本物理量的分布以及这些物理量随时间的变化情况,还可据此算出相关的其他物理量。

为了完成 CFD 计算,过去多是用户自己编写计算程序,但由于 CFD 的复杂性及计算机软件硬件条件的多样性,使得用户各自的应用程序往往缺乏通用性,而 CFD 本身又有其系统性和规律性,因此,比较适合于被编写成通用的商用软件。自 1980 年以来,出现了如 PHOENICS、CFX、STAR-CD、FIDIP、FLUENT 等多个商用软件,这些软件的特点主要有如下几点:

①功能较全面、适用性强,几乎可以求解工程界中的各种复杂问题。

②具有比较易用的前后处理系统和与其他 CAD 及 CFD 软件的接口能力,便于用户快速完成建模、网格划分等工作。同时,还可以让用户二次开发扩展功能。

③具有较完备的容错机制和操作界面,稳定性高。

④可在多种计算机、多种操作系统,包括并行计算环境下运行。

7.1.1 PHOENICS

PHOENICS 是世界上第一套计算流体动力学与计算传热学的通用商业软件,它是国际计算流体与计算传热的主要创始人 D. B. Spalding 教授及 40 多位博士 20 多年心血的典范之作。PHOENICS 是 Parabolic Hyperbolic or Elliptic Numerical Integration Code Series 的缩写,这意味着只要有流动和传热都可以使用 PHOENICS 来模拟计算。PHOENICS 由 CHAM(Concentration Heat and Momentum Limited)公司开发,第一个正式商业版本于 1981 年推出,除了通用计算流体/计算传热学软件应用拥有的功能外 PHOENICS 具有自己独特的功能,其主要特点如下所述。

①开放性:PHOENICS 最大限度地向用户开放了程序,用户可以根据需要任意修改添加用户程序、用户模型。PLANT 及 INFORM 功能的引入使用户不再需要编写 FORTRAN 源程序,GROUND 程序功能使用户修改添加模型更加任意和方便。

②CAD 接口:PHOENICS 可以读入任何 CAD 软件的图形文件。

③MOVOBJ:运动物体功能可以定义物体运动,避免了使用相对运动方法的局限性。

④大量的模型选择:20 多种湍流模型,多种多相流模型,多流体模型,燃烧模型,辐射模型。

⑤提供了欧拉算法也提供了基于粒子运动轨迹的拉格朗日算法。

⑥计算流动与传热时能同时计算浸入流体中的固体的机械和热应力。

⑦VR(虚拟现实)用户界面引入了一种崭新的 CFD 建模思路。

⑧PARSOL(CUT CELL):部分固体处理。

⑨软件自带 1 000 多个例题,附有完整的可读可改的原始输入文件。

⑩PHOENICS 专用模块:建筑模块(FLAIR)电站锅炉模块(COFFUS)。

读者可以在 http://www.cham.co.uk 网站上获得关于 PHOENICS 详细信息及算例。

7.1.2 CFX

CFX 是第一个通过 ISO 9001 质量认证的商业 CFD 软件,由英国 AEA Technology 公司开发,2003 年 CFX 被 ANSYS 公司收购。目前,CFX 在航空航天、旋转机械、能源、石油化工、机械制造、汽车、生物技术、水处理、火灾安全、冶金、环保等领域,有 6 000 多个全球用户。

和大多数 CFD 软件不同的是,CFX 除了可以使用有限体积法之外,还采用了基于有限元的有限体积法。基于有限元的有限体积法保证了在有限体积法守恒特性的基础上,吸收了有限元法的数值精确性。在 CFX 中,基于有限元的有限体积法,对六面体网络单元采用 24 点插值,而单纯的有限体积法仅采用 6 点插值;对四面体网格采用 60 点插值,而单纯的有限体积法仅采用 4 点插值。在湍流模型的应用上,除了常用的湍流模型外,CFX 最先使用了大涡模拟(LES)和分离涡模拟(DES)等高级湍流模型。

CFX 是第一个发展和使用全隐式多网格耦合求解技术的商业化软件,这种求解技术避免了传统算法需要"假设压力项"—"求解"—"修正压力项"的反复迭代过程;而同时求解动量方程和连续方程,加上其多网格技术,CFX 的计算速度和稳定性比传统方法提高了许多。此外,CFX 的求解器在并行环境下获得了极好的可扩展性。CFX 可运行于 Unix、Linux 和 Windows 平台上。

CFX 可计算的物理问题包括可压与不可压流体、耦合传热、热辐射、多相流、粒子输送过程、化学反应和燃烧问题。还拥有诸如气蚀、凝固、沸腾、多孔介质、相间传质、非牛顿流、喷雾干燥、动静干涉、真实气体等大批复杂现象的实用模型。在其湍流模型中,纳入了 k-ε 模型、低 Reynolds 数 k-ε 模型、低 Reynolds 数 Wilcox 模型、代数 Reynolds 应力模型、微分 Reynolds 应力模型、微分 Reynolds 通量模型、SST 模型和大涡模型。

CFX 为用户提供了表达式语言(CEL)及用户子程序等不同层次的用户接口,允许用户加入自己的特殊物理模型。

CFX 的前处理模块是 ICEM CFD,其所提供的网格生成工具包括表面网格、六面体网格、四面体网格、棱柱体网格(边界层网格)。四面体与六面体混合网格、自动六面体网格、全局自动笛卡尔网格生成器等。它在生成网格时,可实现边界网格自动加密、流场变化剧烈区域网格局部加密、分离流模拟等。

ICEM CFD 除了提供自己的实体建模工具之外,它的网格生成工具也可集成在 CAD 环境中。用户可在自己的 CAD 系统中进行 ICEM CFD 的网格划分设置,如在 CAD 中选择面、线并分配网格大小属性等。这些数据可储存在 CAD 的原始数据库中,用户在对几何模型进行修改时也不会丢失相关的 ICEM CFD 设定信息。另外,CAD 软件中的参数化几何造型工具可与 ICEM CFD 中的网格生成及网格优化等模块直接连接,大大缩短了几何模型变化之后的网格再生成时间。其接口适用于 SolidWorks、CATIA、Pro/ENGINEER、Ideas、Unigraphics 等 CAD 系统。

读者可以在 http://www.ansys.com 和 http://www.ansys.cn 网站上获得关于 CFX 及 ICEM CFD 的详细信息及算例。

7.1.3　STAR-CD

STAR-CD 是由英国帝国学院提出的通用流体分析软件,由 1987 年在英国成立的 CD-adapco 集团公司开发。STAR-CD 这一名称的前半段来自于 Simulation of Turbulent Flow in Arbitrary Regin。该软件基于有限元体积法,适用于不可压缩流和可压流(包括跨音速流和超音速流)的计算、热力学的计算及非牛顿流的计算。它具有前处理器、求解器、后处理器三大模块,以良好的可视化用户界面把建模、求解及后处理与全部的物理模型和算法结合在一个软件包中。

STAR-CD 独特的全自动六面体/四面体非结构化网格技术,满足了用户对复杂网络处理的需求。STAR-CD 能够对绝大部分典型物理现象进行建模分析,并且拥有较为高速的大规模并行计算能力,还可以应用到工业制造、化学反应、汽车动力、结构优化设计等其他许多领域的流体分析。其使用的前后处理软件包称为 PROSTAR,核心解算器称为 STAR。PROSTAR 集成了建模、求解与后处理所必需的各种工具。其面向过程的、易用的 GUI 和计算导航器 NAV-Center 对各种流动都是强大而又方便的工具。

STAR-CD 的前处理器(Prostar)具有较强的 CAD 建模功能,而且它与当前流行的 CAD/CAE 软件(SAMM、ICEM、PARTRAN、IDEAS、ANSYS、GAMBIT 等)有良好的接口,可有效地进行数据交换。具有多种网格划分技术(如 Extrusion 方法、Multi-block 方法和 Data import 方法等)和网格局部加密技术,具有对网格质量优劣的自我判断功能。Multi-block 方法和任意交界面技术相结合,不仅能够大大简化网格生成,还使不同部分网格可以进行独立调整而不影响其他部分,可以求解任意复杂的几何形体,极大地增强了 CFD 作为设计工具的实用性和时效性。STAR-CD 在适应复杂计算区域的能力方面具有一定优势。可以处理滑移网格的问题,可用于多级透平机械内的流场计算。STAR-CD 提供了多种边界条件,可供用户根据不同的流动物理特性来选择合适的边界条件。

STAR-CD 提供了多种高级湍流模型。STAR-CD 具有 SIMPLE、SIMPISO 和 PISO 等求解

器,可根据网格质量的优劣和流动物理特性来选择。在差分格式方面,具有低阶和高阶的差分格式,如一阶迎风、二阶迎风、中心差分、QUICK 格式和混合格式等。

STAR-CD 的后处理器,具有动态和静态显示计算结果的功能。能用速度矢量图来显示流动特性。用等值线图或颜色来表示各个物理量的计算结果,可以进行气动力的计算。

STAR-CD 在三大模块中提供了与用户的接口,用户可根据需要编制 Fortran 子程序并通过 STAR-CD 提供的接口函数来达到预期的目的。

读者可以在 http://www.cd-adapco.com(或 http://www.cd.co.uk)和 http://www.cdaj-china.com 网站上获得关于 STAR-CD 的详细信息及算例。

7.1.4 FIDAP

FIDAP 是由英国 Fluid Dynamics Internationa(FDI)公司开发的计算流体力学与数值传热学软件。1996 年,FDI 被 FLUENT 公司收购,这样,目前的 FIDAP 软件属于 FLUENT 公司的一个 CFD 软件。

FIDAP 是 FLUENT 公司的另外一个通用的 CFD 求解器,它可以求解从层流到湍流的范围宽广的流动问题。在生物医学、材料加工处理、半导体制造等其他工业领域中,FIDAP 有着广泛的应用。FIDAP 采用有限元方法,对涉及流体流动、传热、传质、离散相流动、自由表面、液—固相变、流—固耦合等问题提供精确而有效的解决方案。FIDAP 采用完全非结构化网格,可以采用耦合和非耦合的数值方法。FIDAP 提供了丰富物理模型,可以模拟非牛顿流变、热辐射、多孔介质中的流动、化学反应和其他复杂的现象。FIDAP 软件是基于有限元方法和完全非结构化网格的通用 CFD 求解器,适合解决从不可压缩流动到中等程度的可压缩流动问题。新版本的 FIDAP 增加了流固耦合功能,可以分析由流动引起的结构响应问题。

读者可以在 http://www.hikeytech.com 网站上获取关于 FIDAP 软件的详细信息和算例。

7.1.5 FLUENT

FLUENT 是由美国 FLUENT 公司于 1983 推出的 CFD 软件,是继 PHOENICS 软件之后的第二个投放市场的基于有限体积法的软件。FLUENT 是目前功能全面、适用性广、国内使用广泛的 CFD 软件之一。本章 7.4 小节将对这一软件的基本理论进行更进一步的介绍,其使用方法将结合案例在 7.6 小节中进行介绍,FLUENT 软件具有下述特点。

①FLUENT 软件采用基于完全非结构化网格的有限体积法,而且具有基于网格节点和网格单元的梯度算法。

②定常/非定常流动模拟,而且新增快速非定常模拟功能。

③FLUENT 软件中的动/变形网格技术主要解决边界运动的问题,用户只需指定初始网格和运动壁面的边界条件,余下的网格变化完全由解算器自动生成。网格变形方式有 3 种:弹簧压缩式、动态铺层式以及局部网格重生式。其局部网格重生式是 FLUENT 所独有的,而且用途广泛,可用于非结构网格、变形较大问题以及物体运动规律事先不知道而完全由流动所产生的力所决定的问题。

FLUENT 软件具有强大的网格支持能力,支持界面不连续的网格、混合网格、动/变形网格以及滑动网格等。需要强调的是,FLUENT 软件还拥有多种基于解的网格的自适应、动态自适应技术以及动网格与网格动态自适应相结合的技术。

④FLUENT 软件包含 3 种算法:非耦合隐式算法、耦合显式算法、耦合隐式算法,是商用软件中最多的。

⑤FLUENT 软件包含丰富而先进的物理模型,使得用户能够精确地模拟无黏流、层流、湍流。湍流模型包含 Spalart-Allmaras 模型、k-ω 模型组、k-ε 模型组、雷诺应力模型(RSM)组、大涡模拟模型(LES)组以及最新的分离涡模拟(DES)和 V2F 模型等。另外,用户还可以定制或添加自己的湍流模型。

⑥适用于牛顿流体、非牛顿流体。

⑦含有强制/自然/混合对流的热传导,固体/流体的热传导、辐射。

⑧化学组分的混合/反应;自由表面流模型,欧拉多相流模型,混合多相流模型,颗粒相模型,空穴两相流模型,湿蒸汽模型。

⑨融化溶化/凝固。

⑩蒸发/冷凝相变模型。

⑪离散相的拉格朗日跟踪计算。

⑫非均质渗透性、惯性阻抗、固体热传导,多孔介质模型(考虑多孔介质压力突变)。

⑬风扇,散热器,以热交换器为对象的集中参数模型。

⑭惯性或非惯性坐标系,复数基准坐标系及滑移网格。

⑮动静翼相互作用模型化后的接续界面。

⑯基于精细流场解算的预测流体噪声的声学模型。

⑰质量、动量、热、化学组分的体积源项。

⑱丰富的物性参数的数据库。

⑲磁流体模块主要模拟电磁场和导电流体之间的相互作用问题。

⑳连续纤维模块主要模拟纤维和气体流动之间的动量、质量以及热的交换问题。

㉑高效率的并行计算功能,提供多种自动/手动分区算法。

㉒内置 MPI 并行机制大幅度提高并行效率。另外,FLUENT 特有动态负载平衡功能,确保全局高效并行计算。

㉓FLUENT 软件提供了友好的用户界面,并为用户提供了二次开发接口(UDF)。

㉔FLUENT 软件采用 C/C ++ 语言编写,从而大大提高了对计算机内存的利用率。

在 CFD 软件中,FLUENT 软件是目前国内外使用较多、较流行的商业软件之一。FLUENT 的软件设计基于“CFD 计算机软件群的概念”,针对每一种流动的物理问题的特点,采用适合于它的数值解法在计算速度、稳定性和精度等各方面达到最佳。

读者可以在 http://www.hikeytech.com 网站上获得关于 FLUENT 软件的详细信息及算例。

7.2 CFD 的求解过程

为了进行 CFD 计算,用户可借助通用商业软件来完成所需要的任务,也可以自己直接编写计算程序,两种方法的基本工作过程是相同的。本节给出 CFD 基本计算思路,对于每一步的详细过程,将在本章逐一进行介绍。

7.2.1 总体计算流程

无论是流动问题、传热问题,还是污染物的运动问题;无论是稳态问题,还是瞬态问题,其求解过程都可用图 7.1 表示。

如果所求解的问题是瞬态问题,则可将图 7.1 所示的过程理解为一个时间步长的计算过程,循环这一过程求解下一个时间步长的解。下面各小节分别对各求解步骤进行简单的介绍。

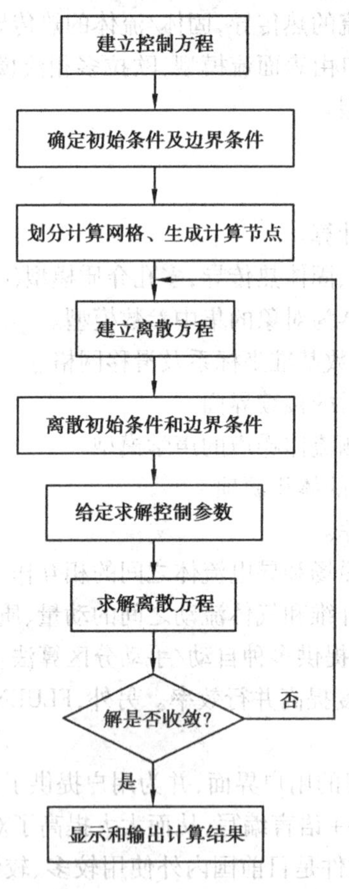

图 7.1 CFD 工作流程图

7.2.2 建立控制方程

建立控制方程,是求解任何问题前都必须首先进行的步骤。对于一般的流体流动,可根据 2.10 节的分析,直接写出其控制方程。例如,对于室内空气流动问题,若假定不考虑污染物的扩散,则可直接将连续方程(2.9)、动量方程(2.13b)与能量方程(2.17b)作为控制方程使用。当然,由于室内空气的流动大多是处于湍流范围,因此在一般情况下,需要增加湍流方程。

7.2.3 确定初始条件与边界条件

初始条件与边界条件是求解控制方程的前提,控制方程与相应的初始条件、边界条件的组合构成一个物理过程完整的数学描述。

初始条件是所研究对象在过程开始时刻各个求解变量的空间分布情况。对于瞬态问题,必须给定初始条件。对于稳态问题,不需要初始条件。

边界条件是指在求解区域的边界上,所求解的变量或其导数随地点和时间的变化规律。对于任何问题,都需要给定边界条件。例如,在锥管内的流动,在锥管进口断面上,给定速度、压力沿半径方向的分布,而在管壁上,对速度取无滑移边界条件。

对于初始条件和边界条件的处理,直接影响计算结果的精度。

7.2.4 划分计算网格

采用数值方法求解控制方程时,需要将控制方程在空间区域上进行离散,然后求解得到的离散方程组。若在空间域上离散控制方程,必须使用网格。现已经发展出多种对计算区域进行离散以生成网格的方法,统称为网格生成技术。

不同的问题采用不同数值解法时,所需要的网格形式不一定相同,但生成网格的方法基本是一致的。目前,网格分结构网格和非结构网格两大类。简单地讲,结构网格在空间上比较规范,如对一个四边形区域,网格往往是成行成列分布的,行线和列线比较明显。而对非结构网格在空间分布上没有明显的行线和列线。

对于二维问题,常用的网格单元有三角形和四边形等形式;对于三维问题,常用的网格单元有四面体、六面体、三棱体等形式。在整个计算域上,网格通过节点联系在一起。

目前,多数 CFD 软件可读入其他 CAD 或 CFD/FEM 软件产生的网格模型,如 FLUENT 可以读入 ICEM 所生成的网格。

当然,若问题不是特别复杂,用户也可自行编程生成网格。关于网格生成技术读者可以参考相关的参考书。

7.2.5 建立离散方程

对于在求解域内所建立的偏微分方程,理论上是有真解(或称精确解或解析解)的。但由于所处理问题自身的复杂性,一般很难获得方程的真解。因此,就需要通过数值方法把计算域内有限数量位置(网格节点或网格中心点)上的因变量值当作基本未知量来处理,从而建立一组关于这些未知量的代数方程组,然后通过求解代数方程组来得到这些节点值,而计算域内其他位置上的值则根据节点位置上的值来确定。

由于所引入的因变量在节点之间的分布假设及推导离散化方程的方法不同,就形成了有限差分法、有限元法、有限元体积法等不同类型的离散化方法。

在同一种离散化方法中,如在有限体积法中,对式(2.23)中的对流项所采用的离散格式不同,也将导致不同形式的离散方程。

对于瞬态问题,除了在空间域上的离散外,还要涉及在时间域上的离散。离散后,将要涉及使用何种积分方案的问题。

本书第 5 章结合有限体积法,介绍了常用的离散格式。

7.2.6 离散初始条件和边界条件

前面所给定的初始条件和边界条件是连续的,如在静止壁面上速度为 0,现在需要针对所生成的网格,将连续型的初始条件和边界条件转化为特定节点上的值,如静止壁面上共有 90 个节点,则这些节点上的速度值均应设为 0。这样,连同小节 7.2.5 在各节点处所建立的离散的控制方程,才能对方程组进行求解。

在商业 CFD 软件中,通常在前处理阶段完成了网格划分后,直接在边界上指定初始条件和边界条件,然后由前处理软件将这些初始条件和边界条件按离散的方式自动分配到相应的节点上去。

在本章 7.6 小节将结合 FLUENT 软件,介绍在 CFD 软件中如何处理初始条件和边界条件并给出应用实例。

7.2.7 给定求解控制参数

在离散空间上建立了离散化的代数方程组,并设定离散化的初始条件和边界条件后,还需要给定流体的物理参数和湍流模型的经验系数等。此外,还要给定迭代计算的控制精度、瞬态问题的时间步长和输出频率等。

在 CFD 的理论中,这些参数并不值得去探讨和研究,但在实际计算时,它们对计算的精度和效率有着重要的影响。

7.2.8 求解离散方程

在完成上述设置后,生成了具有定解条件的代数方程组 。对于这些方程组,数学上已有相应的解法,如线性方程组可采用 Gauss 消去法或 Gauss-Seidel 迭代法求解,而对非线性方程组,可采用 Newton-Raphson 方法。在商业 CFD 软件中,往往提供多种不同的解法,以适应不同类型的问题。这部分内容,属于求解器设置的范畴。

7.2.9 判断解的收敛性

对于稳态问题的解,或是瞬态问题在某一特定时间步长上的解,往往要通过多次迭代才能得到。有时因网格形式或网格大小、对流项的离散插值格式等原因,可能导致解的发散。对于瞬态问题,若采用显式格式进行时间域上的积分,当时间步长过大时,可能造成解的振荡或发散。因此,在迭代过程中,要对解的收敛性随时进行监视,并在系统达到指定精度后,结束迭代过程。

这部分内容属于经验性的,需要针对不同情况进行分析。

7.2.10 显示和输出计算结果

通过上述求解过程得到了各计算节点上的解后,需要通过适当手段将整个计算域上的结果表示出来。这时,可采用线值图、矢量图、等值线图、流线图、云图等方式对计算结果进行表示。

所谓线值图，是指在二维或三维空间上，将横坐标取为空间长度或时间历程，将纵坐标取为某一物理量，然后用光滑曲线或曲面在坐标系内绘制出某一物理量沿空间或时间的变化情况。矢量图是直接给出二维或三维空间里矢量（如速度）的方向及大小，一般用不同颜色和长度的箭头表示速度矢量。矢量图可以较容易地让用户发现其中存在的旋涡区。等值线图是在物理区域上由同一变量的多条等值线组成的图形，即用不同颜色的线条表示相等物理量。流线图是用不同颜色线条表示质点运动轨迹将计算域内无质量粒子的流动情况可视化。云图是使用渲染的方式，将流场某个截面上的物理量（如压力或温度）用连续变化的颜色块表示其分布。

现在的商用软件都提供了上述各表示方式，用户可以自己编写后处理程序进行结果显示。

7.3　CFD 软件结构

7.2 节的 CFD 工作流程图是按 CFD 实际求解过程来给出的，从使用者的角度看，该过程可能显得有些复杂。为方便用户使用 CFD 软件处理不同类型的工程问题，一般的 CFD 商用软件往往是将复杂的 CFD 过程集成，通过一定的接口，让用户快速地输入问题的有关参数。所有的商用 CFD 软件均包括 3 个基本环节：前处理、求解和后处理，与之对应的程序模块常简称前处理器、求解器、后处理器。本节结合 CFD 软件的相关内容，简要介绍这 3 个程序模块。

7.3.1　前处理器

前处理器用于完成前处理工作。前处理环节是向 CFD 软件输入所求问题的相关数据，该过程一般是借助与求解器相对应的对话框等图形界面来完成。在前处理阶段需要用户进行以下工作：

①定义所求问题的几何计算域。

②将计算域划分成多个互不重叠的子区域，形成由单元组成的网格。

③对所要研究的物理和化学现象进行抽象，选择相应的控制方程。

④定义流体的属性参数。

⑤为计算域边界处的单元指定边界条件。

⑥对于瞬态问题，指定初始条件。

流动问题的解是在单元内部的节点上定义的，解的精度由网格中单元的数量所决定。一般来讲，单元越多、尺寸越小，所得到的解的精度越高，但所需要的计算机硬件资源及计算时间也相应增加。为了提高计算精度，在物理量精度要求较大的区域，以及感兴趣的区域，往往要加密计算网格。在前处理阶段生成计算网格时，关键是要把握好计算精度与计算成本之间的平衡。

目前在使用商用 CFD 软件进行计算时，有超过 50% 以上的时间花在几何区域的定义及计算网格的生成上。可以使用 CFD 软件自身的前处理器来生成几何模型，也可以借用其他商用 CFD 或 CAD/CAE 软件（如 Pro/ENGINEER Solidworks）提供的几何模型。此外，指定流体参数的任务也是在前处理阶段进行的。

7.3.2　求解器

求解器的核心是数值求解方案。常用的数值求解方案包括有限差分法、有限元法和有限体积法等。从总体上讲,这些方法的求解过程大致相同,包括以下步骤:

①借助简单函数来近似待求的流动变量。

②将该近似关系代入连续型的控制方程中,形成离散方程组。

③求解代数方程组。

各种数值求解方法的主要差别在于流动变量被近似的方式及相应的离散化过程。本书在前面章节主要介绍有限体积法,因为有限体积法是目前商用 CFD 软件广泛采用的方法。

7.3.3　后处理器

后处理的目的是有效地观察和分析流动计算结果。随着计算机图形功能的提高,目前的 CFD 软件均配备了后处理器,提供了较为完善的后处理功能,包括:

①计算域的几何模型及网格显示。

②矢量图(如速度矢量线)。

③等值线图。

④填充型的等值线图(云图)。

⑤XY 散点图。

⑥粒子轨迹图。

⑦图像处理功能(平移、缩放、旋转等)。

借助后处理功能,还可动态模拟流动效果,直观地了解 CFD 的计算结果。

CFD 软件提供了上述各表示方式。用户也可以自己编写后处理程序进行结果显示。

7.4　FLUENT 入门

本书以 FLUENT 为例,讲解 CFD 软件求解的一般过程。本节主要简述 FLUENT 软件的使用对象、使用的单位制、使用的文件类型以及求解步骤等。具体的操作使用流程在本书 7.6 节中以实例形式展开。FLUENT 从本质上讲只是一个求解器,从 FLUENT6.3 版本后不再使用 GAMBIT 作为前处理网格划分软件,转而采用 ICEM CFD 进行网格划分,其网格划分功能十分强大,本书 7.5 节将对 ICEM CFD 作简要介绍。

7.4.1　FLUENT 使用对象

FLUENT 广泛用于航空、汽车、透平机械、水利、电子、发电、建筑设计、材料加工、加工设备、环境保护等领域,其主要的模拟能力包括:

①用非结构自适应网格求解 2D 或 3D 区域内的流动。

②不可压或可压流动。

③稳态分析或瞬态分析。

④无黏性流体或非牛顿流体。
⑤热、质量、动量、湍流和化学组分的体积源项模型。
⑥各种形式的热交换,如自然对流、强迫对流、混合对流、辐射热传导等。
⑦惯性(静止)坐标系、非惯性(旋转)坐标系模型。
⑧多重运动参考系,包括滑动网格界面、转子与定子相互作用的动静结合模型。
⑨化学组分的混合与反应模型,包括燃烧子模型和表面沉积反应模型。
⑩粒子、水滴、气泡等离散相的运动轨迹计算,与连续相的耦合计算。
⑪相变模型(如熔化或凝固)。
⑫多相流。
⑬空化流。
⑭多孔介质中的流动。
⑮用于风扇、泵及热交换器的集总参数模型。
⑯复杂外形的自由表面流动。

7.4.2 FLUENT 使用的单位制

FLUENT 提供英制(British)、国际单位制(SI)和厘米-克-秒制(CGS)等单位制,这些单位制之间可以相互转换。但 FLUENT 规定,对于边界特征、源项、自定义流场函数、外部创建的 X-Y 图散点图的数据文件数据,必须使用国际单位制,对于网格文件,不管在创建时用的什么单位制,再被 FLUENT 读入时,均假定为是用国际单位制(长度单位为 m)创建的。因此,在导入网格文件时,要注意按当前设定的单位制对网格尺寸进行缩放处理,以保证其几何尺寸的有效性。

7.4.3 FLUENT 使用的文件类型

使用 FLUENT 时,涉及多种类型的文件,FLUENT 读入的文件类型包括 grid、case、data、profile、Scheme 及 journal 文件,输出的文件类型包括 case、data、profile、journal 以及 transcript 等。FLUENT 还可以保存当前窗口的布局以及保存图形窗口的硬拷贝。表 7.1 给出了 FLUENT 用到的主要文件类型。

表 7.1 FLUENT 用到的主要文件类型

文件名称	扩展名	功 能
grid(网格文件)	msh	包含所有节点的坐标及节点之间的连接性信息,不包含边界条件、流动参数或者解的参数。grid 文件是由 GAMBIT、ICEM、TGrid、GeoMesh、preBFC 或者第三方 CAD 软件包生成的。从 FLUENT 的角度来看,grid 文件只是案例文件的子集。grid 文件是 FLUENT 中基本的文件之一,是在开始 CFD 求解之前一定要准备好的
case(案例文件)	Cas	包括网格、边界条件、解的参数、用户界面和图形环境的信息。这是 FLUENT 中的基本条件之一,是核心文件。在将网格导入 FLUENT 后,可选择 File 菜单中的相关命令来生成文件。一般来讲,用户只要保留这个文件,一个完整的 CFD 模型就掌握在自己的手中

续表

文件名称	扩展名	功　能
date(数据文件)	Dat	包含每个网格单元的流场值以及收敛的历史记录(残差值)。该文件是 FLUENT 中基本的文件之一,用户可以随时调用该文件查看计算结果
profile(边界信息文件)	用户指定	用于指定边界区域上的流动条件
journal(日志文件)	用户指定	记录用户输入过的各种命令
transcipt(副本文件)	用户指定	记录全部输入及输出信息
Hardcopy(硬拷贝文件)	取决于输出格式	将图形窗口中的内容硬拷贝输出为 TIFF、PICT 和 PostScript 等格式的文件
Export(输出文件)	取决于输出格式	FLUENT 允许用户将数据输出为 AVS、Date Explore、EnSight、FAST、FIELDVIEW、I-DEAS、NASTRAN 及 Tecplot 等第三方 CAD/CAE 软件
Scheme(源文件)	scm	Scheme 是 LISP 编程语言的一个分支,它用于定制 FLUENT 的界面、控制 FLUENT 的运行。用 Scheme 语言编写的源程序文件称为 Scheme 文件
. FLUENT(配置文件)	. FLUENT	包含用 Scheme 语言写成的语句,用于对 FLUENT 进行定制和控制。FLUENT 启动时,寻找该文件,若找到它,就加载它
. cxlayout	. cxlayout	保存当前对话框及图形窗口的布局

7.4.4　FLUENT 的求解步骤

FLUENT 是一个 CFD 求解器,在使用 FLUENT 进行求解前,必须借助 Gridgen、GAMBIT、HYPEMESH、ICEM、CFD 或其他 CAD 软件生成网格模型。再简单的问题,也必须借助这些软件生成网格。FLUENT4 以及以前的版本只使用结构网格,而 FLUENT5 之后使用非结构网格。但兼容传统的结构网格和块结构网格等。本节以 FLUENT6 为例,介绍 FLUENT 的基本用法。

1)制订分析方案

同使用任何 CAE 软件一样,在使用 FLUENT 前,首先针对所要求解的物理问题,制订比较详细的求解方案。制订求解方案需要考虑的因素包括下述内容。

①决定 CFD 模型目标。确定要从 CFD 模型中获得什么样的结果,怎样使用这些结果,需要怎样的模型精度。

②选择计算模型。在这里要考虑怎样对物理系统进行抽象概括,计算域包括哪些区域,在模型计算域的边界上使用什么样的边界条件,模型按二维还是三维构造,什么样的拓扑结构最适合于该问题。

③选择物理模型。考虑该流动是无黏、层流还是湍流,流动是稳态还是非稳态,热交换重要与否,流动是用可压缩还是不可压缩来处理,是否多相流动,是否需要应用其他物理模型。

④决定求解过程。在这个环节要确定该问题是否可以利用求解器现有的公式和算法直接求解,是否需要增加其他的参数(如构造新的源项),是否有更好的求解方式可使求解过程更快速地收敛,使用多重网格计算机的内存是否够用,得到收敛解需要多长时间。

2)求解步骤

当以上几个要素确定之后,便可以按照下列过程开展流动模拟。

①创建几何模型和划分网格(在 ICEM 或其他前处理软件中完成)。

②启动 FLUENT 软件。

③导入网格模型。

④检查网格模型是否存在问题。

⑤选择求解器及运行环境。

⑥选择计算模型,即是否考虑热交换,是否考虑黏性,是否存在多相流等。

⑦设置材料特性。

⑧设置边界条件。

⑨调整用于控制求解的有关参数。

⑩初始化流场。

⑪开始求解。

⑫显示求解结果。

⑬保存求解结果。

⑭如果必要,修改网格或计算模型,然后用重复上述过程重新进行计算。

注意,FLUENT 求解器分为单精度与双精度两大类。单精度求解器计算速度快,占用内存少,一般选择单精度的求解器就可以满足需求,单精度求解器与双精度求解器的名称,在二维问题中分别是 FLUENT 2d 和 FLUENT 2ddp,在三维问题中分别是 FLUENT 3d 和 FLUENT 3ddp。这样,在上述第②步,就有 4 种启动选项。

7.5 ICEM 入门

7.5.1 ICEM 的特点

ICEM 是 Integrated Computational Engineering and Manufacturing 的简称,1990 年成立 ICEM CFD Engineering 公司,关注所有网格划分需求得解决方案,2000 年 ANSYS 收购 ICEM CFD。ANSYS ICEM CFD 是一款功能强大的前处理软件,不仅可以为主流的 CFD 软件(如 FLUENT、CFX、STAR-CD、STAR-CCM +)提供高质量的网格,而且还可以完成多种 CAE 软件(如 ANSYS、Nastran、Abaqus、LS-Dyna 等)的前处理工作。ANSYS ICEM CFD 是目前市场上最强大的六面体结构化网格生成工具。随着 ANSYS ICEM CFD 的普及和应用。它的网格生成优势越来越被业界所认可,越来越多的工程人员选择 ANSYS ICEM CFD 生成网格。在后面的章节中将 ANSYS ICEM CFD 简称为 ICEM。

ICEM 具有下述特色功能。

①相比其他前处理器,操作界面友好。

②丰富的几何接口。支持 CATIA、Pro/ENGINEER、Unigraphics、SolidWorks 等 CAD 模型直接导入;同时支持 IGES、STEP、DWG 等格式文件导入。

③完善的几何修改创建功能。能够快速地检测修补几何模型中存在的缝隙、孔等瑕疵。可以方便地在模型中生成必需的几何元素(点、线、面)。

④忽略细节特征设置。自动忽略几何缺陷及多余的细小特征。

⑤几何文件和块文件分别存储。当几何模型轻微变化时,只需要略微改变映射关系,就可以完成网格生成工作。

⑥网格装配。可以轻松实现不同类型网格之间的装配,尤其对于拓扑结构复杂的模型可以大大减少工作量。

⑦四/六面体混合网格。在连接处能自动生成金字塔网格单元。

⑧先进的 O 型网格技术。O 型网格及其变形 C 型网格和 L 型网格,可以显著提高曲率较大处网格的质量,对外部扰流问题尤为适用。

⑨灵活建立拓扑结构,可以自顶向下建立,类似于雕塑过程;也可以自下向上建立,类似于盖房子。

⑩可以快速生成以六面体网格为主的网格(Hex Core)。

⑪多种标准标定网格质量,可自动对整体网格光顺处理,坏单元自动重创,可视化修改网格质量。

⑫拥有超过 100 种的求解器接口,包括 FLUENT、CFX、CFL3D、STAR-CD、STAR-CCM +、Nastran、Abaqus、LS-Dyna、ANSYS 等。

7.5.2 ICEM 的基本用法

ICEM 网格编辑器的标准化图形用户界面,提供了一个完善的划分和编辑数值计算网格的环境,如图 7.2 所示。

图 7.2 ICEM 操作界面

由于篇幅所限及版本更新较快,这里只简单介绍 ICEM 网格编辑器界面的基本用法。网格编辑器界面包括 3 个窗口:ICEM 主窗口、模型树状目录与信息窗口。

1)ANSYS ICEM CFD 主窗口

在图形显示区的左上角有一串功能菜单(Manager),主要包括网格项目管理、设置和文件输入/输出等,下面简单说明这些基本菜单。

①文件:该菜单提供许多与文件管理相关的功能,如打开文件、保存文件、合并和输入几何模型等。

②编辑:此菜单包括回退、前进、命令行、网格转换小面结构、小面结构转化为网格、结构化模型等功能。

③视图:此菜单包括合适窗口、放大、俯视、仰视、左视、右视、前视、后视、等角视、视图控制等菜单命令。

④信息:此菜单包括几何信息、面的面积、最大截面积、曲线长度、网格信息、单元体信息、节点信息等菜单命令。

⑤设置:此菜单包括常规、求解、显示、选择、内存、远程、速度、重启、网格划分。

⑥窗口:此菜单只有一个模型选项。

⑦帮助:此菜单包括启动帮助、启动用户指南、启动使用手册、启动安装指南、有关法律。

2)模型的树状目录

模型的树状目录位于屏幕左侧,通过几何实体单元类型和用户定义的子集控制图形显示。因为有些功能只对显示的实体发生作用,所以,目录树在需要修改孤立的特殊实体时体现了重要性。用鼠标右键单击各个项目可以方便地进行相应的设置,如颜色标记和用户定义显示等。

3)消息窗口

消息窗口包括ICEM显示的所有信息,使用户了解内部过程。窗口显示操作界面和几何、网格功能的联系。在操作过程中要时刻注意消息窗口,它将告诉用户进程的状态。保存命令将所用窗口内容写入一个文件,文件保存在网格模型默认路径。

4)ICEM 中鼠标、键盘的基本操作

ICEM中鼠标、键盘的基本操作见表7.2。

表7.2 ICEM中鼠标、键盘的基本操作

基本操作	操作效果
单击左键	选择
单击中键	确定
单击右键	取消
按住左键并移动	旋转
按住中键并移动	平移
按住右键并前后移动	缩放
按住左键并左右移动	在当前平面内旋转

同时,ICEM 有选择模式和视图模式。当鼠标为十字时表明处于选择模式,用于选择几何、网格等元素。当鼠标为箭头时表明处于视图模式,用于观察控制几何网格等元素的显示,在处理复杂问题时,经常需要在两种模式之间转换。此时可以使用选择标签栏中的“ ”,也可使用快捷键 F9 实现两种模式的快捷切换。

当处于选择模式时,按键盘中的“V”键将选择所有可视的待选择元素,按键盘中的“A”键将选择所有待选择元素。

7.5.3 ICEM 的文件类型

ICEM 文件格式主要有 prj、tin、blk、uns、fbc、par、rpl、jrf 8 种,它们的关系如下所述。

①prj 文件为工程文件,所有其他文件都与它相关联,可以通过打开 prj 文件打开所有与之相关的文件。

②tin 文件为几何文件,包含有几何模型信息、材料点的定义、全局以及局部网络定义。

③blk 文件为块文件,保存在块的拓扑结构。

④uns 文件为网格文件。

⑤fbc 文件保存有边界条件、局部参数等信息。

⑥par 文件保存有模型参数等信息。

⑦rpl 文件用于记录用户的操作信息。

⑧jrf 为 ICEM 的脚本文件,可用于批处理和二次开发。

各种类型的文件分别存储不同的信息,可以单独读入或导出 ICEM,以此提高使用过程中文件的输入输出速度。

7.5.4 ICEM 网格生成的基本流程

ICEM 生成网格的基本流程如下所述。

①设定工作目录或者文件保存路径,打开或创建新的工程。

②导入几何模型,修改并且简化,定义 Part 名称。

③对于非结构化网格,需要定义网格尺寸,设定网格的类型和生成方法及其他参数,计算生成网格,创建并划分 Block,建立映射关系,设定节点参数,生成网格。

④检查并编辑网格。

⑤输出网格。

注意:读者欲了解更多 ICEM 相关知识,可参见 ICEM 的专业学习教程《ANSYS ICEM CFD 网格划分技术实例详解》(纪兵兵,陈金瓶),详细了解 ICEM 软件。本书在下一节只简要说明案例建模过程以及网格划分的实际操作。

7.6 实例分析

7.6.1 问题描述

室内的空气流动、流场分析是建筑设计、室内环境热舒适分析经常遇到的问题。本节将以一房间空气流动为例，分析室内温度场、速度场、压力场的分布。如图 7.3 所示为案例房间示意图，房间几何尺寸为 5 m×3.5 m×3 m，房间西内墙顶部安装一台风机盘管，采用侧面送风、底部回风的送回风形式，侧送风口的几何尺寸为 0.4 m×0.2 m(宽×高)，下回风口的几何尺寸为 0.4 m×0.4 m(长×宽)，送风速度、送风温度如图 7.3 所示。房间东外墙得热，向室内散热按 40 W/m^2 计，内墙及吊顶，设为 300 K。

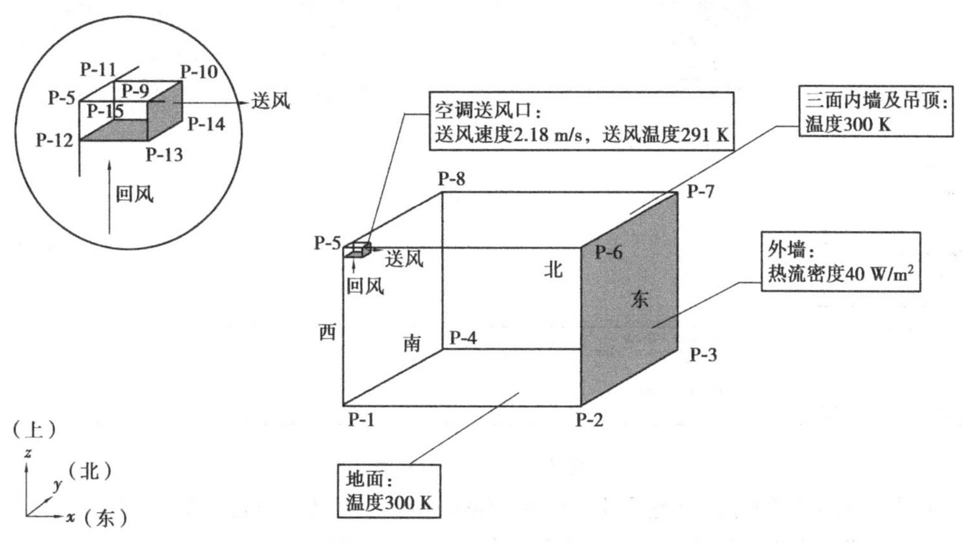

图 7.3 计算域室内示意图

本节以该房间为例，简要阐述 ICEM 的建模和网格划分，以及运用 FLUENT 软件进行求解和结果显示。分析该房间内温度、压强、风速等参数的分布情况(本例使用的是 ICEM14.5 版本)。

注意：本案例非真实情况，且简化了案例的参数设置，重在阐述软件的使用步骤。

7.6.2 创建几何模型

关于创建几何模型，本书主要介绍其相关的基本操作，包括点、线、面、体的创建、删除与复制等。空间坐标点的正确建立是创建几何模型的关键步骤，模型的树状目录、数据输入窗口和信息窗口是快速准确创建几何模型的重要反馈。

1)设定文件保存路径

打开 ICEM，其主界面如图 7.4 所示。单击“File”→“save project as”，选择文件储存路径，并将文件另存为“project1. prj”。

注意：可以通过“setting”设置背景等一系列基础设置。本节中的案例通过设置，将界面底色转变为白色，以方便图形的显示。

2)创建 point

本案例将从房间几何模型的地面入手，通过点的连接，几何元素的复制、删除、重建等步骤初步建立房间的几何轮廓，并最终完成房间的几何模型。房间地面的 4 个顶点 P-1、P-2、P-3、P-4 与顶部 4 个顶点 P-5、P-6、P-7、P-8 分别按逆时针排列；且 P-1 与 P-5 对应，并依此类推。

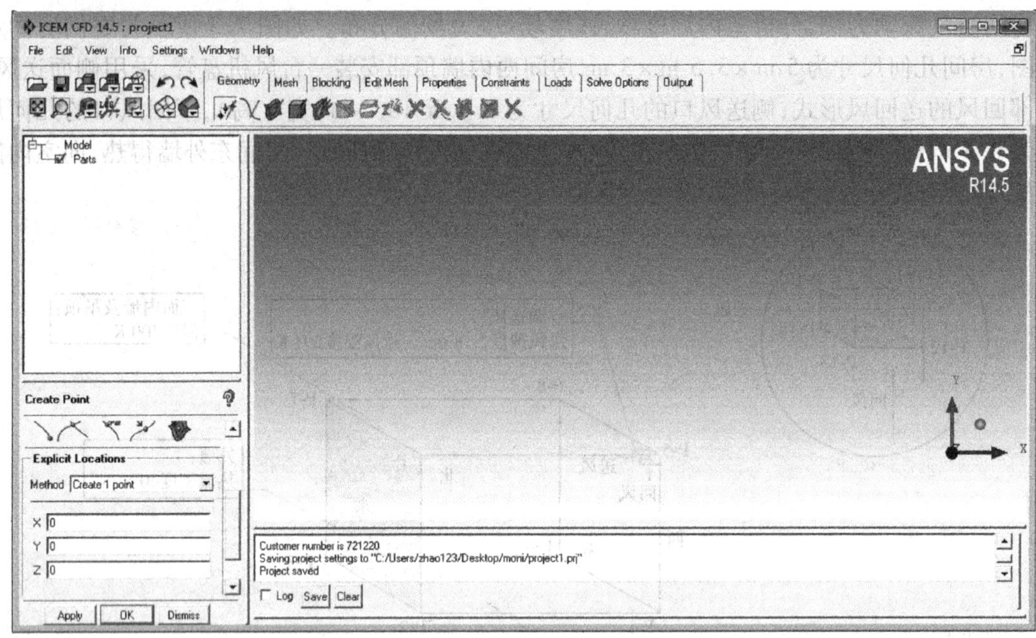

图 7.4　ICEM 主界面

①通过输入坐标的方式创建 P-1。选择"Geometry"标签栏,单击"",单击"XYZ",选择"create 1 point"(创建一个点),输入 P-1 的坐标(0,0,0),如图 7.5 所示,最后单击"Apply"。

②通过相对坐标的方式创建 P-2。选择"Geometry"标签栏,单击"",单击"",利用相对坐标,基于 P-1 创建点 P-2。输入坐标(5,0,0),如图 7.6 所示,选中 P-1,中键"确认",单击"Apply"。再单击"Fit Window",全屏显示模型。

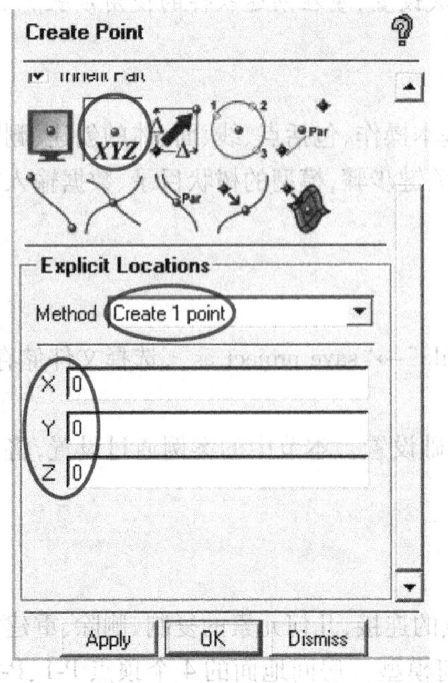

图 7.5　创建 P-1

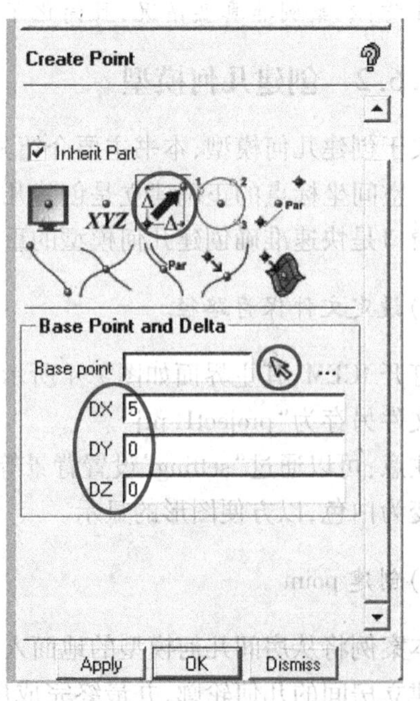

图 7.6　创建 P-2

③同样，利用直接输入坐标的方式或相对坐标创建点方式，可以创建 P-3(5,3.5,0)、P-4(0,3.5,0)(此坐标为相对于 P-1 的坐标)，如图 7.7 所示。

注意：在 ICEM 中，准备选择几何元素(如点、线、面等)时，若选择按钮为虚影时，即可在主窗口进行几何元素选择。大多数情况下，在操作方式确定后，ICEM 默认几何元素选择按钮为虚影，即不需要点击选择按钮，就可以进行几何元素选择。在本书下文中，多次提醒点击几何元素选择按钮，意在明晰整个模型的创建过程，不排除软件已默认点击选择按钮的情况。

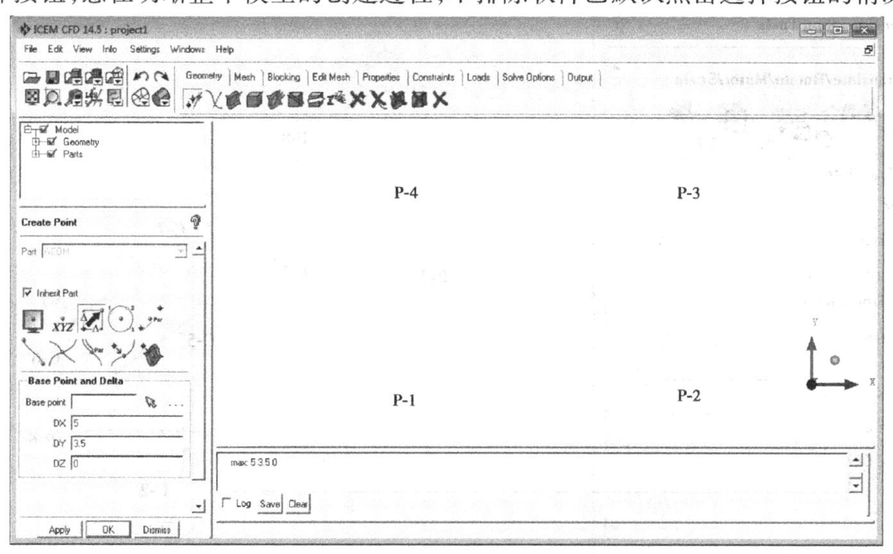

图 7.7　P-1 至 P-4 结果显示界面

3)创建 Cruve

选择“Geometry”标签栏，单击“╲╱”创建“curve”。单击“⟋”，单击“↖”，选择 P-1、P-2，中键确定，确定一条线，创建 C-1。相同方法，依次逆时针连接剩余的各点，以形成房间地面的四条边线，如图 7.8、图 7.9 所示。

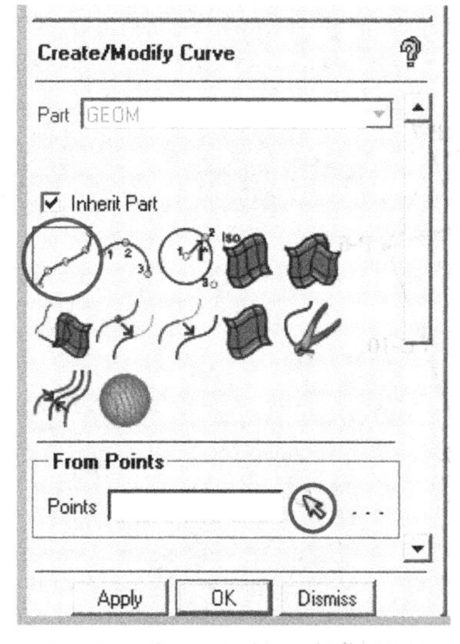

图 7.8　创建 C-1

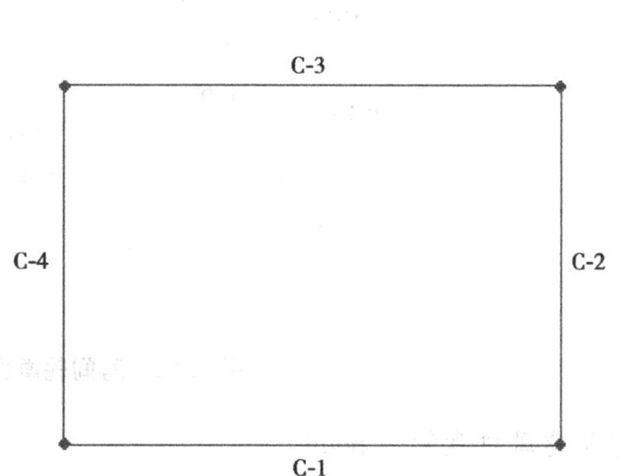

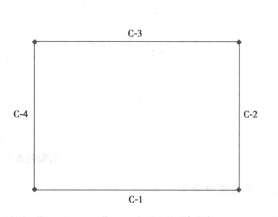

图 7.9　C-1 至 C-4 组成面的结果显示

4)复制已有几何图形

选择“Geometry”标签栏,单击“”,单击“”,复制已有几何模型。单击“”,框选所有几何模型(P-1 至 P-4,C-1 至 C-4),中键确认。勾选“Copy”选框,输入“z=3”,如图 7.10 所示。再单击按钮“Apply”,则得到房间顶部的四条边线,如图 7.11 所示。

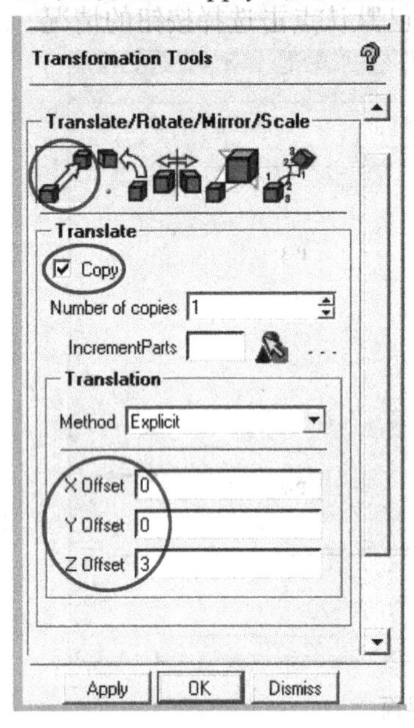

图 7.10　复制已有图形

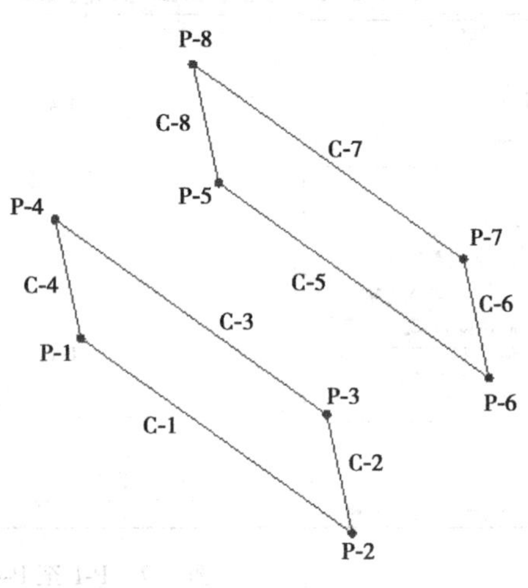

图 7.11　图形复制结果显示

5)创建房间剩余 curve

选择“Geometry”标签栏,单击“”,单击“”。连接 P-1 和 P-5、P-2 和 P-6、P-3 和 P-7、P-4和 P-8。初步形成房间的轮廓线,如图 7.12 所示。

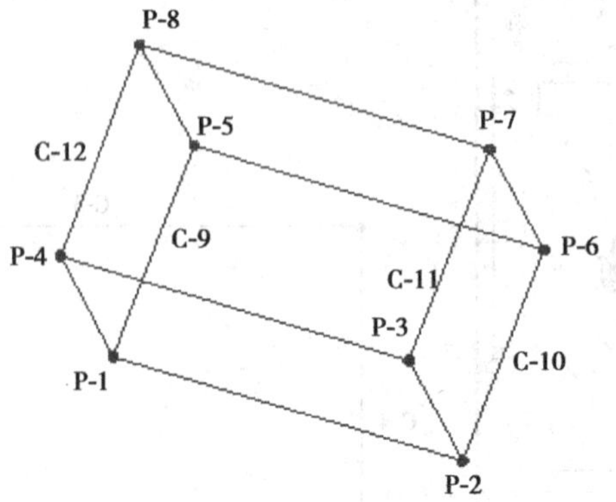

图 7.12　房间轮廓图

6)创建构建风机盘管的 point

选择“Geometry”标签栏,单击“”,单击“”,利用相对坐标的方法创建 P-9、P-10、P-11、

P-12、P-13、P-14、P-15(具体坐标尺寸参见 7.6.1 问题描述中房间与风机盘管的几何尺寸),如图 7.13 所示。

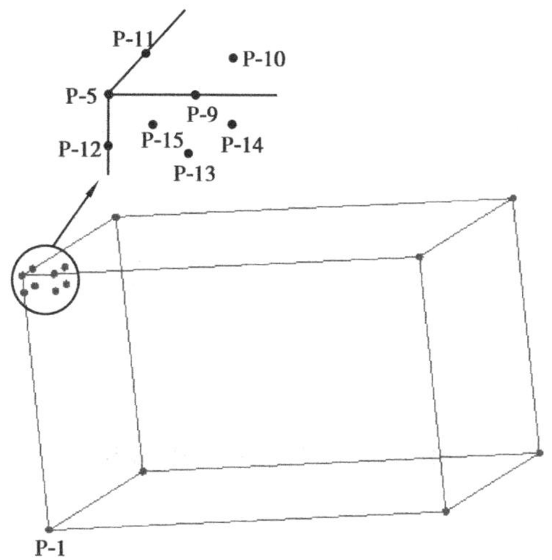

图 7.13　风机盘管 point 结果显示

7)创建构建风机盘管的 Curve

选择"Geometry"标签栏,单击"⟍⟋",单击"⁄"。采用之前的方法,创建"Curve"。形成风机盘管的轮廓线,如图 7.14 所示。

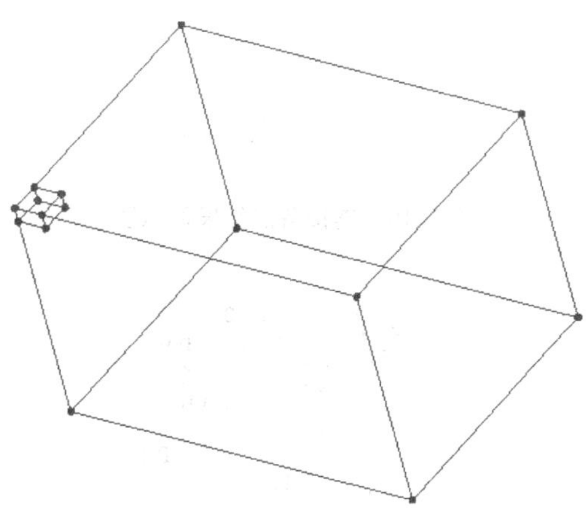

图 7.14　创建风机盘管处 Curve

8)删除 Curve

选择"Geometry"标签栏,单击"✕",选中 C-5(点 P-5 和点 P-6 的连线)、C-8(点 P-5 和点 P-8 的连线)、C-9(点 P-5 和点 P-1 连线),中键确定。删除 C-5、C-8、C-9,如图 7.15 所示。

删除后,再依次连接 P-1 和 P-12、P-12 和 P-5、P-5 和 P-11、P-11 和 P-8、P-5 和 P-9、P-9 和 P-6,如图 7.16、图 7.17 所示。

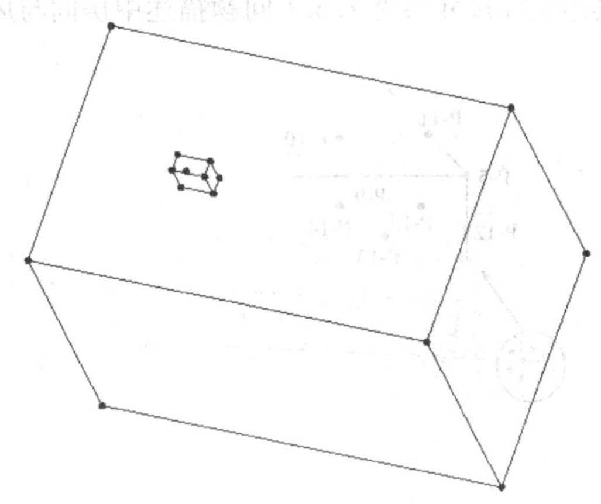

图 7.15　删除 Curve 结果显示

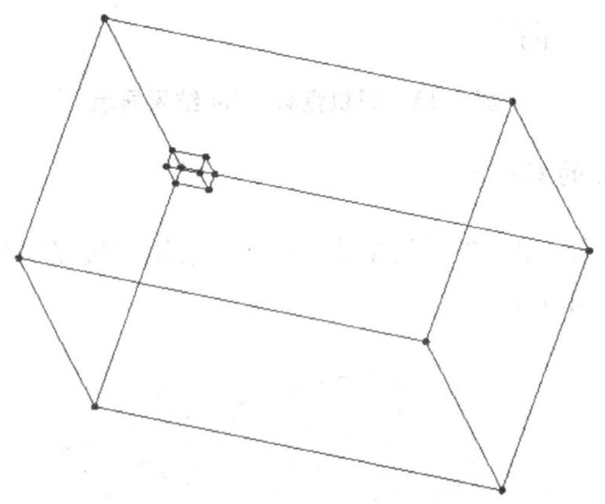

图 7.16　连接各点结果显示图

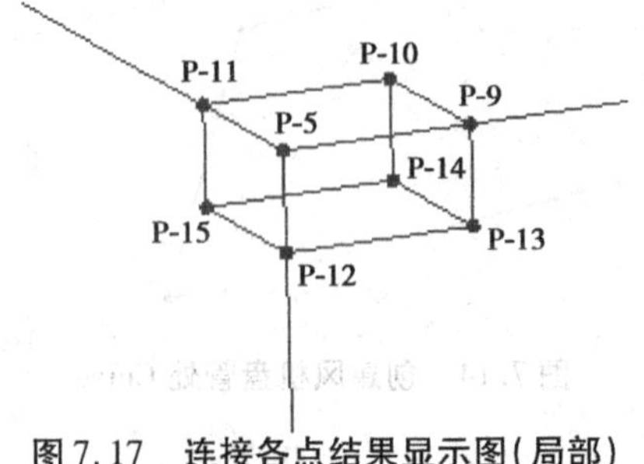

图 7.17　连接各点结果显示图(局部)

9)创建 surface

ICEM 提供多种 surface 的方法,本例重点运用"■"(利用 Point 和 Curve 创建)和"■"(分割)两种方法。

①选择"Geometry"标签栏,单击"■",单击"■",Surf Simple Method 下拉菜单,选择"From Curves"。顺时针或逆时针选中房间西侧面的 6 条线段(即 P-1 和 P-12,P-12 和 P-5,P-5

和 P-11,P-11 和 P-8,P-8 和 P-4,P-4 和 P-1 之间的 6 条线段),中键确定,如图 7.18、图7.19 所示。

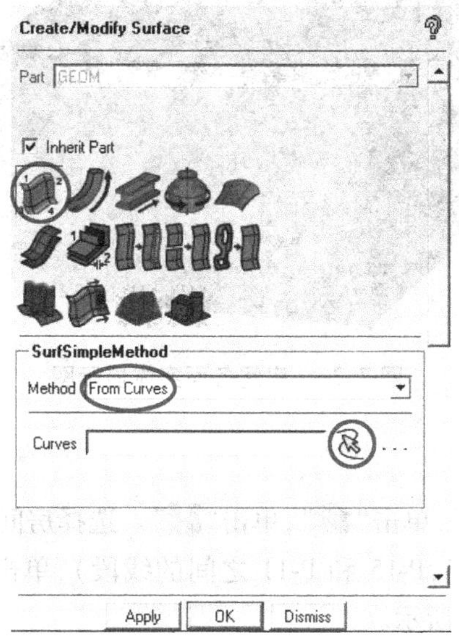

图 7.18 创建 surface

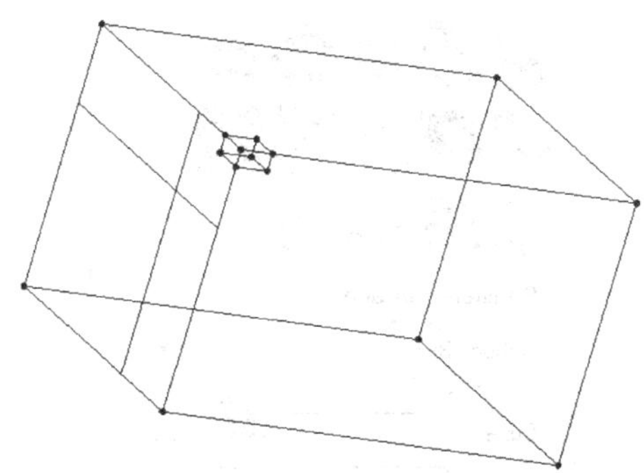

图 7.19 创建房间的西侧面

②使用相同方法定义房间的另外 5 个面,如图 7.20 所示。

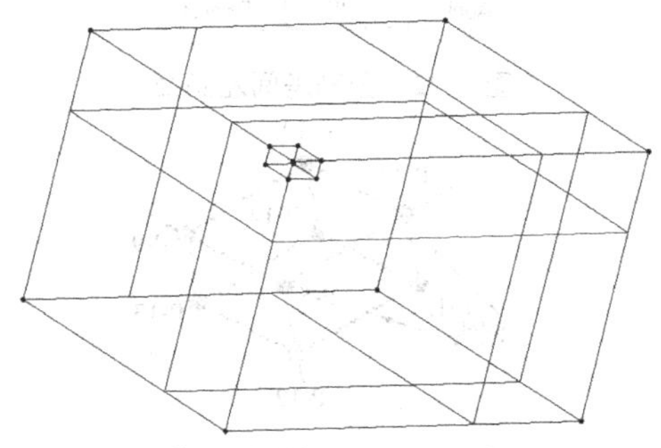

图 7.20 房间各面创建结果显示

单击"⬚",在下拉菜单中选择"⬚"。可获得创建结果的实体显示,如图 7.21 所示。

图 7.21　房间各面实体显示图

10)删除非计算区域

①选择"Geometry"标签栏,单击"⬚",单击"⬚"。选择房间的西侧面,中键确定。然后选择两条分割线(即 P-12 和 P-15,P-15 和 P-11 之间的线段),单击"Apply"。此时,西侧面分割为两个面,如图 7.22、图 7.23 所示。

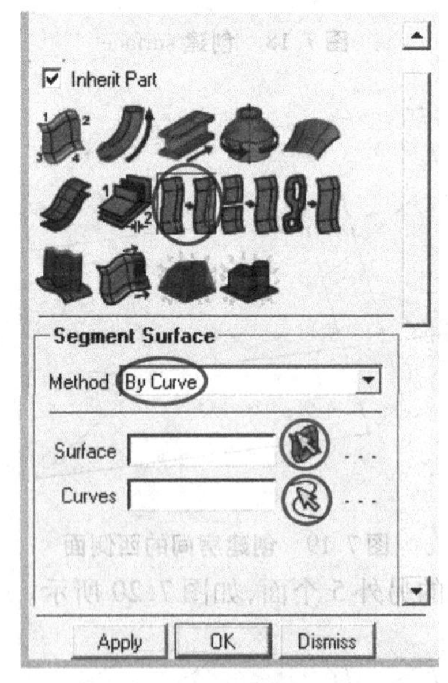

图 7.22　分割房间左侧面

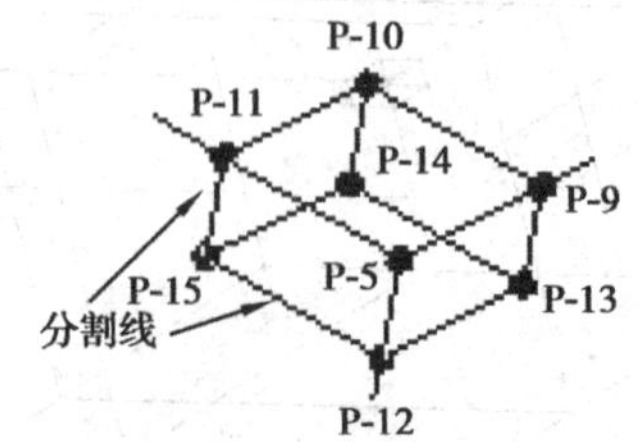

图 7.23　分割线细部图

②删除小矩形面。选择"Geometry"标签栏,单击"⬚",单击"⬚",选中小矩形面(即以

P-11、P-5、P-12、P-15 为顶点的矩形)。中键确定,删除,如图 7.24 所示。

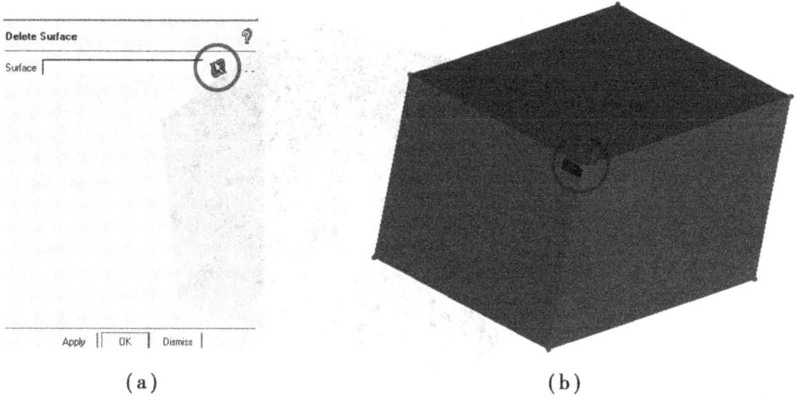

(a)　　　　(b)

图 7.24　删除左侧面的小矩形

③其余两个需要删除小矩形的面,处理方式与步骤②相同,如图 7.25 所示。

图 7.25　删除 3 个小矩形结果显示

11)创建剩余 surface

运用第(9)步创建面的方式,创建风机盘管处剩余的 3 个面(即上步删除三个小矩形面后,风机盘管处剩余的三个小矩形面),结果如图 7.26 所示。

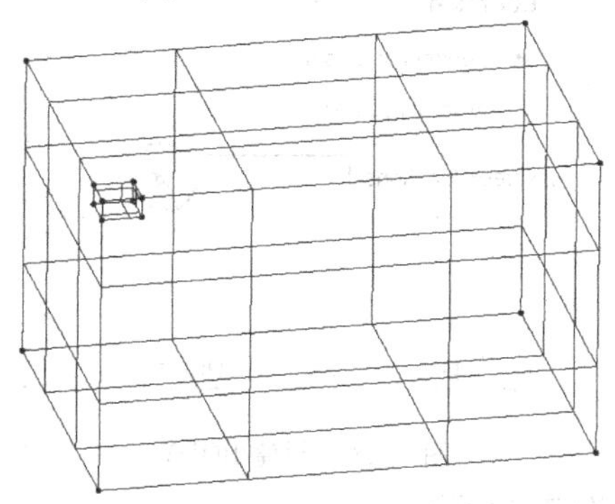

图 7.26　创建剩余 surface 结果显示

创建剩余 surface 结果显示(实体显示),如图 7.27 所示。

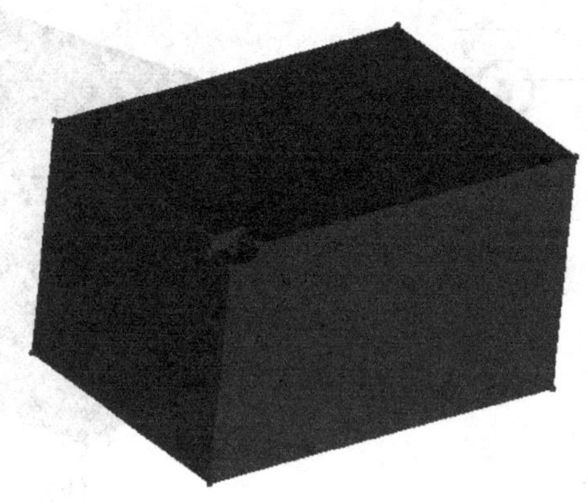

图 7.27　创建剩余 surface 结果显示(实体)

注意:在构建风机盘管时,为了让读者熟悉“”删除线功能,也为了提前明确风机盘管处于非计算域,增加了第(8)步的操作步骤。如果简化操作步骤,可以在第(7)操作中连接风机盘管处未成线的 9 条线段后不删除线;直接在操作(9)第①步中利用“”选中 4 条线段确定房间的一个侧面,再利用“”将一个 surface 分割为两个面,其中一个面(侧面上的小矩形)为非计算区域。

12)创建 Body

选择“Geometry”标签栏,单击“”,创建室内空气流动的计算区域。选中室内计算域内任意两个顶点,中键确认,生成体“BODY”,如图 7.28 所示。

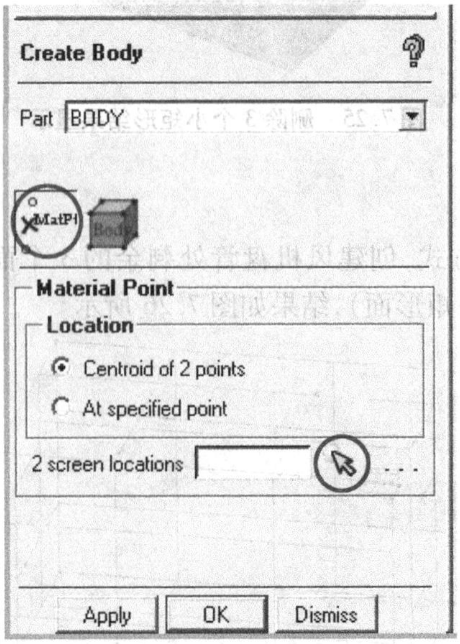

Create Body
Part BODY
MatPt
Body
Material Point
Location
Centroid of 2 points
At specified point
2 screen locations
Apply　OK　Dismiss

图 7.28　创建 BODY

创建 BODY 结果显示如图 7.29 所示。

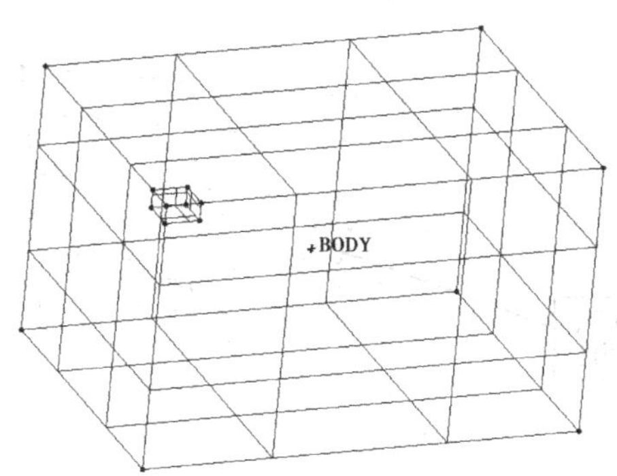

图 7.29　创建 BODY 结果显示

13)创建 Part

注意:Part 名只接受大写字母,若输入为小写字母,ICEM 将会自己改为大写字母。ICEM 中定义 Part 的名称将会是导出网格后边界的名称,可以简化在求解器中定义边界条件的过程。

①定义下部回风口面的“part”,右击模型树“Model”→“Parts”,选择“Create Part”,定义为“OUTLET”;单击“”,单击“”选择风机盘管下部回风口面的几何元素,中键确定,如图 7.30 所示。

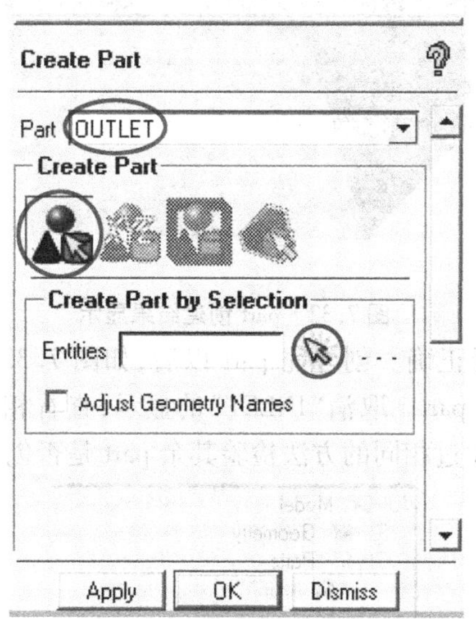

图 7.30　创建 part“OUTLET”

创建 part“OUTLET”结果显示如图 7.31 所示。

②按照上述步骤,创建不同依次定义其余的 part。

a. 选中侧面送风口面,定义为“INLET”。

b. 选中地面,定义为“FLOOR”。

c. 选中顶面,定义为“CEILING”。

d. 选中东外墙面,定义为“OUTWALL”。

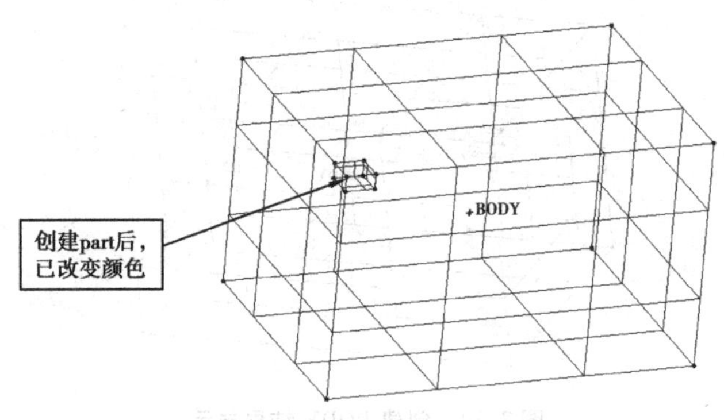

图 7.31　创建 part“OUTLET”结果显示

e. 选中其余所有面(注意不要遗漏风机盘管处，除 INLET、OUTLET 外剩余的一个小矩形面)，定义为“INWALL”。

part 创建结果显示如图 7.32 所示。

图 7.32　part 创建结果显示

③观察创建的 part 是否正确。创建完 part 以后，如图 7.33 所示模型树将会发生变化。“parts”目录下新增了创建的 part。取消“INLET”的显示，查看相对应的面是否会消失。若消失，则说明创建成功了。可通过相同的方法检验其余 part 是否创建成功。

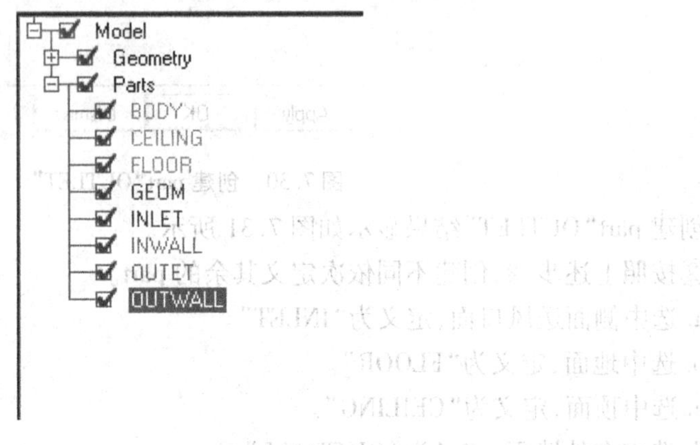

图 7.33　模型树

7.6.3 网格生成

三维网格生成步骤如下所述。

①创建整体的 Block。

②分析几何模型,得出基本的分块思想,划分 Block。

③删除多余的 Block。

④建立映射关系,即 Geometry 和 Block 之间的对应关系。

⑤定义节点分布,生成网格。

⑥检查网格质量,光顺网格。

⑦导出网格计算。

1)创建 Block

选择"Blocking"标签栏,单击"",单击"",单击"",选择整个几何体(按键盘"V"键或直接框选整个几何体),中键确定,即创建 Block,如图 7.34 所示。

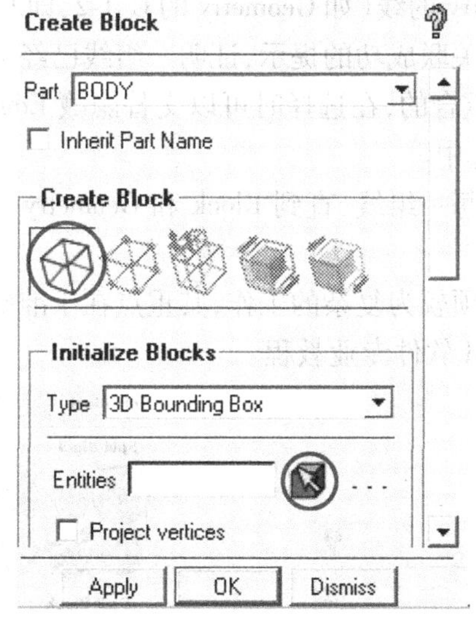

图 7.34 创建 Block

创建 Block 结果显示如图 7.35 所示。

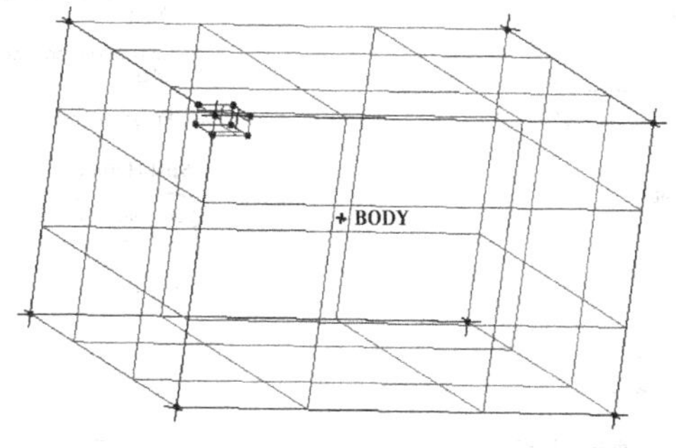

图 7.35 创建 Block 结果显示

2)建立映射关系

步骤(1)中,我们已创建好Block,要想生成三维网格,必须准确建立完整的Block和几何模型的映射关系。在ICEM中,Geometry为几何模型,Surface、Curve、Point分别为构成Geometry的面、线、点;Block为几何模型对应的拓扑结构,Face、Edge、Vertex分别为构成Block的面、线、点。Geometry与Block之间的对应关系如图7.36所示。

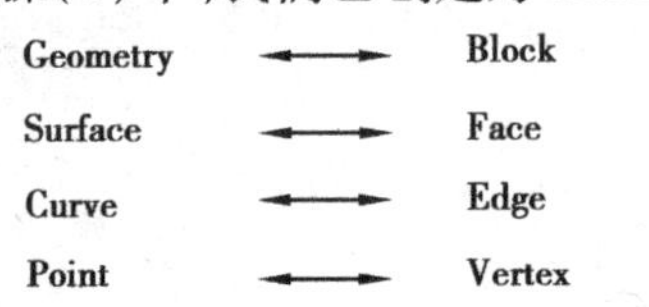

图7.36 Geometry和Block之间的对应关系

三维的映射不严格要求边界处Edge和对应的Curve的映射关系,有时给定Face到surface的映射就可以满足网格生成的需要。但是为了使映射关系准确无误,编者建议在对网格结构生成有较大影响的地方建立Edge到Curve的映射。

本例中,我们创建的房间几何模型,需要与之后创建的Block相关联。具体操作如下:

选择"Blocking"标签栏,单击"",单击"",将Geometry的线与Block的线创建关联,如图7.37所示。选中Block的线(如Block中的E_1-2,即P-1和P-2之间的Edge),中键确认;然后选中Block对应的Geometry的线(如Geometry的C_1-2,即P-1和P-2之间的Curve),中键确认;这时屏幕消息框中会有关联成功的提示,证明一组线已经关联成功。

注意:E_1-2与C_1-2是重合的,在选择时可以交替隐藏Edge或Curve。由于本例模型较为简单,可以不用隐藏,直接选中。

按照上述步骤,逐步关联每一组线,直到Block和Geometry中所有的线完成关联(只关联房间轮廓线的12条边即可)。

注意:建立映射关系是一项较为复杂的工作,其重点在于准确找到对应关系。读者欲了解更多的相关知识,可参考ICEM软件专业教程。

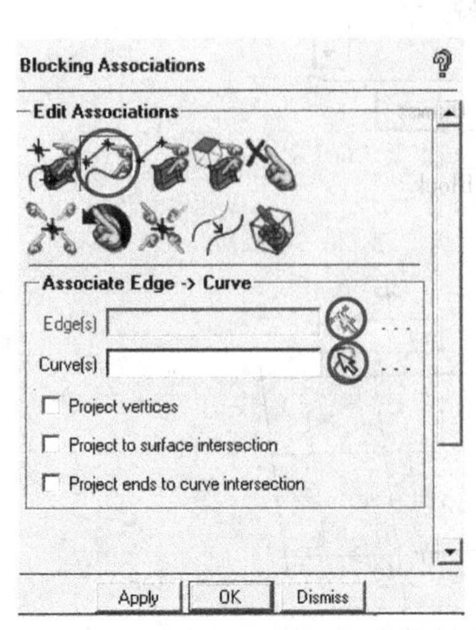

图7.37 建立映射关系

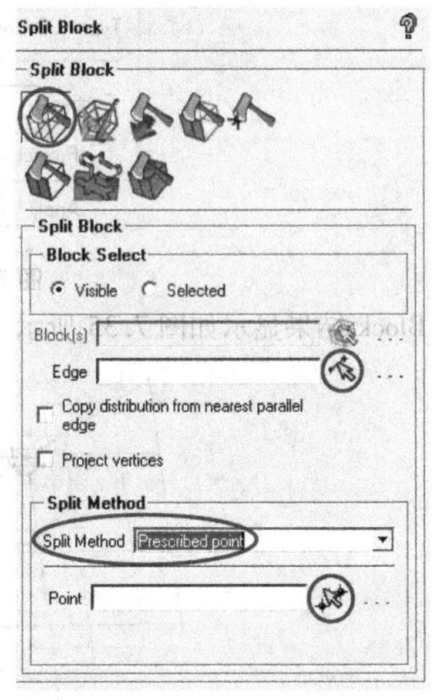

图7.38 划分Block

3)划分 Block

选择"Blocking"标签栏,单击"",单击左下方菜单栏"Split Block",通过点画线的方式切割 Block. 在 Split Method 下拉菜单中选择"Prescribed point"。单击"",选中需要划分的 Edge(如 P-5 和 P-6 的连线),中键确认;然后单击"",选择分割点(如 P-9),中键确认。单击 Apply。确定另外两条切割线时,分别选中的被分割线为 P-1 和 P-5 的连线、P-5 和 P-8 的连线,分别选中的分割点为 P-12、P-11。三条切割线确定后,Block 划分结束,如图 7.38 至图7.40所示。

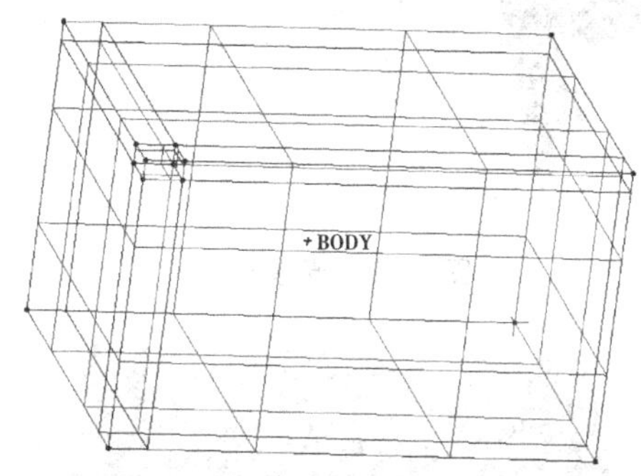

图 7.39　划分 Block 结果显示

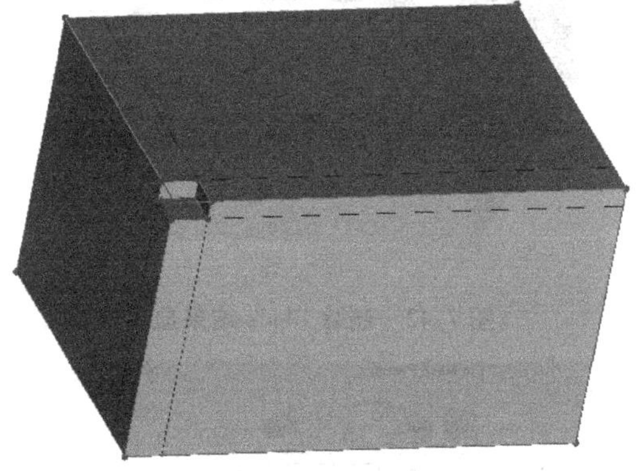

图 7.40　划分 Block 结果显示(实体)

4)删除 Block

选择"Blocking"标签栏,单击"",选择不必要的 Block(风机盘管所占区域),中键确认,删除,如图 7.41、图 7.42 所示。

5)设定网格参数

①选择"Blocking"标签栏,单击"",单击"",指定 Edge 的网格参数。选中 E_6-9(即 P-6 和 P-9 之间的 Edge),中键确认,在 Nodes 中填写划分的网格节点数 92,并选中"Copy Parameters",单击"Apply"。X 轴方向的 Edge 网格参数指定完成如图 7.43 所示。同样的方法可指定 Y、Z 轴方向的 Edge 网格参数,即分别选中 E_8-11、和 E_1-12,节点数分别取 62、56,结果如图 7.44 所示。

注意:节点数的选取,一般是根据实际工程需要确定。

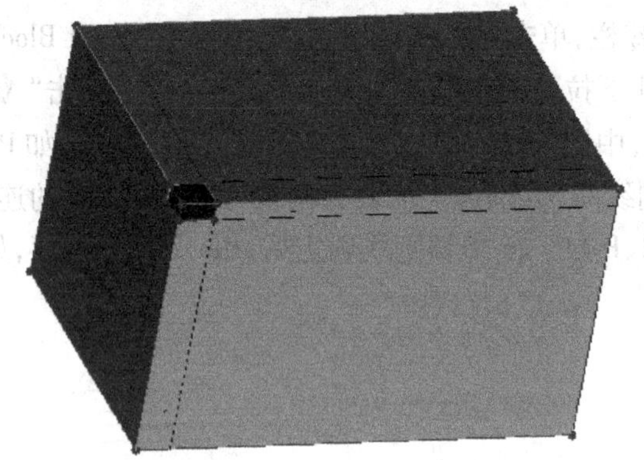

图 7.41　删除 Block

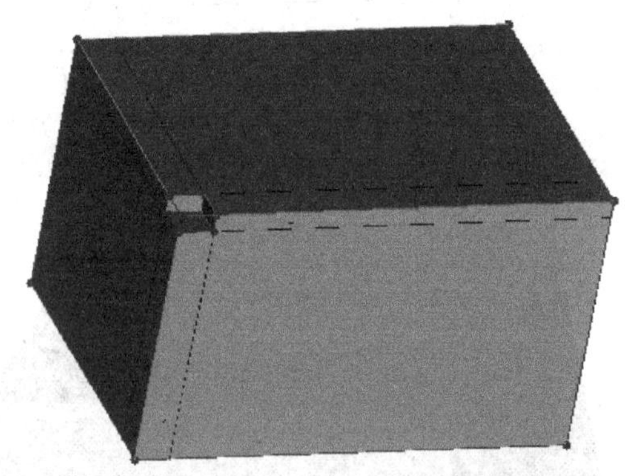

图 7.42　删除 Block 结果显示

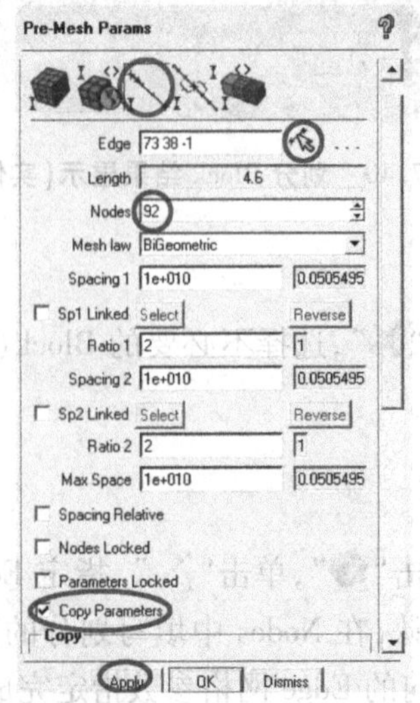

图 7.43　设定网格参数

②风机盘管处有进风口和出风口,对室内流场影响较大。为了获取更高的精度,要将风机

盘管处的网格局部加密。运用上一步的步骤,依次设定网格参数分别选中风机盘管处 X 轴、Y 轴、Z 轴方向的 E_12-13、E_13-14、E_13-9,网格节点数分别设置为 12、12、8,如图 7.45 所示。

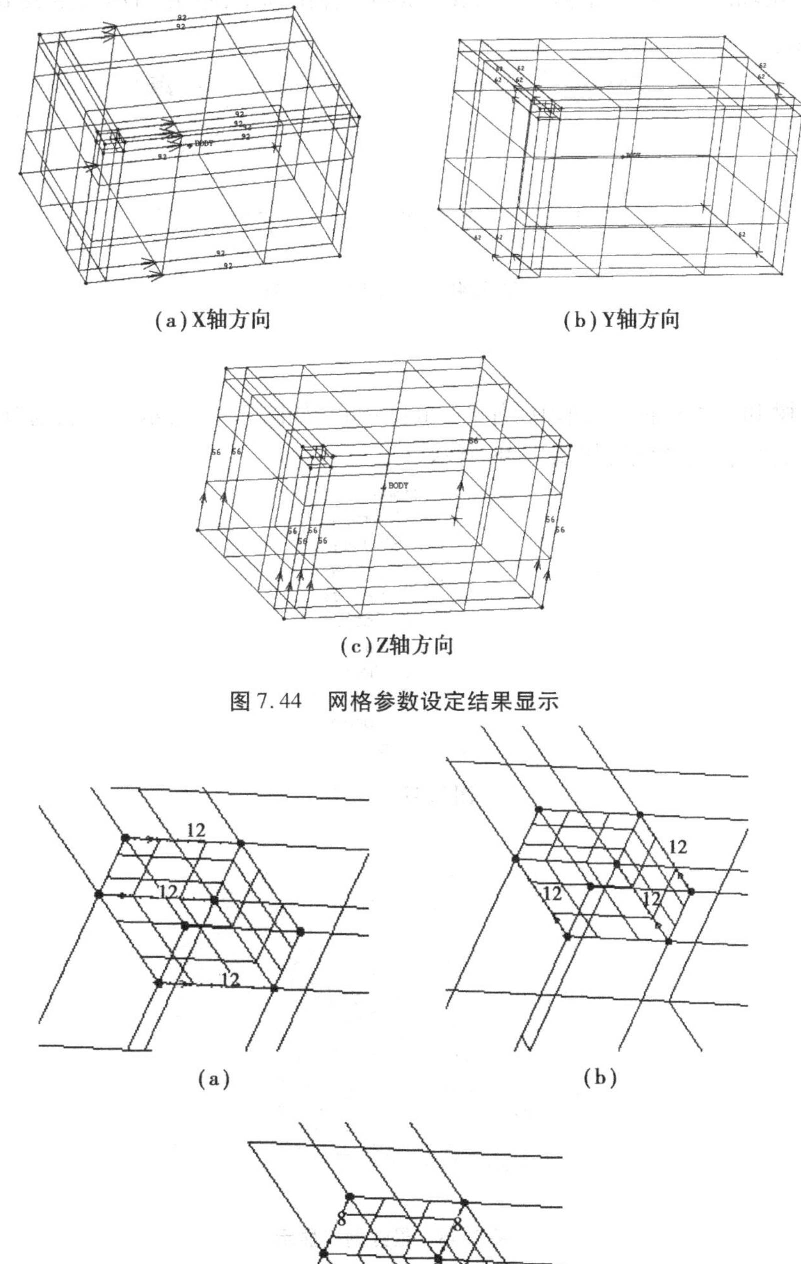

(a) X轴方向　　(b) Y轴方向

(c) Z轴方向

图 7.44　网格参数设定结果显示

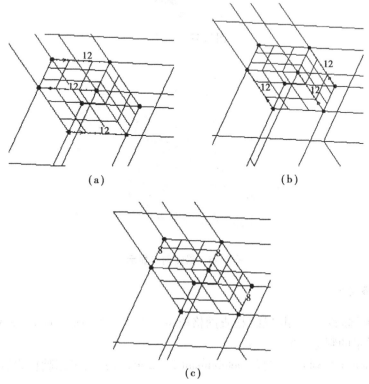

(a)　　(b)

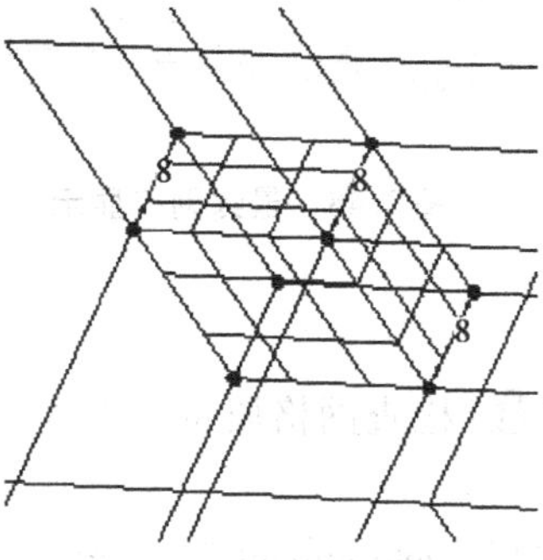

(c)

图 7.45　网格局部加密

6)生成 Block 网格

选择"Blocking"标签栏,单击"●",在"Mesh "弹出框中,单击"Yes",生成 Block 网格,如图 7.46 所示。

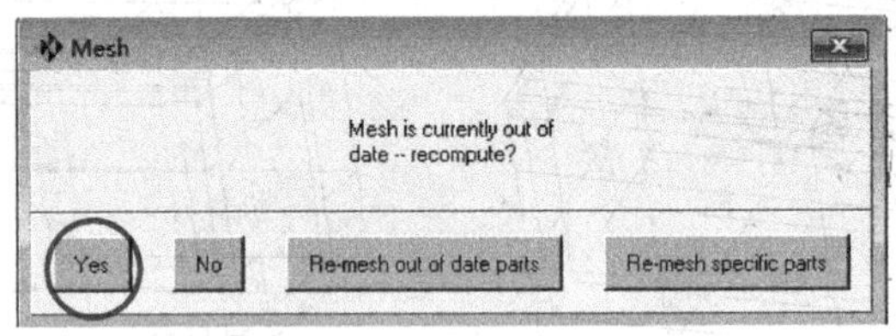

图 7.46 生成 Block 网格

7)转换网格

在模型树 Blocking 下拉菜单中,右击"Pre-Mesh",如图 7.47 所示。再点选"Convert to Unstruct Mesh",网格划分完毕,如图 7.48 所示。

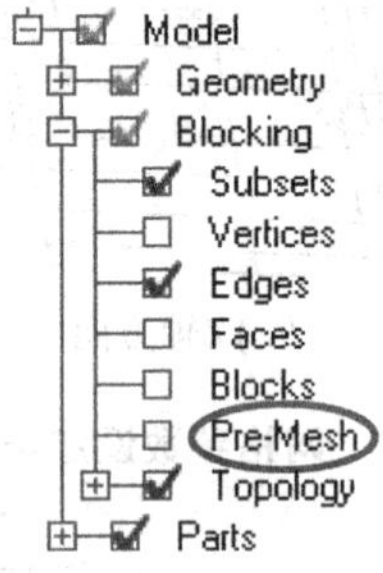

图 7.47 模型树

图 7.48 最终网格显示

8)检查网格质量

选择"Block"标签栏,单击"●"检查网格质量。本例采用"Determinant 2 * 2 * 2"和"Angle"作为网格质量的判定标准。

①在 Criterion 下拉列表中选择"Determinant 2 * 2 * 2",其余采用默认设置,点击"Apply"

按钮,质量检查结果如图 7.49(a)所示。

②在 Criterion 下拉列表中选择"Angle",其余采用默认设置,点击"Apply"按钮,质量检查结果如图 7.49(b)所示。

若以"Determinant 2 * 2 * 2"为标准判断网格质量的值大于"0.4",且以"Angle"为标准判断网格质量的值大于 40°,则认为网格质量符合要求。显然本例的网格质量符合要求。

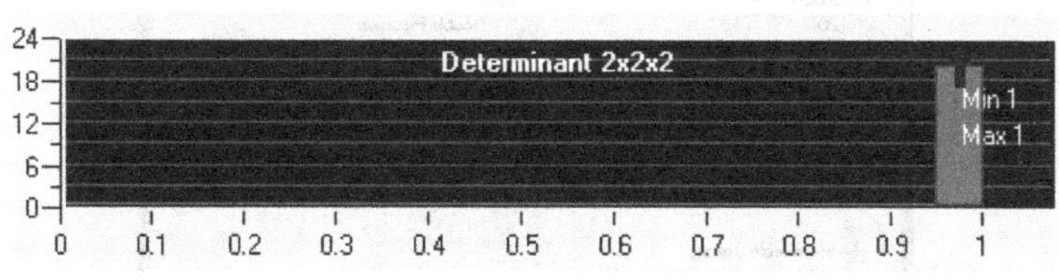

(a)以Determinant2*2*2为标准判断网格质量

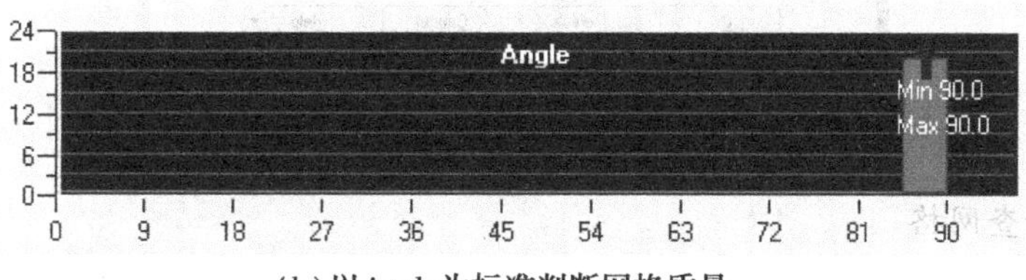

(b)以Angle为标准判断网格质量

图 7.49　检查网格质量

9)网格保存和输出

①保存网格。单击"File"→"Mesh"→"Save mesh as",确定文件名称,保存当前的网格文件。

②选择求解器。

选择 Output 标签栏,单击"",在"Output Solver"下拉菜单中选择"FLUENT_V6",在"common structural solver"下拉菜单中选择"ANSYS",单击"Apply"。

③导出用于 FLUENT 计算的网格文件。

选择"Output"标签栏,单击"",在弹出的对话框中单击"NO"按钮不保存当前的项目文件。在随后的弹出窗口中选择上一步保存的文件。随后弹出对话框,在"Grid dimension"栏中选择"3D",即输出三维网格。

7.6.4　FLUENT 计算

FLUENT 计算主要包括读入网格、建立计算、计算和结果显示四大步骤。

本案例已使用 ICEM 生成网格,下面将结合本案例介绍 FLUENT 操作。本书在保证读者理解的基础上尽量简化 FLUENT 的操作,即只进行最基本的操作演示说明,未探究参数设置的准确性(本书使用的是 FLUENT14.5 版本)。

1)选择合适的解算器

FLUENT 包含两类解算器,分别为 2D、2DDP、3D、3DDP,其区别在于维数与精度,FLUENT 2D 运行二维单精度版本,FLUENT 2DDP 运行二维双精度版本,FLUENT 3D 运行三维单精度版本,FLUENT 3DDP 运行三维双精度版本。

打开 FLUENT 软件,选中“3D”。单击“OK”按钮打开,如图 7.50 所示。

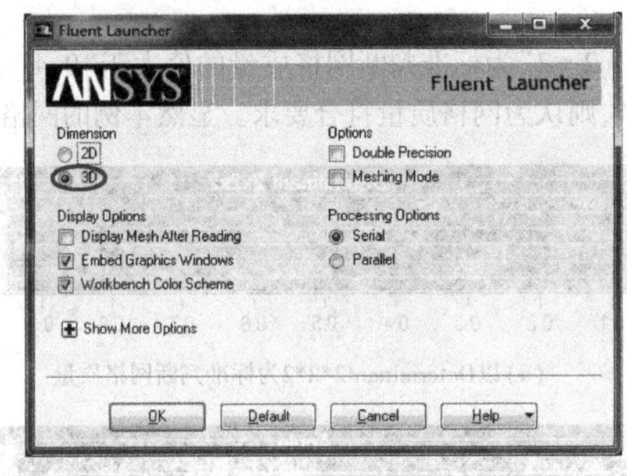

图 7.50 FLUENT 启动界面

2)读入并检查网格

可以读入 ICEM 或者一个分离的 CAD 系统产生几何结构模型和网格。本案例读入 ICEM 生成的网格文件。

①读入网格文件。单击菜单栏“File”→“Read”→“Mesh”。找到储存的“msh”文件单击“OK”按钮,读入网格。单击“Mesh”中的“display”。在弹出对话框中单击“display”,如图 7.51 所示。显示读入的网格,如图 7.52 所示。最后关闭对话框。

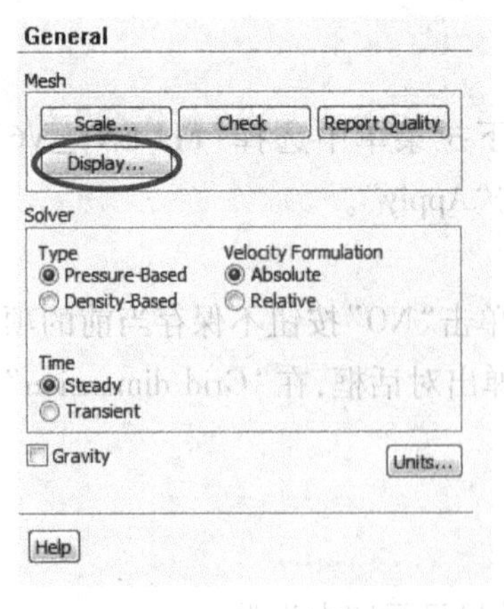

(a)

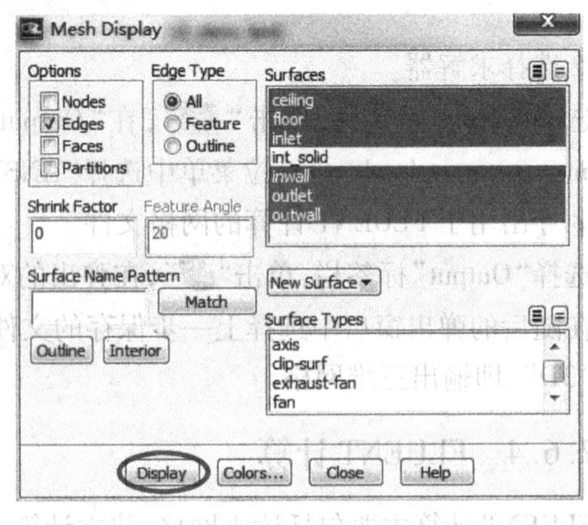

(b)

图 7.51 显示网格

②检查网格。单击菜单栏“Mesh”→“Check”。在控制台窗口可以看到区域范围、体积统计及连通性信息。如图 7.53 所示。若网格体积(Volume statistics)为负数,就需要修复网格以减少解域的非离散化。

图 7.52 网格显示结果

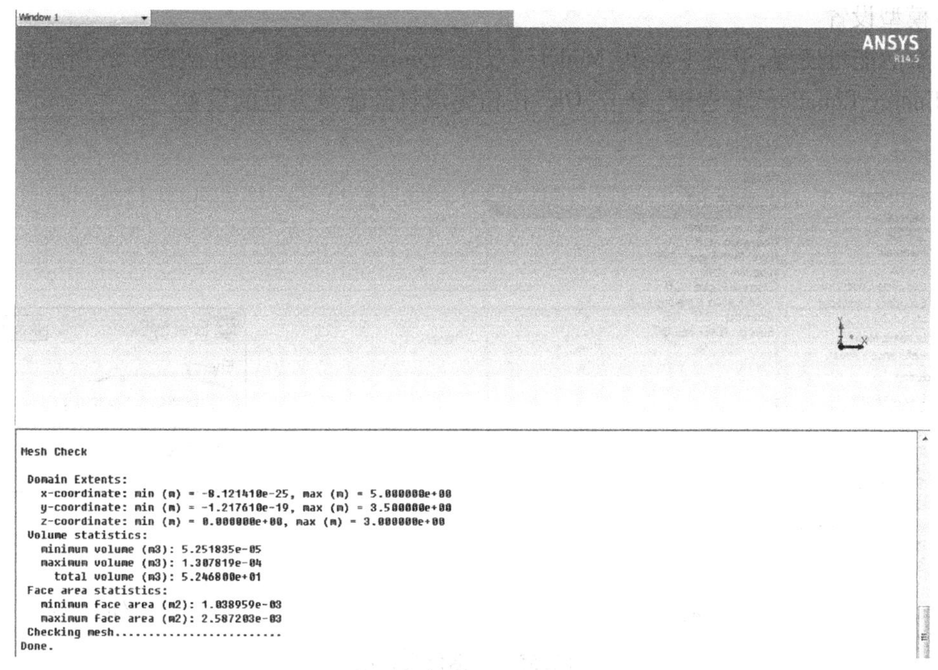

图 7.53 检查网格

3) 定义求解模型及边界条件

①在操作栏中单击“Scale”按钮，在弹出的“Scale Mesh”对话框中查看计算域的单位尺寸。其余保持默认设置。单击“Close”关闭。

②选择求解器，单击“Define”→“General”（也可以直接从左边的“solution setup”菜单中寻

找),保持求解设置的默认参数,即基于压力求解器做稳态计算。勾选“Gravity”,考虑重力的影响 Z 轴方向输入 -9.8,如图 7.54 所示。

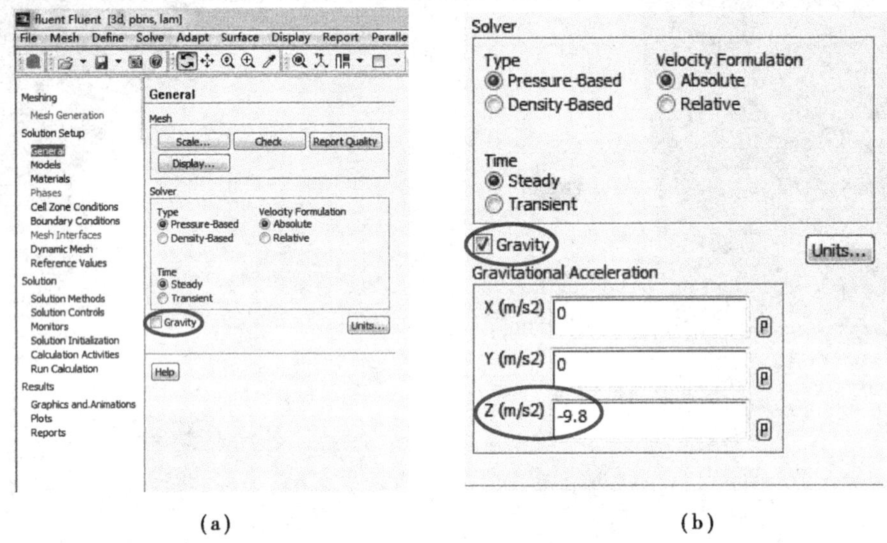

(a) (b)

图 7.54 选择求解器

③模型设置。

a. 激活能量模型,单击主菜单“Model”,双击“Energy”。在弹出的如图 7.55 所示的界面中勾选“Energy Equation”复选框,单击“OK”按钮完成打开能量方程的设置。

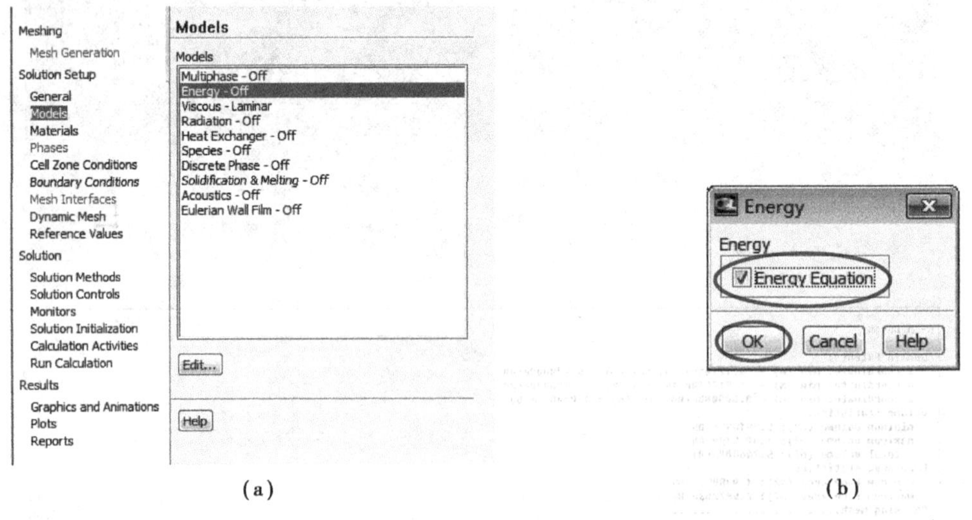

(a) (b)

图 7.55 激活能量模型

b. 选择基本模型方程。基本模型方程包括层流、湍流(无黏)、化学组分、化学反应、热传导模型。

本案例选择湍流模型。在左侧菜单“solution setup”中单击“Models”,双击“Viscous”。如图 7.56 所示选择标准 k-epsilon 湍流模型,在“options”中选择“Full Buoyancy Effect”(浮升力影响),其余保持模型设置的默认参数,单击“OK”。

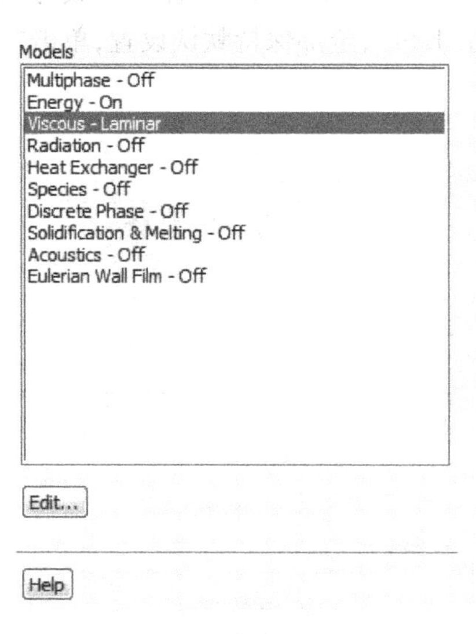

(a)

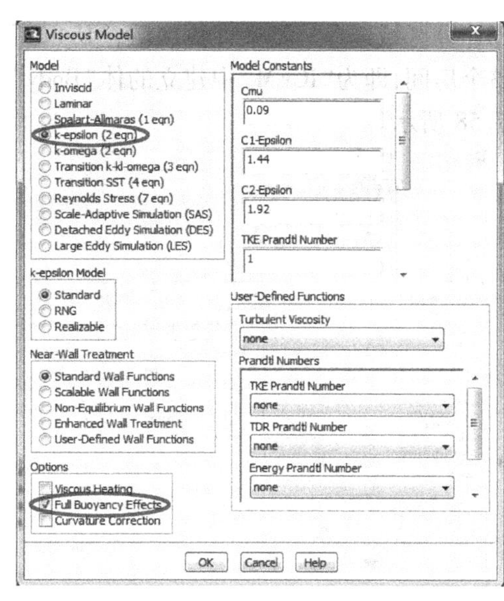

(b)

图 7.56 选择湍流模型

④材料物性设置。FLUENT 具有丰富的物质材料,包括常用的流体物质(水、酒精、煤油、空气等)、固体物质(铝、铜、石墨等)及混合物。如果自带的材料库不能满足用户需求,FLUENT 会提供方便的界面供用户输入自己所需要材料的物性,以便在计算中使用。

在主菜单单击"Define"→"Materials"(或者在"solution setup"菜单中寻找),本案例计算为室内空气(air),双击"Materials"中的"air"选项,查看物性参数,保持"air"的默认参数。单击"Close"关闭对话框,如图 7.57 所示。

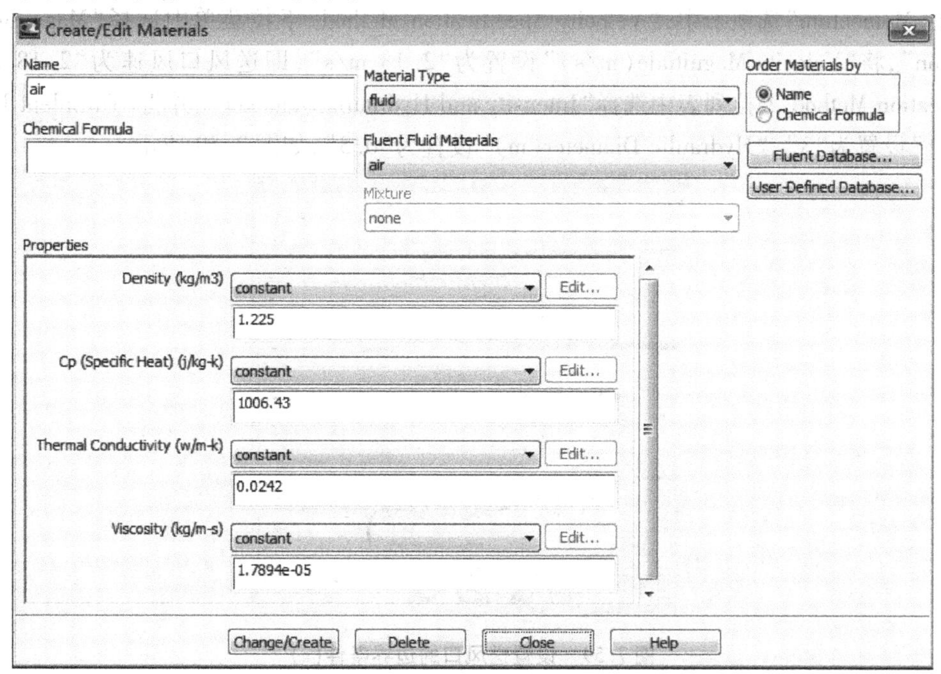

图 7.57 定义计算区域内的物质

⑤计算区域选择。定义计算区域，“Define”→“Cell Zone Conditions”。计算区域为充满空气的整个房间，即为“ICEM”中建立的体“Body”。单击“Edit”，全部保持默认设置，单击“OK”。如图 7.58 所示。

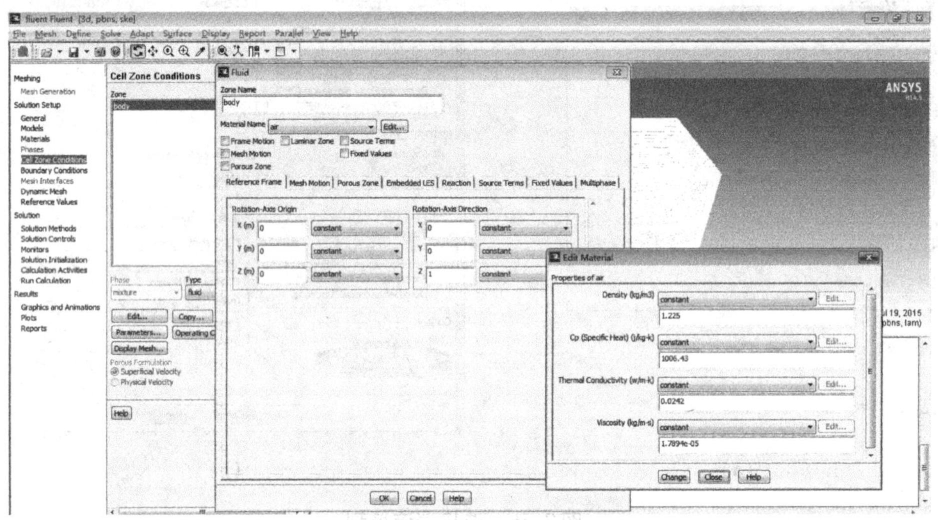

图 7.58　计算区域选择

⑥边界条件设置。

A. 设置送风口的边界条件。

a. 在主菜单单击“Define”→“Boundary Conditons”，在“Zone”列表中选择送风口（即为在 ICEM 中定义的“part”—“inlet”），在“Type”下拉菜单中选择“velocity”—“inlet”。

b. 单击“Edit”按钮，设置送风口的参数。

在“Momentum”选项卡中，“Velocity Specification Method”下拉菜单中选择“Magnitude and Direction”，将“Velocity Magnitude(m/s)”设置为“2.18 m/s”，即送风口风速为“2.18 m/s”；Specification Method 下拉列表中选择“Intensity and Hydraulic Diameter”，并将“Turbulent Intensity (%)”设置为“3”，“Hydraulic Diameter(m)”设置为“0.3”，如图 7.59 所示。

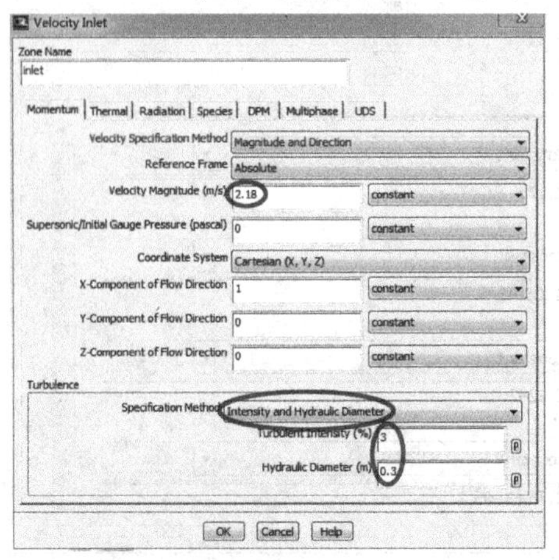

图 7.59　设置送风口的边界条件(a)

注意:在 Specification Method 下拉列表中有多种定义湍流参数的方法,即可以通过定义湍流强度、湍流黏度比、水力直径或湍流特征长度等参数来定义流场边界上的湍流。本例选择通过定义湍流强度和水力直径来定义湍流参数。

湍流强度的定义参照公式:$I=0.16(Re_{D_H}^{-1/8})$,水力直径的定义参照公式:$D_H=\dfrac{4A}{\chi}$

在"Thermal"选项卡中,将"Temperature(k)"设置为"291",即送风温度为"18 ℃"。点击OK,设置完成,退出。如图7.60所示。

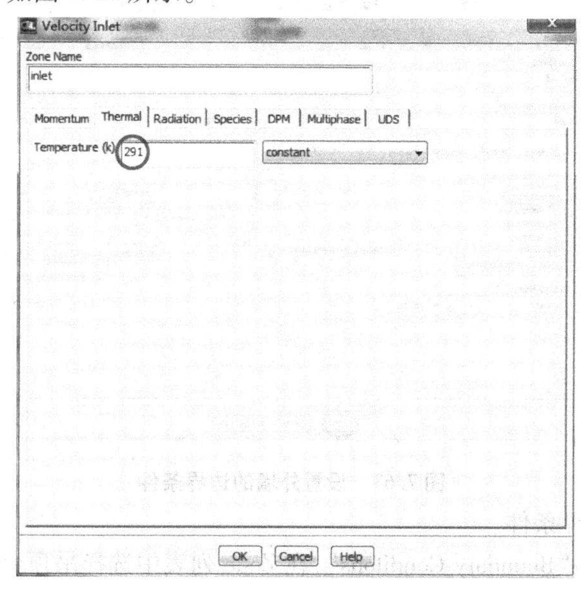

图7.60 设置送风口的边界条件(b)

B.设置回风口的边界条件,"Define"→"Boundary Conditons"。

在"Zone"列表中选择回风口(即为在"ICEM"中定义的"part"—"outlet"),在"Type"下拉菜单中选择"outflow"。在弹出的对话框中单击"YES",如图7.61所示,设置"Flow Rate Weighting"为"1",如图7.62所示。

注意:进口和出口的边界条件类型众多。Velocity inlet 进口边界,主要用于定义进口的速度和其他相关参数。Outflow 出口边界,主要用于出口速度和压力事先不清楚的出口边界,适用于出口流动接近于完全发展流动(fully developed flow)。读者可根据实际情况,选择合适的进出口边界类型。本例重在阐述 FLIUNET 软件的基本用法,不做深入探究。

C.设置外墙的边界条件。

a.单击"Define"→"Boundary Conditons",在"Zone"列表中选择外墙(即为在"ICEM"中定义的"part—outwall"),在"Type"下拉菜单中选择"wall"。

b.单击"Edit"按钮,设置外墙的参数。在"Thermal"选项卡中"Thermal Conditions"点选"Heat Flux",并将"Heat Flux(w/m^2)"设置为40。点击OK,设置完成,退出,如图7.63所示。

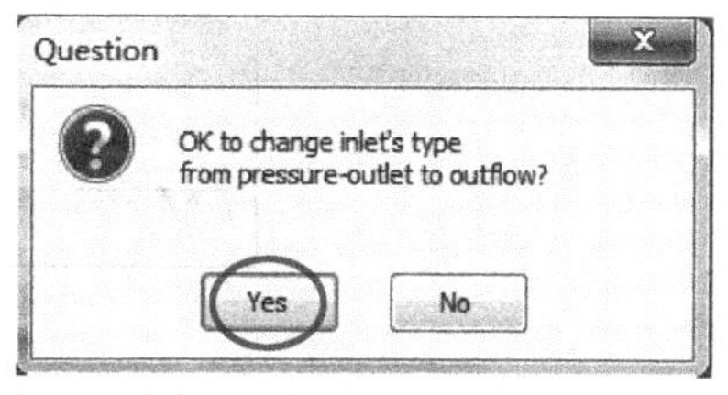

图7.61 设置回风口的边界条件(a)

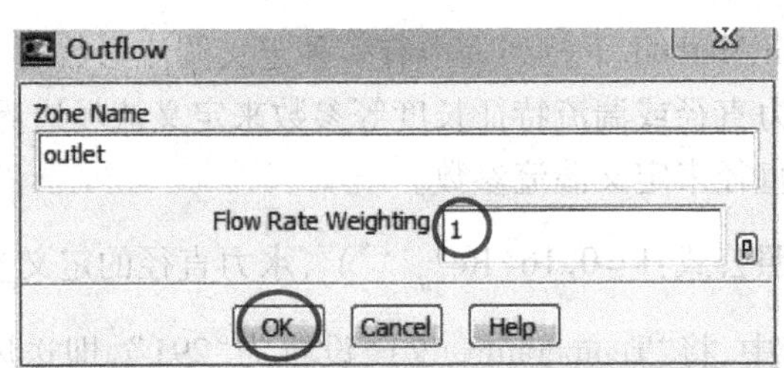

图 7.62　设置回风口的边界条件(b)

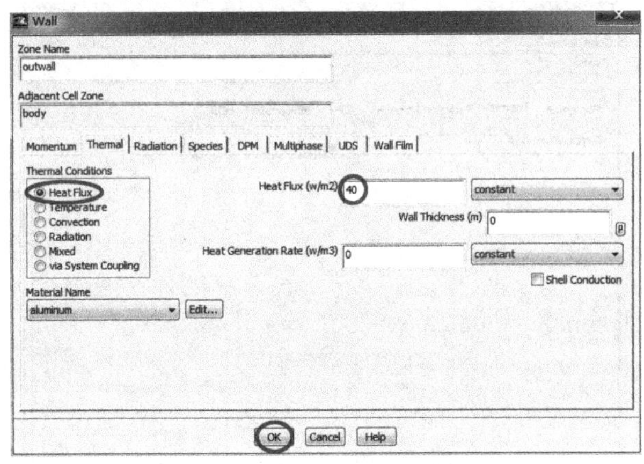

图 7.63　设置外墙的边界条件

D. 设置吊顶的边界条件。

a. 单击“Define”→“Boundary Conditons”,在 Zone 列表中选择吊顶(即为在“ICEM”中定义的“part”—“ceiling”),在 Type 下拉菜单中选择“wall”。

b. 单击 Edit 按钮,设置内墙或吊顶的参数:在“Thermal”选项卡中,“Thermal Conditions”点选“Temperature”,并将“Temperature(K)”设置为“300K”。点击 OK,完成设置,退出,如图 7.64 所示。

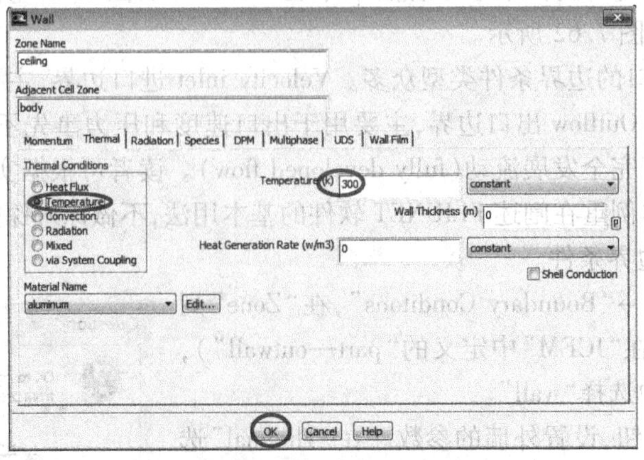

图 7.64　设置吊顶的边界条件

E. 设置地面以及内墙的边界条件。按照吊顶的设置方式,同理可以设置地面以及内墙的边界条件,将“Temperature(K)”都设置为“300K”。

4)求解设置

①设置求解方法,“Solve”→“Methods”,保持求解设置的默认参数,即本次基于速度与压力的 SIMPLE 算法,且默认质量方程、动量方程、能量方程、湍流强度计算方程、湍流扩散系数计算方程等方程的变量离散格式,如图 7.65 所示。

②设置初始化计算,“Solve”→“Initialization”,在“Initialization Methods”中点选“Standard Initialization”;在“Compute from”下拉框中选择“inlet”;单击“Initialize”,如图 7.66 所示。

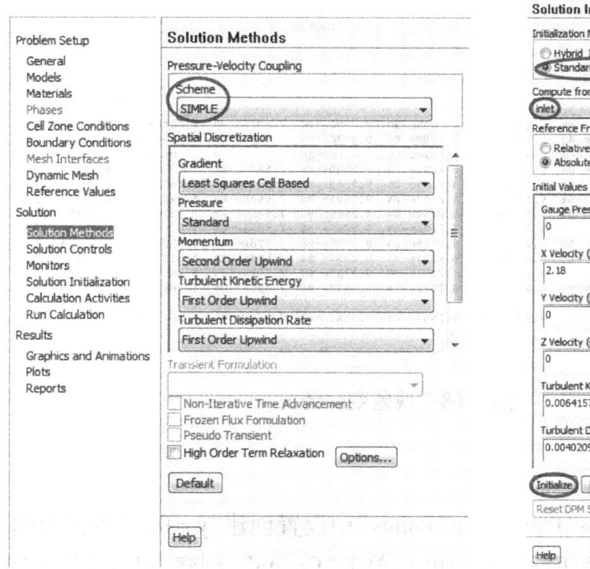

图 7.65 设置求解方法

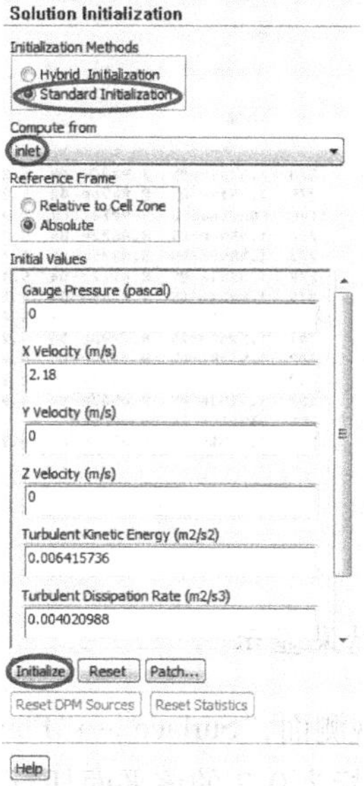

图 7.66 设置初始化计算

③设置迭代次数,“Solve”→“Run Calculation/Calculate”,“Number of Iterations”设置为“800”;单击“Calculate”进行迭代计算,如图 7.67 所示。

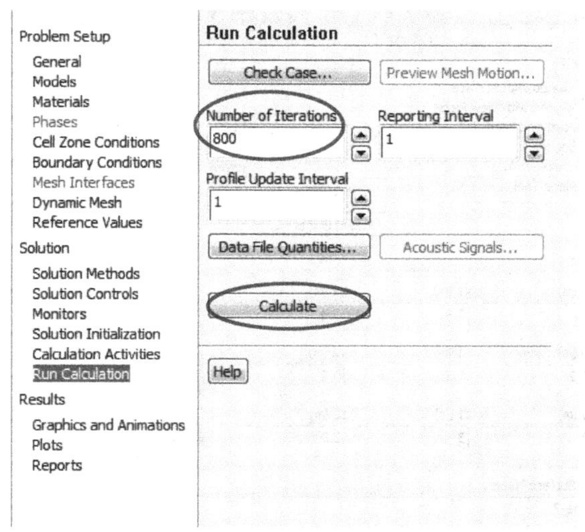

图 7.67 设置迭代次数

④在 285 次迭代达到收敛，停止计算，计算完成，如图 7.68 所示。

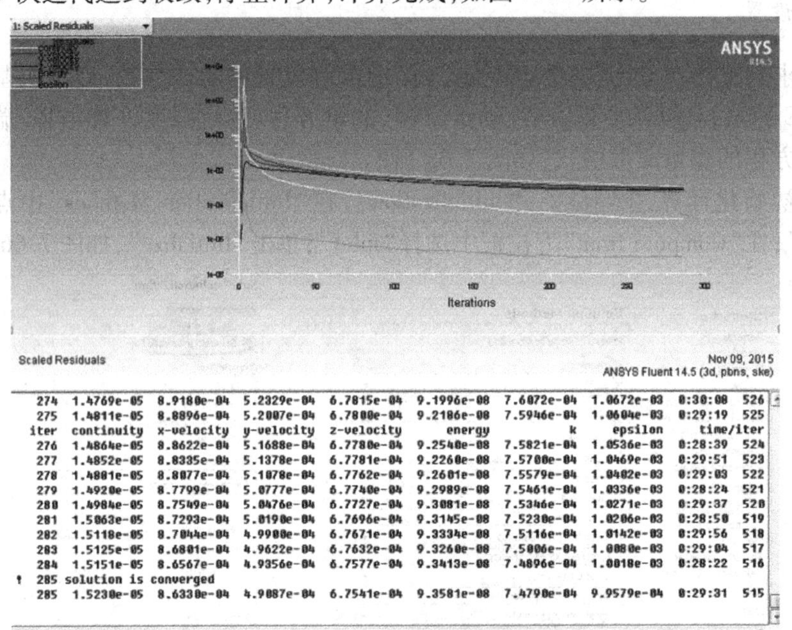

图 7.68　残差变化情况

5)计算结果显示

①创建观测面，“Surface”→“Plane”，在“Points”中设置创建“y = 0.2”平面上面的 3 个坐标点(创建 y 轴坐标为 0.2 的该平面任意 3 点即可)，单击“Create”，创建“plane7”；在“Points”中设置创建“y = 1.75”平面上面的 3 个坐标点(创建 y 轴坐标为 1.75 的该平面任意 3 点即可)，单击“Create”，创建“plane8”；在“Points”中设置创建“z = 1.5”平面上面的 3 个坐标点(创建 z 轴坐标为 1.5 的该平面任意 3 点即可)，单击“Create”，创建“plane9”，如图 7.69(a)、(b)、(c)所示。

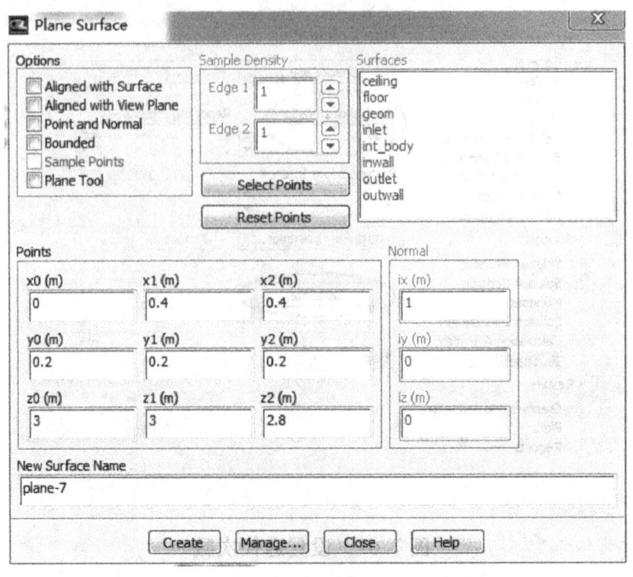

(a) plane7

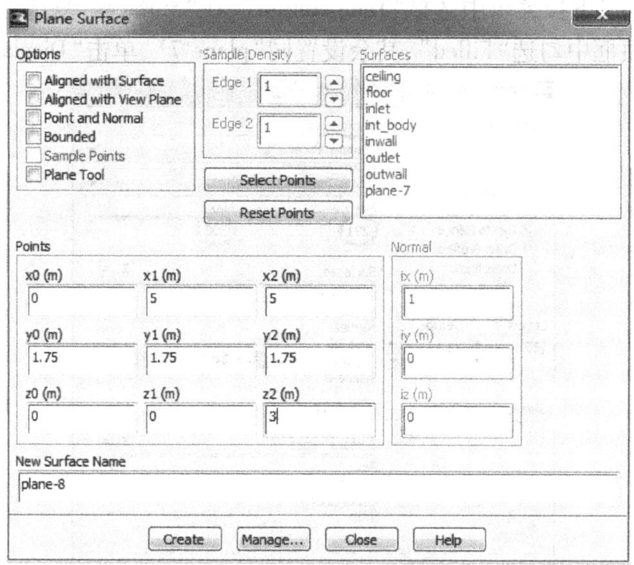

(b) plane8

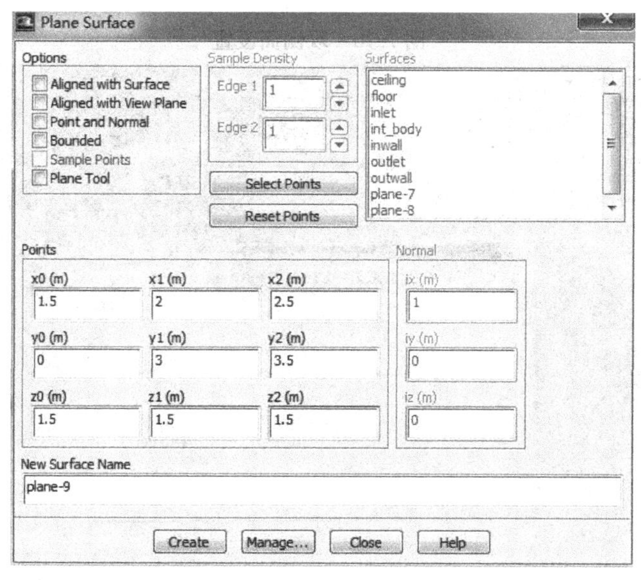

(c) plane9

图 7.69 创建 plane7、plane8、plane9

②显示观测面"y =0.2m""y =1.75m"和"z =1.5m"温度云图。

a. 单击"Display"→"Graphics and Animations"→"Contours",单击"SetUp",在弹出的"Contours"对话框中"Contours of"下拉菜单中选择"Temperature",在"Surfaces"复选框中只选中"plane7"。

b. 在"Option"选项框中勾选"Filled",不勾选"Auto Range",在 Min 中输入 291,在 Max 中输入 300,点击"Display"。如图 7.70、图 7.71 所示。

注意:上下限的选择可根据实际得到的数据,自由设置,目的是获得更清晰的图像。

c. 在"Contours of"下拉菜单中选择"Temperature",在"Surfaces"复选框中只选中"plane8"。在"Option"选项框中勾选"Filled",其余设置同"plane 7",单击"Display",如图 7.72 所示。

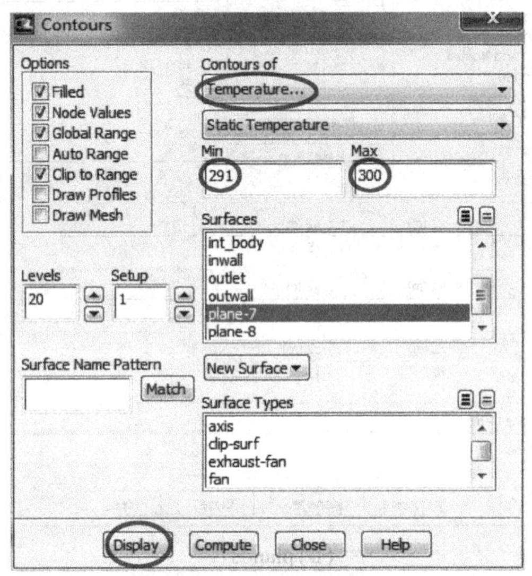

图 7.70　观侧面设置

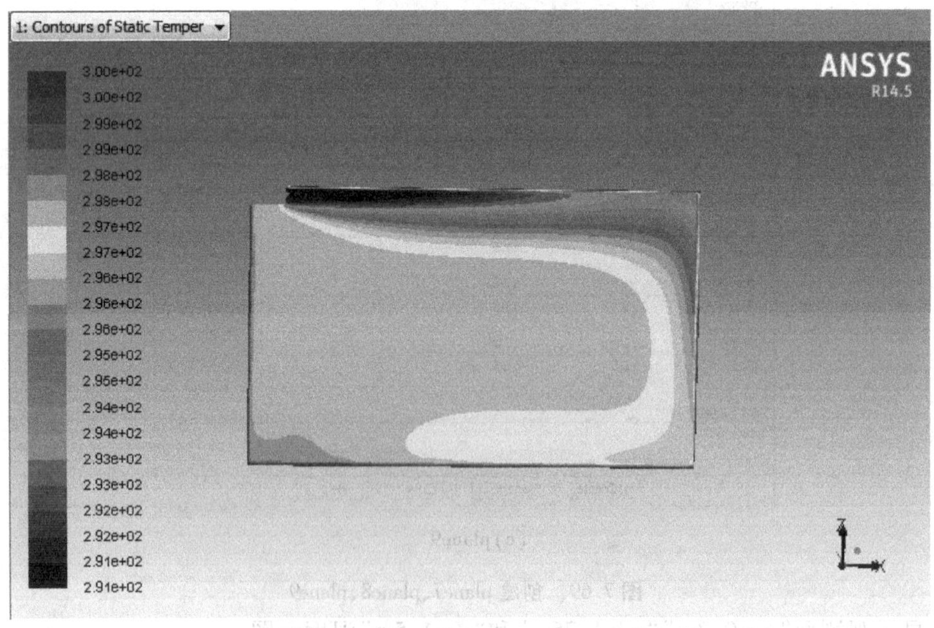

图 7.71　观测面 y = 0.2 m 温度云图

d. 同理,可获得观测面 z = 1.5 m 的温度云图,在此不做展示。

在"Option"选项框中勾选"Filled",单击"Display",如图 7.72 所示。

③运用同样的方法,通过修改"Contours of"下拉菜单中的选项,并在"Surfaces"复选框中选中要显示的界面,单击"Display",即可显示其他区域的速度与压力的模拟结果,如图 7.73 所示。观测面 y = 0.2 m 的速度云图如图 7.74 所示。压力的模拟结果,在此不做展示,读者可自行尝试获取。

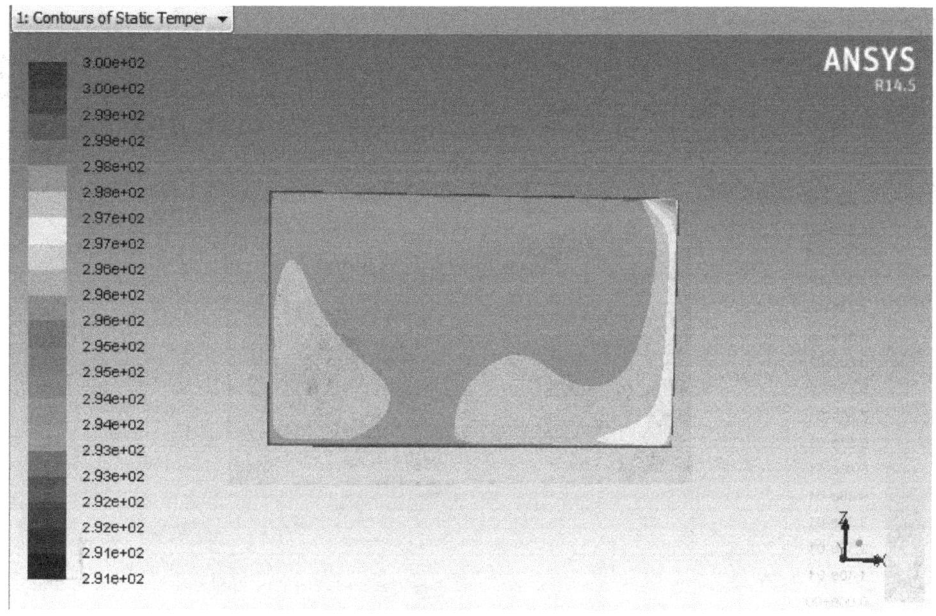

图 7.72　观测面 y = 1.75 m 温度云图

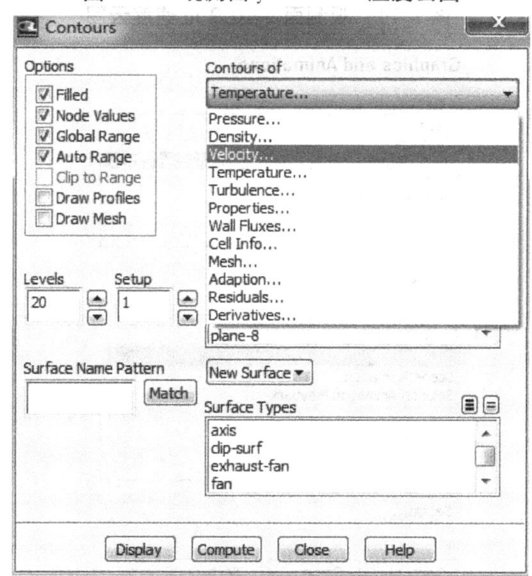

图 7.73　修改选项以显示速度(压力)云图

④速度矢量图显示。单击菜单栏“Display”→“Graphics and Animations”→“Vectors”→“Set Up…”，在弹出的“Vectors”的对话框中分别选中要显示的截面，则会获得相应的速度矢量图，如图 7.75 所示。模拟结果不做详细展示。

6)保存数据

单击菜单栏“ ▾”，在下拉菜单中选择“case&date”，选择保存路径，并单击确定保存。关闭软件。

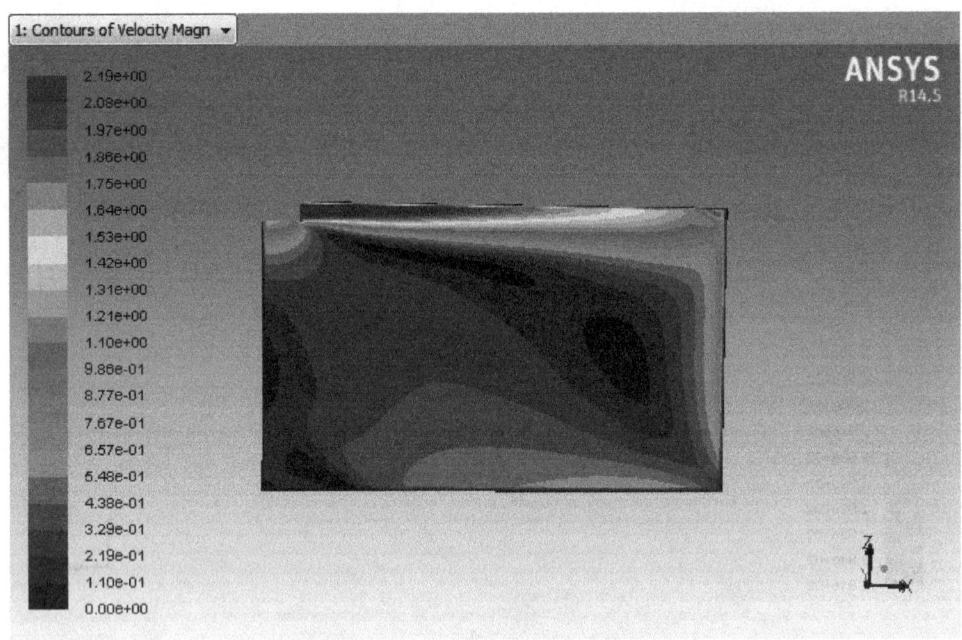

图 7.74　观测面 y = 0.2 m 速度云图

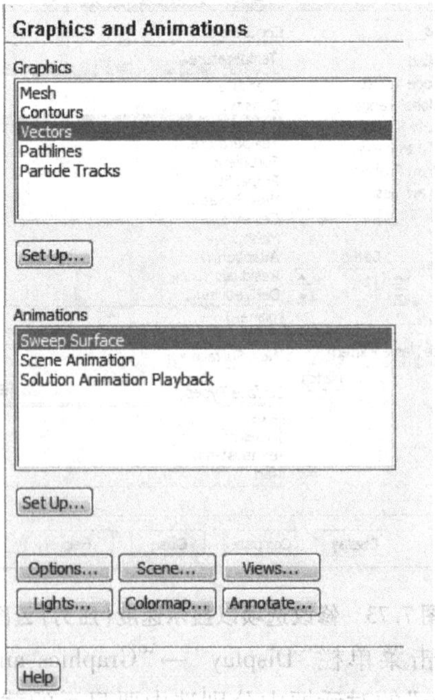

Graphics and Animations
Graphics
Mesh
Contours
Vectors
Pathlines
Particle Tracks
Set Up...
Animations
Sweep Surface
Scene Animation
Solution Animation Playback
Set Up...
Options...　Scene...　Views...
Lights...　Colormap...　Annotate...
Help

图 7.75　修改选项以显示速度矢量图

7.6.5　结果分析

①根据 k-epsilon 湍流模型模拟温度结果，在房间大多数区域温度为 24 ~ 25 ℃。

②同理，根据风速、压力的模拟结果可以得到房间内风速以及压力的分布情况。

习题 7

7.1 气流组织分析计算中为什么要考虑重力与浮升力?

7.2 请用 LES 模拟计算 7.6.1 案例,并与湍流双方程模型的计算结果比较。

7.3 如题 7.3 图所示为一个房间,室内物品、人员尺寸及相对关系见题 7.3 表和 CAD 图形。人体散热负荷为 60 W,灯具散热负荷为 100 W,电视机散热负荷为 200 W,送风速度为 1.37 m/s,送风口、回风口尺寸见题 7.3 表和 CAD 图形。外墙围护结构传热系数为 0.89 W/(m^2·℃),外窗 3.5 W/(m^2·℃),楼板 0.9 W/(m^2·℃),地板 0.5 W/(m^2·℃)。试计算室内气流温度、速度分布情况。

该房间位于重庆市区(北纬 29°34′;东经 106°27′)模拟时间为 8 月 1 日 12:00(GMT 时间),折射率 1.0、散射率 0.3、光照强度为 100 W/m^2。

题 7.3 表

	长/m	宽/m	高/m	备注
房间	4	3	3	室外温度 35 ℃
桌子	1.2	0.8	1	底部紧贴房间地面
电视机	0.6	0.6	0.6	底部紧贴桌子上部
人员	0.4	0.25	1.7	底部紧贴房间地面
灯具	0.6	0.6	0.1	顶部紧贴房间顶部
送风口	—	1	0.1	底部距房间地面 2 m 送风温度 20 ℃ 送风速度 1.37 m/s
回风口	—	1	0.2	底部距房间地面 2.4 m

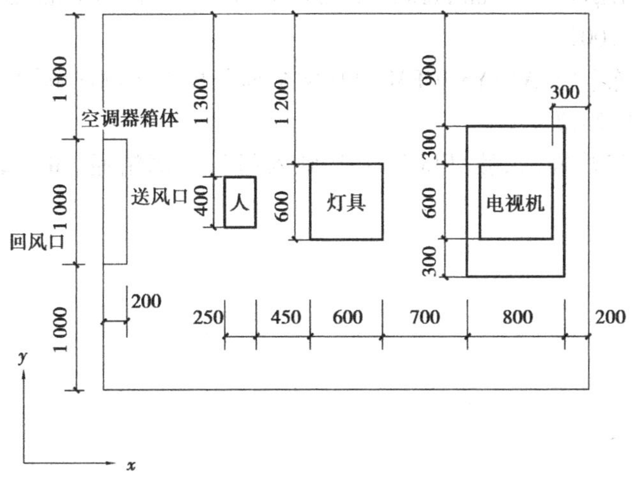

题 7.3 图

参考文献

[1] 余天庆,毛为民.张量分析及应用[M].北京:清华大学出版社,2006.

[2] 吴望一.流体力学[M].北京:北京大学出版社,2004.

[3] 陶文铨.数值传热学[M].西安:西安交通大学出版社,2006.

[4] 王福军.计算流体动力学分析-CFD 软件原理与应用[M].北京:清华大学出版社,2004.

[5] S. V. Patankar.传热与流体流动的数值计算[M].张政,译.北京:科学出版社,1984.

[6] John D. Anderson,JR.计算流体力学入门[M].姚朝晖,周强编,译.北京:清华大学出版社,2010.

[7] Jiri Blazek,Computational Fluid Dynamics. Pinciples and Applications[M]. Second Edition. Elsevier Science,2006.

[8] 张兆顺,崔桂香,许春晓.湍流大涡数值模拟的理论和应用(精)[M].北京:清华大学出版社,2008.

[9] Joel H. Ferziger, Milovan Peric. Computational Methods for Fluid Dyanmics[M]. Springer-Verlag, 2002.

[10] 纪兵兵,陈金瓶. ANSYS ICEM CFD 网格划分技术实例详解[M].北京:中国水利水电出版社,2012.

[11] 吴光中,宋婷婷,张毅. FLUENT 基础入门与案例精通[M].北京:电子工业出版社,2012.